聚氨酯泡沫材料制备及燃烧特性

张旭 王志 著

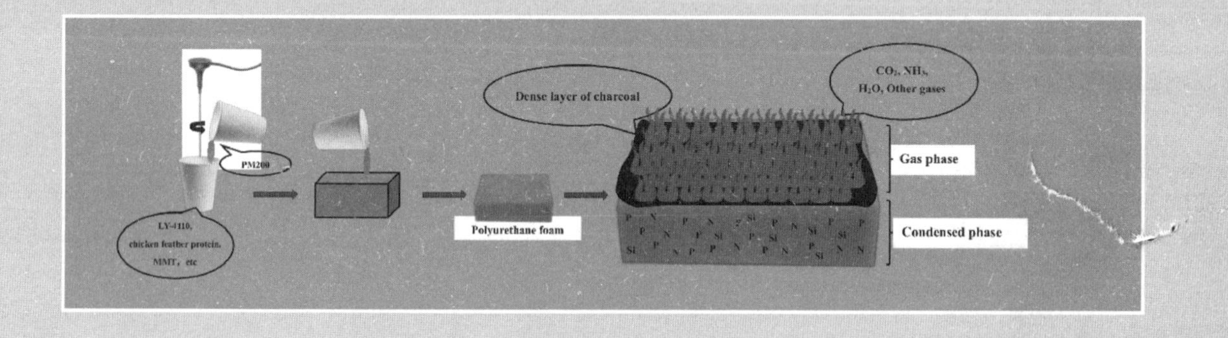

吉林科学技术出版社

图书在版编目（CIP）数据

聚氨酯泡沫材料制备及燃烧特性 / 张旭，王志著
. -- 长春 : 吉林科学技术出版社，2023.7
ISBN 978-7-5744-0972-9

Ⅰ. ①聚… Ⅱ. ①张… ②王… Ⅲ. ①聚氨酯一多孔性材料一制备一研究②聚氨酯一多孔性材料一燃烧性能一研究 Ⅳ. ①TB383

中国国家版本馆CIP数据核字(2023)第208104号

聚氨酯泡沫材料制备及燃烧特性

著　　张　旭　王　志
出版人　宛　霞
责任编辑　李玉玲
封面设计　张番设计
制　　版　张番设计
幅面尺寸　185mm×260mm
开　　本　16
字　　数　247千字
印　　张　13.5
印　　数　1–1500册
版　　次　2023年7月第1版
印　　次　2024年2月第1次印刷

出　　版　吉林科学技术出版社
发　　行　吉林科学技术出版社
地　　址　长春市福祉大路5788号
邮　　编　130118
发行部电话/传真　0431-81629529 81629530 81629531
81629532 81629533 81629534
储运部电话　0431-86059116
编辑部电话　0431-81629518
印　　刷　三河市嵩川印刷有限公司

书　　号　ISBN 978-7-5744-0972-9
定　　价　93.00元

目　录

第 1 章　绪　论 1

1.1　聚氨酯泡沫塑料概述 1

1.1.1　聚氨酯泡沫简介 1

1.1.2　聚氨酯泡沫的制备方法 1

1.2　聚氨酯泡沫阻燃研究现状 2

1.3　水滑石简介 5

1.3.1　水滑石的组成与结构 5

1.3.2　水滑石的性质 6

1.3.3　水滑石的阻燃机理 7

1.3.4　水滑石阻燃聚氨酯泡沫的研究现状 7

1.4　锶及锡酸锶的应用 8

1.4.1　锶元素的应用 8

1.4.2　锡酸锶与聚磷酸铵的研究及应用 8

参考文献 9

第 2 章　基于不同基材制备聚氨酯泡沫 15

2.1　样品制备及实验仪器 15

2.1.1　实验原料 15

2.1.2　实验设备及工作原理 15

2.1.2.1　差热- 热重测试仪 15

2.1.2.2　锥形量热仪 16

2.1.2.3　烟密度箱 17

2.1.2.4　极限氧指数 18

2.1.2.5　UL-94 水平燃烧测试仪 19

2.1.3　阻燃剂植酸锰的制备 20

2.1.4　聚氨酯泡沫的制备 20

2.1.4.1 不同基材聚氨酯泡沫的制备 20
2.1.4.2 植酸锰改性聚氨酯泡沫的制备 21
2.1.4.3 植酸锰- 可膨胀石墨聚氨酯泡沫的制备 21
2.2 两种不同基材聚氨酯泡沫热稳定性分析 21
2.2.1 热失重分析 21
2.2.2 TG 动力学分析 23
2.2.3 小结 25
2.3 不同分子量的聚氨酯泡沫的热稳定性研究 26
2.3.1 热失重分析 26
2.3.2 热解动力学分析 30
2.3.2.1 FLYNN-WALL-OZAWA 分析法 30
2.3.2.2 KISSINGER 分析法 32
2.3.2.3 COATS-REDFERN 分析法 35
2.3.3 锥形量热仪分析 39
2.3.4 烟密度分析 41
2.3.5 小结 44
2.4 单组分改性 PUF 的阻燃特性研究 45
2.4.1 热失重分析 45
2.4.2 热解动力学分析 48
2.4.2.1 FLYNN-WALL-OZAWA 分析法 49
2.4.2.2 KISSINGER 分析法 52
2.4.2.3 COATS-REDFERN 分析法 54
2.4.3 烟密度分析 56
2.4.4 极限氧指数分析 59
2.4.5 UL-94 水平燃烧测试 60
2.4.6 小结 61
2.5 协效改性 PUF 热稳定性及阻燃特性研究 61
2.5.1 热失重分析 61

2.5.2 热解动力学分析 63
2.5.2.1 FLYNN-WALL-OZAWA 分析法 63
2.5.2.2 KISSINGER 分析法 65
2.5.2.3 COATS-REDFERN 分析法 67
2.5.3 烟密度分析 68
2.5.4 极限氧指数分析 70
2.5.5 UL-94 水平燃烧测试 71
2.5.6 小结 71
2.6 结论 72
参考文献 73
第 3 章 水滑石类化合物改性聚氨酯泡沫材料的制备 75
3.1 聚氨酯泡沫材料的制备 75
3.1.1 实验原料 75
3.1.2 实验设备及仪器 75
3.1.3 软质聚氨酯泡沫材料的制备 75
3.1.4 改性阻燃剂的制备 76
3.1.5 阻燃剂的 XRD 分析 77
3.1.6 测试与表征 78
3.2 改性水滑石阻燃 FPUF 热解行为及热稳定性能的研究 79
3.2.1 FPUF 复合材料的热稳定性能研究 79
3.2.2 FPUF 复合材料的热解动力学分析 84
3.2.2.1 COATS-REDFERN 积分法 84
3.2.2.2 FLYNN-WALL-OZAWA 法 86
3.2.2.3 KISSINGER 法 87
3.3 软质聚氨酯泡沫复合材料阻燃性能研究 89
3.3.1 极限氧指数测试 89
3.3.2 锥形量热仪测试 89
3.3.3 炭渣形貌 94

3.4　软质聚氨酯泡沫复合材料发烟特性 96
3.4.1　释烟速率和烟气释放总量 96
3.4.2　一氧化碳生成速率 99
3.4.3　发烟指数与毒性气体生成速率指数 101
3.4.4　比光密度（D_S）、透光率（T） 102
3.4.5　烟气成分及浓度分析 109
3.5　结论 110
参考文献 111
第 4 章　锡酸锶/聚磷酸铵协效改性聚氨酯泡沫 113
4.1　材料制备及锡酸锶/聚磷酸铵协效对泡沫泡孔形态的影响 113
4.1.1 实验原料 113
4.1.2　锡酸锶/聚氨酯泡沫材料的制备 113
4.1.3　锡酸锶/聚磷酸铵协同体系对聚氨酯泡沫材料表观及泡孔结构影响 115
4.1.3.1　锡酸锶/聚磷酸铵协同体系对聚氨酯泡沫材料表观影响 115
4.1.3.2　锡酸锶/聚磷酸铵协同体系对聚氨酯泡沫材料泡孔结构影响 116
4.1.4　锡酸锶/聚磷酸铵协同体系对聚氨酯泡沫材料密度影响 117
4.1.5　小结 118
4.2　锡酸锶/聚磷酸铵协效对聚氨酯泡沫材料阻燃性能的影响 118
4.2.1　锡酸锶/聚磷酸铵协同体系对聚氨酯泡沫氧指数的影响 118
4.2.2　锡酸锶/聚磷酸铵协同体系对聚氨酯泡沫水平燃烧的影响 119
4.2.3　锡酸锶/聚磷酸铵协同体系对聚氨酯泡沫的锥形量热分析 120
4.2.3.1　热释放分析 120
4.2.3.2　燃烧过程及燃烧后的残余物分析 124
4.2.4　小结 128
4.3　锡酸锶/聚磷酸铵协效对聚氨酯泡沫材料热稳定性的影响 128
4.3.1　锡酸锶/聚磷酸铵协同体系对聚氨酯泡沫的热稳定性分析 128
4.3.2　积分程序热解温度 132
4.3.3　热解动力学 133

4.3.4 小结 134
4.4 锡酸锶/聚磷酸铵协效对聚氨酯泡沫材料烟气性能的影响 135
4.4.1 锡酸锶/聚磷酸铵协同体系对聚氨酯泡沫的烟释放分析 135
4.4.1.1 烟释放分析 135
4.4.1.2 一氧化碳释放分析 137
4.4.2 发烟指数与毒性气体生成速率指数 139
4.4.3 烟密度分析 141
4.4.3.1 改性泡沫无焰条件下的比光密度（D_S）、透光率（T） 141
4.4.3.2 改性泡沫有焰条件下的比光密度（D_S）、透光率（T） 144
4.4.4 烟毒性分析 148
4.4.5 小结 149
4.5 结论 149
参考文献 151
第 5 章 氨基三亚甲基膦酸盐改性聚氨酯泡沫 153
5.1 实验方法及硬质聚氨酯泡沫的制备 153
5.1.1 实验原料 153
5.1.2 实验设备 153
5.1.3 性能测试 154
5.1.3.1 极限氧指数法 154
5.1.3.2 UL-94 垂直水平燃烧测试法 154
5.1.3.3 烟毒性测试 154
5.1.3.4 锥形量热法 154
5.1.3.5 热重分析法 155
5.1.4 阻燃剂的制备 156
5.1.4.1 CA-ATMP 的制备 156
5.1.4.2 FE^{2+}-ATMP 的制备 156
5.1.4.3 Co^{2+}-ATMP 的制备 156
5.1.5 阻燃硬质聚氨酯泡沫的制备 156

5.2 X-ATMP 阻燃剂与 EG 单组分改性 RPUF 的阻燃性能研究 158
5.2.1 极限氧指数分析 158
5.2.2 水平燃烧分析 158
5.2.3 烟毒性分析 160
5.2.4 锥形量热仪分析 160
5.2.4.1 热释放速率 160
5.2.4.2 总热释放量 161
5.2.4.3 质量损失 162
5.2.5 热重分析 162
5.2.5.1 阻燃剂的热稳定性 162
5.2.5.2 Ca-ATMP 对 RPUF 热稳定性的影响 165
5.2.5.3 Fe^{2+}-ATMP 对 RPUF 热稳定性的影响 166
5.2.5.4 Co^{2+}-ATMP 对 RPUF 热稳定性的影响 167
5.2.5.5 EG 对 RPUF 热稳定性的影响 168
5.2.6 RPUF 的热分解动力学 169
5.2.6.1 Flynn-Wall-Ozawa 法 170
5.2.6.2 Starink 法 170
5.2.6.3 RPUF-0 与 RPUF-Ca 的热分解动力学 170
5.2.6.4 RPUF-Fe^{2+}的热分解动力学 174
5.2.6.5 RPUF-Co^{2+}的热分解动力学 176
5.2.6.6 RPUF-EG 的热分解动力学 179
5.3 X-ATMP 阻燃剂与 EG 协同改性 RPUF 的阻燃性能研究 181
5.3.1 极限氧指数分析 182
5.3.2 水平燃烧分析 182
5.3.3 烟毒性分析 183
5.3.4 锥形量热仪分析 184
5.3.4.1 热释放速率 184
5.3.4.2 总热释放量 186

5.3.4.3 质量损失 189
5.3.5 热重分析 190
5.3.5.1 RPUF/Ca-ATMP/EG 材料的热稳定性 190
5.3.5.2 RPUF/Fe^{2+}-ATMP/EG 材料的热稳定性 192
5.3.5.3 RPUF/Co^{2+}-ATMP/EG 材料的热稳定性 193
5.3.6 RPUF 的热分解动力学 194
5.3.6.1 RPUF/Ca-ATMP/EG 的热分解动力学 194
5.3.6.2 RPUF/Fe^{2+}-ATMP/EG 的热分解动力学 197
5.3.6.3 RPUF/Co^{2+}-ATMP/EG 的热分解动力学 200
5.4 结论 202
参考文献 204

第1章　绪　论

1.1　聚氨酯泡沫塑料概述

1.1.1　聚氨酯泡沫简介

聚氨酯（PU）是一类以异氰酸酯与聚酯或聚醚多元醇作为主要原料制备而成的有机高分子化合物。因其分子主链结构中存在多个相同的氨基甲酸酯（- NH- COO- ）基团，故又可被称为聚氨基甲酸酯。聚氨酯作为一种独特的有机高分子材料，兼具许多优良性能。根据所选择的主要原料与不同的合成工艺，可以制成许多具有不同特性的聚氨酯材料制品，包括聚氨酯泡沫、涂料、胶黏剂、橡胶，等等。其中，聚氨酯泡沫塑料的利用比例要高于其他的聚氨酯制品。通过改变配方比例和选择不同原料可以制成不同类别的聚氨酯泡沫。按照泡沫密度大小可将其分为软质、硬质、半硬质聚氨酯泡沫。硬质聚氨酯泡沫常常被用作外墙体、管道等保温材料以及冰箱和建筑材料等；半硬质聚氨酯泡沫主要用作材料外包装和夹层材料，而用量比例最大的软质聚氨酯泡沫（FPUF）由于具有密度小、回弹效果好、吸声性能好等特性被用来制作成座椅、内衬和吸声材料等。聚氨酯泡沫不仅在国内应用广泛，在全球市场上更是遍布众多欧美国家以及其他亚洲国家。聚氨酯泡沫在被人们大量使用的同时具有严重的火灾事故隐患，由于聚氨酯泡沫结构呈多孔状，比表面积较大，同时结构中含有大量易于燃烧的碳氢链段，极限氧指数（LOI）约为18%，因此极易在空气中燃烧，火灾蔓延速度较快。而且，由于在聚氨酯泡沫塑料的合成过程中会另外加入一些其他助剂（发泡剂、泡沫稳定剂、表面活性剂、催化剂等），这些助剂的加入会导致聚氨酯泡沫在燃烧过程中伴有不完全燃烧的现象产生，也就会释放出一氧化碳、一氧化氮和二氧化氮等较多的有毒有害气体，导致遇险人员的生存概率降低，给人们生命健康带来十分严重的损害并且加重了环境污染。由于聚氨酯泡沫材料的这种易燃性，导致由其引发的重大火灾事故层出不穷。

迄今为止，对于聚氨酯泡沫塑料阻燃性能的研究仍然是热门话题，不仅国内如此，国际上也高度重视这方面的研究，欧美国家早些年就针对聚氨酯泡沫阻燃性能制定了相应的标准，要求用于家具、车辆上的聚氨酯泡沫阻燃性能一定要达到规定的标准。一直以来，众多学者对软质聚氨酯泡沫的阻燃剂和阻燃技术做了较为系统的研究。随着相关研究的深入以及人们环保意识的加强，如何使阻燃剂发挥高效作用同时还对环境污染较小或无污染成为当前一个热点研究方向。

1.1.2　聚氨酯泡沫的制备方法

聚氨酯泡沫的发泡方式通常分为以下三种：

（1）预聚体法。预聚体法的具体步骤是：在反应容器中加入足量的聚醚多元醇或聚酯多元醇，在室温下搅拌，同时加入异氰酸酯，得到预聚体，再将预聚体与其他助剂进行混合，比如匀泡剂、催化剂、水、交联剂，最终制成泡沫材料。

（2）半预聚体法。半预聚体法是先将部分多元醇与异氰酸酯进行混合，然后加入另一部分的主要原料与其他小分子助剂，经高速搅拌后进行发泡。半预聚体发泡方法一般多用于制备硬质和半硬质聚氨酯泡沫，不用于制备软质聚氨酯泡沫。

（3）一步自由发泡法。一步自由发泡法是目前最普遍的聚氨酯发泡方式，具体是将多元醇、匀泡剂、发泡剂、催化剂等其他助剂一同加入反应容器，搅拌几秒后迅速倒入异氰酸酯，因发泡过程中释放出大量热量，故泡沫制成后不需要高温固化，同时采用的硅油匀泡剂能够保证物料在黏度较低情况下形成的泡沫材料泡孔均匀。此方法的优点是操作简单、成本低，无需大量空间。

采用预聚体法制备聚氨酯泡沫，发泡过程较为复杂，不适用实验研究，所以本次研究采取一步法自由发泡方式制备软质聚氨酯泡沫，有利于在聚醚多元醇中加入不同质量的阻燃剂，且有利于搅拌混合均匀。关于发泡剂的选择，物理发泡剂与化学发泡剂均为研发人员常用的发泡剂，物理发泡剂是指溶于聚氨酯泡沫基本原料的液体或气体，当增加体系的温度或压力时，有气体逸出，从而发挥发泡作用，但存在发泡过程不易控制的缺点。化学发泡剂原理是通过与异氰酸酯基团发生反应，生成以二氧化碳为主的一些气体，起到发泡作用，但有些发泡剂会在发挥作用的同时释放有毒、有害气体，对人体造成伤害，对环境造成污染，比如环戊烷，目前基本已经禁止使用。本文选择水作为制备软质聚氨酯泡沫的发泡剂，既降低了成本，又不会对环境造成污染。

1.2 聚氨酯泡沫阻燃研究现状

聚氨酯泡沫塑料具有黏结性好、耐腐蚀、耐老化等优点，软泡回弹性能良好、硬泡保温性能优良，所以其应用领域非常广泛，尤其是在家居家具、运输管道、建筑、航空、船舶、冷藏保温和电子设备等领域应用极为普遍，聚氨酯泡沫材料的产销量在我国已占到所有聚氨酯合成材料的40%以上，成为工业生产和日常生活不可或缺的高分子材料之一。聚氨酯泡沫表面呈多孔状，与空气接触面积较大，一旦有明火引燃容易导致泡沫燃烧，从而发生火灾，并且还会很大可能发生不容易被发现的阴燃情况造成更严重的起火事件。按照材料燃烧特性，可将材料的燃烧性能分为四个等级：A级（不燃）、B_1级（难燃）、B_2级（可燃）、B_3（易燃）。聚氨酯泡沫属于B_3级别，即材料易于燃烧并可持续保证燃烧。由于聚氨酯泡沫的高度易燃性，其阻燃等级达不到A级，当加入阻燃剂后的聚氨酯泡沫在燃烧时能达到B_1级别和B_2级别均可认为其具有良好的阻燃性能。

针对聚氨酯泡沫的阻燃抑烟处理一直以来都是许多国内外研究者十分重视的科研方向。用于提高聚氨酯泡沫阻燃性能的阻燃剂主要分为两大类：添加型阻燃剂、反应型阻燃剂。其中最常用的是添加型阻燃剂，即在聚氨酯泡沫塑料中，直接物理混合含有阻燃元素的化合物。而成本相对较高且工艺复杂的反应型阻燃剂是在聚醚多元醇、聚酯多元醇或异氰酸酯分子结构上引入磷、硼、氮、硅等阻燃元素，通过化学键连接使之成为聚氨酯泡沫的一部分，且在很长一段时间内阻燃剂不易迁出。当然，除了我们较为熟知的这些阻燃剂，随着大量的研究成果的出现，一些新型的阻燃剂或阻燃技术也已经占领了部分市场。

（1）添加型阻燃剂

无机阻燃剂包括金属氧化物、金属氢氧化物、无机粒子等；有机阻燃剂包括有机氮系、硼系、磷系和硅系等。除了以上两种类型的添加型阻燃剂之外，膨胀型阻燃剂也是一种使用较为广泛的添加型阻燃剂。

常见的无机阻燃剂包括水滑石（LDHs）、氧化锌、三氧化二锑、硼酸锌、三聚氰胺、硼酸盐和聚磷酸铵等。三聚氰胺是一种粉体阻燃剂，在受热过程中发生分解吸热达到阻燃效果。还有关于三聚氰胺改性的研究报道，这类阻燃剂具有良好的热稳定性和高效的阻燃效率而获得较为广泛的应用。Price 等研究了三聚氰胺在软质聚氨酯泡沫材料中的阻燃和抑烟机理。结果表明，由于不可燃气体（NH_3）的稀释作用起到了优异的阻燃效果，抑烟机理主要是三聚氰胺与软质聚氨酯泡沫反应的中间产物与异氰酸酯之间发生反应生出具有抑烟功能的物质。姜浩浩等将聚磷酸铵（APP）加入硬质聚氨酯泡沫中，可明显提高泡沫材料的阻燃性能，当加入 30 份的 APP，能够使得聚氨酯泡沫塑料达到 UL94V-0 级别，极限氧指数（LOI）达到 23.6%。同时发现，APP 的加入会提高泡沫塑料成炭率，减少生烟量。聚磷酸铵通过凝聚相阻燃机理提升阻燃性能，磷酸三乙酯主要通过气相阻燃机理提升阻燃性能，二乙基次膦酸铝既可以在凝聚相发挥阻燃作用，又可以在气相发挥阻燃作用。Kulesza 等将磷酸二氢钠（NaH_2PO_4）/硫酸氢钠（$NaHSO_4$）按照一定比例混合添加到硬质聚氨酯泡沫塑料中进行热降解行为研究。差热分析表明，NaH_2PO_4/$NaHSO_4$ 的质量比为 5：3 时，阻燃效果最好，其中阻燃机理是磷酸二氢钠和硫酸氢钠在燃烧时通过协同阻燃作用在可燃材料表面形成炭化层，使材料与空气中氧气隔开，隔绝热量传递。无机阻燃剂中的金属氢氧化物和氧化物之类的阻燃剂主要是通过降低材料燃烧过程中所需要的温度来实现阻燃效果的。氢氧化镁与氢氧化铝使用比例在金属氢氧化物无机阻燃剂中稳居首位，Jing 等研究发现，将质量分数为 30%氢氧化铝加入聚氨酯中，能够使材料的极限氧指数值达到 31.1%，锥形量热仪测试的热释放速率峰值（PHRR）降低到 155kW/m^2，而且复合材料的总释放热（THR）降低到 19.47kW/m^2，PHRR 和 THR 相比纯聚氨酯均有很大程度降低，同时复合材料的残炭量有显著提高。

有机阻燃剂中较大一部分比例为磷系阻燃剂，其中主要包括磷酸酯、次磷酸酯、亚磷酸酯、有机磷盐及磷杂环化合物等。磷酸酯类阻燃剂的阻燃机理为凝聚相阻燃，将其衍生物加入聚氨酯泡沫中，阻燃效果尤为显著，且热稳定性也得到极大提高。Zammarano等分别将有机改性蒙脱土和碳纳米纤维添加到软质聚氨酯泡沫（FPUF）中，对其热释放速率和熔滴行为进行了研究。结果表明，仅加入质量分数为4%的碳纳米纤维就可避免FPUF形成熔滴和池火，并使其热释放速率峰值相比纯聚氨酯降低了35%。

膨胀型阻燃剂（IFR）是以磷、氮、碳等元素为主要成分的复合型阻燃剂，膨胀阻燃剂的组成原料包含碳源（成炭剂）、气源（膨胀剂）和酸源（脱水剂）。当添加了膨胀型阻燃剂的聚氨酯泡沫燃烧时，成炭剂在脱水剂作用下脱水成炭，在聚氨酯材料表面经碳化物分解作用形成致密炭层，在气源热分解释放的惰性气体作用下发生膨胀，这种炭层是无定形碳结构，又被称作碳的微晶，是难燃物质能阻断热量传播。另外，多孔炭层能够防止气体扩散，阻止高温气体扩散和烟毒气的产生，同时起到防止熔滴滴落的作用。目前主要研究方向包括可膨胀石墨、季戊四醇（PER）、聚磷酸铵（APP）和三聚氰胺多磷酸盐等类型。Bashirzadeh等讨论了对于粒径大小不同的膨胀石墨（EG）添加到软质聚氨酯泡沫之后阻燃性能的改变。研究所得结论为：膨胀石墨（EG）的添加减少了聚氨酯泡沫的燃烧时间、点燃时间，降低了热释放速率和热释放量，致使聚氨酯具有自熄性，并且，膨胀石墨（EG）的粒径越大，阻燃效果越好。

（2）反应型阻燃剂

反应型阻燃剂相比于添加型阻燃剂不足之处在于制备工艺颇为复杂，成本相对较高，在实际应用中尚不及添加型阻燃剂广泛。但是该类阻燃效果相对明显，具有阻燃效率高、毒性较小、添加量少、不会对聚氨酯泡沫的物理性能造成严重影响等优点。最常见的反应型阻燃剂通过改性聚醚或聚酯多元醇实现。李艳等利用环氧丙烷与三羟甲基氧磷两种材料合成了一种新型阻燃聚醚多元醇，研究表明，所合成的新型多元醇含磷量、羟值、黏度增加，以这种新型多元醇制备成的聚氨酯泡沫的LOI达到25.6%。张立强等制备了蓖麻油基磷酸酯阻燃多元醇，所制得的硬质聚氨酯泡沫极限氧指数增加至23.8%。刘博等将双酚A、二乙醇胺和苯酚混合后在80℃条件下进行反应，然后再添加环氧丙烷于105℃下反应制得阻燃聚醚多元醇。利用上述聚醚多元醇发泡制备而成的聚氨酯硬质泡沫塑料的机械性能和阻燃性能均优于之前。丁海阳等以二乙醇胺（DA）和亚磷酸二乙酯（DP）为主要原料合成了一种含磷、氮元素的阻燃二元醇，并与蔗糖型聚醚多元醇复配制得新型阻燃聚醚多元醇。当新型阻燃二元醇的质量分数占总多元醇的40%时，LOI增至23.1%。新型阻燃二元醇的添加增强了聚氨酯泡沫材料的阻燃性和热稳定性。Chen等采用含磷三醇（PTMA）对聚氨酯泡沫进行改性。随着含磷三醇含量的增加，生成的保护炭层越来越密集，生烟量以及热释放速率均有显著降低趋势。赵修文等利用含氮阻燃聚脲多元醇为主要原料制备了聚氨酯泡沫，结果表明，其LOI升高至24.1%并且产烟速率下降。

（3）纳米阻燃剂

纳米阻燃剂以微小的填充量就能够使聚氨酯泡沫塑料阻燃性能得到显著提升。其阻燃机理是燃烧过程中在材料表面形成一种致密的阻隔层（含有纳米结构的无机炭层），导致材料与氧气隔绝，达到自熄目的。相比于普通阻燃剂，纳米材料阻燃剂形成的炭化层不仅具有阻燃性能，还具有良好的热稳定性和低渗透性。

Wei 等将纳米氧化锌（ZnO）、沸石和蒙脱土（MMT）与含磷阻燃剂 APP/DMMP 混合复配用于软质聚氨酯泡沫阻燃性能研究。研究表明，由于 ZnO 和 MMT 复配使得 RPUF 热释放峰变窄，但热释放速率峰值并无显著降低；ZnO/MMT/APP-RPUF 的 HRR 比纯聚氨酯泡沫降低 56%，比 DMMP/APP-RPUF 降低 26%；在更深入的研究中发现纳米材料与含磷阻燃剂的在阻燃过程中发挥了协同作用。

（4） 生物质阻燃剂

生物质类阻燃剂包括纤维素、壳聚糖、木质素、淀粉和植酸等。一些学者已经尝试利用生物材料作为阻燃剂，结果表明它们对于聚合物起着较好的阻燃效果。Gao 等利用淀粉、尿素、三聚氰胺、磷酸及甲醛制备了新型廉价的高分子膨胀型阻燃剂（MIFR）。结果表明，添加 25%的 MIFR 阻燃硬质聚氨酯泡沫的 LOI 增至 24.5%，UL94V-0 级别。而且 MIFR 的加入促使泡沫材料的抗压强度增大。Nabipour 等通过一种全生物基涂料成功地合成了阻燃抑烟软质聚氨酯泡沫塑料，将羟基磷灰石（HAP）分别添加到含有海藻酸钠（SA）和壳聚糖（CH）的溶液中，以产生用于逐层组装的负电荷和正电荷聚电解质。系统地研究了溶液浓度和双膜层数对 FPUF 样品阻燃性能和力学性能的影响。得益于这种完全基于生物的涂层的存在，由此产生的 FPUF 提供了优良的烟抑制和阻燃特性。Laufer 等将带相反电荷的壳聚糖与蒙脱土复配使用，作用在于软质聚氨酯泡沫表面构建多层保护膜。结果表明，未涂覆的聚氨酯点燃后完全燃烧，而经涂覆的泡沫不仅约 30 s 后熄灭，而且 PHRR 降低了 52%，与其基材表面形成明显炭层有关。Ruedee 等研究探索了一种新型生物基聚甲醛，由棕榈油和天然橡胶合成的生物基多元醇混合物制成。通过棕榈油双键环氧化反应合成了棕榈油基多元醇（POP），利用该多元醇合成了新型的具有良好保温隔热性能的聚氨酯泡沫。

1.3 水滑石简介

1.3.1 水滑石的组成与结构

水滑石又称层状双氢氧化物（LDHs），水滑石为层状晶体结构。层间存在两种或两种以上金属阳离子，主体层板内有较强的共价键存在，而层间的阴离子通过氢键、范德华力等作用力与层板结合。其结构通式为：$[M_{1-x}^{2+}M_x^{3+}(OH)_2]^{x+}(A_{x/n}^{n-})\cdot mH_2O$，其中 M^{2+}是二价阳离子，例如 Mg^{2+}、Zn^{2+}、Ca^{2+}、Fe^{2+}和 Co^{2+}等，M^{3+}是三价阳离子，例如 Al^{3+}、Cr^{3+}、Fe^{3+}、Co^{3+}和 Ni^{3+}等，除了以上所提到的这些金属阳离子，还有少数一价和四价金属阳离子也可构成水滑石。A^{n-}是层间阴离子，如SO_4^{2-}、CO_3^{2-}、OH^-、Cl^-和NO_3^-等，还包括苯二甲酸根、羧酸根、芳香酸根等一些有机阴离子，聚乙烯乙二醇等聚合物阴离子。x值范围一般为0.20~0.33，m是每摩尔水滑石中所存在的水分子摩尔数。

1.3.2 水滑石的性质

（1）碱性

由于水滑石的层间为金属氢氧化物，即层板上含有碱性位氢氧根（OH^-），所以水滑石呈碱性。水滑石在酸性较强的条件下层状结构容易遭到破坏，在碱性条件下易保持完整结构。

（2）层间离子可交换性

金属阳离子处于正八面体的中心位置，金属阳离子可由与Mg^{2+}、Al^{3+}半径大小差不多的其他金属阳离子进行替换。因此，可以改变层间的金属阳离子种类使水滑石具有不同的特性。

不仅金属阳离子具有可交换性，层间的阴离子的可交换性也是水滑石的重要性质。各类阴离子在水滑石层间的交换能力与其所带电荷数目和自身性质有关。一些常见的阴离子交换能力的顺序为$CO_3^{2-}>SO_4^{2-}>HPO_4^{2-}>F^->Cl^->Br^->NO_3^->I^-$，高价阴离子容易将低价阴离子替换出。替换层间的阴离子后，层间距得到改变，可以选择在层间插入其他的基团或物质，所以可开发出更多具有不同功能的类水滑石层状复合材料。

（3）记忆效应

将水滑石在高温条件下焙烧一段时间后，放入含有某种阴离子的混合溶液中，其层状结构能够得到部分或完全恢复，这种性质被称作水滑石的记忆效应。一般可以用高温焙烧的方式对水滑石进行改性，制得新型的层状材料，但需要注意的是高温焙烧时的温度一般低于600℃，因为一旦温度过高，会生成其他产物，导致结构彻底被破坏，无法恢复成原状。

（4）热稳定性

水滑石具有较高的热稳定性，以碳酸根型的水滑石为例，始分解温度在200℃左右，首先是层间水进行蒸发吸热，层板结构无任何影响；之后是碳酸根离子的分解以及层板间羟基脱水等，层间结构逐步受到破坏，此分解过程温度区间为250~450℃；当加热温度达到500℃时，碳酸根全部分解为二氧化碳，伴随着双金属复合氧化物（LDO）的产生，层状结构遭到破坏，比表面积变大；当温度高于600℃时，会生成难燃固体金属氧化物。

（5）阻燃性能

由于层间水以及阴离子转化为二氧化碳脱出，起到降温、阻隔空气的作用，并且高温下生成的氧化镁等不燃固体产物也会直接覆盖在材料上，起到固相阻燃功能，达到阻燃效果。

（6）其他性能

除了以上描述出的各类性质，水滑石还有红外吸收能力、紫外线阻隔能力以及杀菌防霉功能，用于生活、医疗、建筑等诸多领域。

1.3.3 水滑石的阻燃机理

由于水滑石具有较高热稳定性和在不同温度下分解出不同的产物的特点，以碳酸根型水滑石为例，其分解过程主要存在以下几个阶段：(1)温度在 50~190℃时，失去层间结晶水蒸发吸热；(2)加热温度在 280~450℃时，层间羟基缩水，形成金属氧化物；(3)温度在 450~580℃时，CO_3^{2-} 以 CO_2 形式脱除。

碳酸根型的 LDH 的热分解如下式：

$$Mg_6AL_2(OH)_{16}CO_3 \cdot 4H_2O \underset{<190℃}{\rightarrow} Mg_6AL_2(OH)_{16}CO_3 \underset{190\sim580℃}{\rightarrow} 6MgO + Al_2O_3 \tag{1-1}$$

从水滑石具有气相和凝聚相两种阻燃机理，其中，气相阻燃作用包括分解过程中释放的水蒸气与二氧化碳稀释了可燃气体，同时分解过程吸收热量，起到冷却降温作用。凝聚相阻燃机理体现在LDHs高温分解最终生成的氧化镁和氧化铝等不燃固体产物可以起到阻隔热量传播、隔绝氧气的作用，改变高分子结构热分解途径，促使其交联成炭。

除此之外，LDHs 在高温下层状结构坍塌，产生多孔性固体碱。比表面积增大，可吸附材料燃烧生成的有害气体和烟气等，达到消烟、抑烟的效果。

1.3.4 水滑石阻燃聚氨酯泡沫的研究现状

近年来，国内外诸多学者对 LDHs 阻燃聚氨酯泡沫进行了大量研究，研究包括硬质、软质等不同种类的聚氨酯泡沫，其中不少研究人员根据水滑石的空间结构可调节性，对LDHs 本身进行改性，制作出新型复合层状材料，并且通过多个燃烧测试实验来验证改性后 LDHs 是否具备更佳的阻燃性能。

部分研究人员利用 LDHs 的离子可调特性，将阻燃官能团引入层状空间，制备了一系列新型环保阻燃材料。Gómez 等用热解燃烧流动量热法（PCFC）研究了通过两种含磷阴离子（HPO_4^{2-} 和双（2-乙基己基磷酸酯，$HDEHP^-$））对 $LDH\text{-}CO_3$ 进行改性，X 射线衍射分析表明，两种阴离子成功被插入层间，呈现出不同的结晶度和晶粒大小。软质聚氨酯泡沫的密度和硬度随 $LDH\text{-}CO_3$ 和 $LDH\text{-}HPO_4$ 的加入而增加，回弹值降低。此外，还采用热重分析（TGA）和热解燃烧流动量热法（PCFC）对纳米复合材料的热行为进行了分析，并与未添加阻燃剂的泡沫进行了比较，结果表明，含有 LDH-HDEHP 的泡沫材料在降解的第二阶段热释放热率有明显的下降，有效提高了软质聚氨酯泡沫的热稳定性。在另一项研究中，通过在适当的温度和 pH 下稀释水中所需的含磷阴离子，可以在插入所选阴离子的同时完成结构重组。根据他们的研究结果，加入含磷的阴离子有助于抑制火焰传播，从而形成具有保护性的炭层并且抑制燃烧。

Peng 等研究了夹层结构硬质聚氨酯泡沫塑料的性能，结果发现这既提高了硬质聚氨酯泡沫塑料的燃烧性能和吸声性能，又保持了其良好的力学性能和电磁稳定性。王娜等将硼酸根阴离子成功插入钙铝水滑石层间，通过对插层后的阻燃剂进行 X 射线衍射测试和扫描电镜测试，结果显示层状结构没有被破坏，并且改性后的硼酸根插层 CaAl-LDHs 具有较好的阻燃性能。

Guo 等将十二烷基硫酸盐改性的 CoAl-LDHs 添加到聚氨酯泡沫中，经过 TG 和 DTG 分析表明，所合成的 CoAl-LDHs 能在高温下保持结构稳定，进而得出 CoAl-LDHs 具有较高的热稳定性，不仅复合材料的阻燃性能得到提高，而且其机械性能也有显著提高。

1.4 锶及锡酸锶的应用

1.4.1 锶元素的应用

地球存储的碱土金属中锶是丰度最小的，锶元素具有极强的吸收X射线辐射的能力以及诸多化学功能。作为一种稀有元素，锶的研究领域广泛，被用于严格的时间计算、医学治疗、日用化工品等。目前，锶盐的研究方向主要是医学和光学性质，阻燃性研究仍不足。关于锶盐的阻燃性的现有研究也集中在聚丙烯、塑料和其他材料上。

1.4.2 锡酸锶与聚磷酸铵的研究及应用

截至目前，国内外各类锶盐的研究，主要包括锡酸锶、氯化锶、碳酸锶等。要应用其光学特性，例如碱式锡酸锶（六方晶型）有效推动了光催化技术的应用，少量使用钛酸锶可以改善电子元器件的电性能，如电路板的瓷化温度。本文利用氯化锶和锡酸钠合成制备纳米级别锡酸锶，其中氯化锶便是最常见的锶盐制备原料。氯化锶是日常生活中牙膏的主要成分，可用于生产烟花爆竹以及作为电解质的助溶剂。而锡酸钠可用作纺织品的阻燃剂及增重剂，是一些无机材料（如玻璃、陶瓷等）的基础原料之一。合成锡酸锶的方法较多，已有文献报道采用高温固相法、水热法、共同沉淀法等。其中水热法作为锡酸盐类最通用的制作方法。该方法是指在高温高压的反应环境下，利用水作为反应介质，使通常不溶或无水的物质解体并进行重结晶处理。水热方法最初是模仿地壳物质在高温高压环境下的系列变化的自然过程。具有纯净的反应环境、污染少、成本低、易商业化、结晶良好、团聚少和纯度高的特点。近年来，水热和溶剂热方法在一维纳米材料的制备中得到了广泛应用。本章就是利用两类基础锶盐和锡酸盐以水热法获得前驱产物六羟基氢氧化锡酸锶。

目前学术界普遍接受的观点是一些锡酸盐均具有良好的阻燃性能，根据前文所述的资料可知，国内外学者目前对锡酸锶的阻燃性能较其他添加型阻燃剂的研究少，其中，锡酸锶与聚磷酸铵协效作用于聚氨酯泡沫的相似文章也过少。所以，对于聚氨酯泡沫这一类生活中常见复合材料在添加这一协效体系阻燃剂后的燃烧特性的研究显得十分重要。

目前国内外学者，如杨柳等使用聚磷酸铵与氢氧化铝复配的二元协同阻燃剂对聚氨酯进行阻燃性能提升，通过APP热解降低泡沫燃烧时的温度，通水生成PO•、PO_2•等自由基延缓自由基链式反应从而有效提高了聚氨酯泡沫凝聚相和气相的阻燃性能。李杰康等以二氧化锡与氧化锌为原料制备锡酸锌，与水滑石复配改性PVC并使用热重分析、氧指数等进行表征，实验结果表明复配阻燃剂的加入可以促使PVC提前成炭，并有效提高材料的残炭量。刘静韵在室温条件下自制硅藻土/羟基锡酸锡复合粒子，并使用该粒子对乙烯共聚物进行力学及阻燃性能的研究，实验表明，此类锡酸盐在复配后在保持一定力学性能的情况下具有一定阻燃性能。Wang等利用三种无机阻燃剂形成三元协同体系对硬质聚氨酯泡沫进行阻燃性能研究，结果表明，相比于二元协同体系相同组分的三元体系的极限氧指数更大，放热速率峰值减小、质量损失率减小，尤其在抑制了烟雾的释放这一特性上。Qian等采用水热法制备了层柱状氢氧化锑加入聚氨酯泡沫材料中，使用热分析仪器对不同含量氢氧化锑改性后的聚氨酯进行检测并分析了XRD、热释放速率、热稳定性等，成功找到抑烟率最好的配比。Zhou等参考了甲基膦酸二甲酯合成了一种含有两种磷的双（二甲氧基磷酸基）甲基苯基磷酸酯，通过极限氧指数、垂直水平测试、锥形量热仪、热重分析、红外光谱、电子扫描仪等测试表明，这种双甲基苯基磷酸酯在聚氨酯泡沫中的效率比甲基膦酸二甲酯更高，且相对活泼。Yogesh Kumar发现在$SrSnO_3$中Sr位掺杂较小的La离子也可以减少倾斜，从而改善材料的输运性能。拉曼光谱和傅里叶变换红外光谱的结果支持XRD结果，显示出其谱带的蓝移，这归因于键长的变化，从而导致倾斜的减少。用紫外—可见光谱研究了其光学性质。Guo等报道了一种低温胶体合成和溶液沉积的$SrSnO_3$（SSO）钙钛矿氧化物纳米颗粒可以作为一种有效的ETL替代物。表现出更高的电子电导率和更快的电子转移，以及ETL/钙钛矿界面上更好的带排列，也得到了理论计算的支持。如今在聚氨酯泡沫阻燃问题的研究上，并不可以只考虑阻燃或者抑烟其中之一，而应在考虑两者的同时，在保留泡沫基础密度的条件下，尽可能提高环保效果。

参考文献

[1] 毛广政,仇艳玲,代月,等.阻燃聚氨酯泡沫改性的研究进展[J].山东化工,2018,47（16）:71-72.

[2] 张尧,陈露,黄小冬,等.阻燃聚氨酯的研究及应用进展[J].塑料助剂,2020（1）：1-10.

[3] 张旭,李森,朱泽宇,等.聚氨酯泡沫阻燃改性研究进展[J].沈阳航空航天大学学报,2019,36(6):80-90.

[4] 许昆鹏.碳纤维/纳米黏土增强聚氨酯泡沫塑料的研究[J].中国胶黏剂,2017,26（9）：38-41.

[5] 王锦成,陈月辉.新型聚氨酯防火涂料的阻燃机理[J].高分子材料科学与工程,2004,20(4)：168-172.

[6] GOMEZ-FERNANDEZ S, UGARTE L, PENA-RODRIGUEZ C, et al. The effect of phosphorus containing polyol and layered double hydroxides on the properties of a castor oil based flexible

polyurethane foam [J]. Polymer Degradation and Stabilty, 2016, 132:41-45.

[7] 陈东明,张恒,魏凤春.软质聚氨酯泡沫的阻燃性能研究[J].河南理工大学学报（自然科学版）,2005,24(3)：205-209.

[8] 凤四海,陈豪,智茂永,等.DOPO阻燃剂对软质聚氨酯泡沫阻燃性能的影响[J].塑料科技,2019,4(10)：137-141.

[9] 陈丁猛,孙立艳,阎家建,等.无卤阻燃聚氨酯泡沫塑料的制备与表征[C]. // Intelligent Information Technology Application Association.Proceedings of 2011 AASRI Conference on Environmental Management and Engineering（AASRI-EME）, 2011.

[10] 李程,吴子刚,王晓彤,等.聚氨酯行业的现状及发展趋势[J].粘接,2016,37（11）：63-67.

[11] SAHA M C, KABIR M E, JEELANI S. Enhancement in thermal and mechanical properties of polyurethane foam infused with nanoparticles [J]. Materials Science and Engineering:A, 2008, 479（1）:213-222.

[12] 冯文静,李守平,陈雅君,等.软质聚氨酯泡沫阻燃技术的研究进展[J].中国塑料,2020,34（3）:93-102.

[13] 许黛芳,俞科静,钱坤.阻燃聚氨酯硬泡阻燃剂的研究进展[J].宇航材料工艺,2018,48（3）:6-11.

[14] 程博,邓燕,李建华,等.软质聚氨酯泡沫材料的无卤阻燃研究进展[J].纺织科学研究,2018,(9):78-80.

[15] NGUYEN C, LEE M, KIM J. Relationship between structures of phosphorus compounds and flame retardancies of the mixtures with acrylonitrilebutadiene-styrene and ethylene-vinyl acetate copolymer [J]. Polymers for Advanced Technologies, 2011（22）：512-519.

[16] PRICE D, LIU Y, MILNESS G J, et al. An investigation into the mechanism of flame retardancy and smoke suppression by melamine in flexible polyurethane foam [J]. Fire and Materials, 2002, 26（4）：201-206.

[17] 姜浩浩,刘新亮,邹勇,等.硬质聚氨酯泡沫/聚磷酸铵复合材料的制备及阻燃性能研究[J].塑料工业,2019,47（01）:89-93.

[18] LORENZETTI A, MODESTI M, BESCO S, et a1. Influence of phosphorus valency on thermal behaviour of flame retarded polyurethane foams [J]. Polymer Degradation and Stability, 2011, 96(8)：1455-1461.

[19] KULESZAL K, PIELICHOWSKI K, KOWALSKI, Z. Thermal characteristics of novel Na H_2PO_4/$NaHSO_4$ flame retardant system for polyurethane foams [J]. Journal of Thermal Analysis and Calorimetry, 2006, 86（2）：475-478.

[20] JIN J, DONG Q X, SHU Z J, et al. Flame retardant properties of polyurethane expandable praphite composites [J]. Procedia Engineering, 2014, 71:304-309.

[21] 谢聪,周文蓉,黄亚琼.聚氨酯的阻燃研究进展[J].当代化工研究,2017（7）:82-83.

[22] ZAMMARANO M, KRAMER R H, HARRIS R, et al. Flammability reduction of flexible polyurethane foams via carbon nanofiber network formation [J]. Polymers for Advanced Technologies, 2018, 19（6）:588-595.

[23] 欧红香,叶青,蒋军成,等.聚烯烃无卤阻燃研究进展[J].常州大学学报(自然科学版),2019,31(4):1-8.

[24] BASHIRZADEH R., GHARELIBAGHI A. An investigation on reactivity, mechanical and fire properties of PU flexible foam [J]. Journal of Cellular Plastics, 2010,46（6）:129-158.

[25] 郑敏睿,张猛,李书龙,等.阻燃型聚氨酯泡沫研究新进展[J].热固性树脂,2016,31（4）:62-68.

[26] 李艳,贾积恒,田盛益,等.含磷阻燃聚醚多元醇的制备及其在聚氨酯硬泡中的应用[J].聚氨酯工

业,2016,31（1）:25-28.

[27] ZHANG L Q, ZHANG M, ZHOU Y H, et al. The study of mechanical behavior and flame retardancy of castor oil phosphate based rigid polyurethane foam composites containing expanded graphite and triethyl phosphate [J]. Polymer Degradation and Stability, 2013, 98（12）:2784-2794.

[28] 刘博,赵哲,董良建,等.芳香族聚醚的合成及用其制备的硬质聚氨酯泡沫的性能[J].化学推进剂与高分子材料,2017,15（6）:82-85.

[29] 丁海阳,王基夫,王春鹏,等.阻燃型聚氨酯泡沫的制备及性能研究[J].热固性树脂,2017,32(1):39-43.

[30] YANG C, SONG H S, LIU D B. Effect of coupling agents on the dielectric properties of $CaCu_3Ti_4O_{12}$/PVDF composite [J]. Composites Part B:Engineering, 2018, 50（1）:180-186.

[31] 赵修文,张利国,李博,等.聚脲多元醇对聚氨酯泡沫阻燃性的影响[J].化学推进剂与高分子材料,2010,8（1）:43-45.

[32] 汤成,李松,颜红侠,等.纳米阻燃剂阻燃高分子材料的应用与研究进展[J].中国塑料,2017,31(6):1-7.

[33] WEI X, WANG G, ZHENG X. Research on highly flame-retardant rigid PU foams by combination of nanostructured additives and phosphorus flame retardants [J]. Polymer Degradation and Stability, 2015, 111:142-150.

[34] GAO M, WU W H, LIU S, et al. Thermal degradation and flame retardancy of rigid polyurethane foams containing a novel intumescent flame retardant [J]. Journal of Thermal Analysis and Calorimetry, 2014, 117:1419-1425.

[35] NABIPOUR H, WANG X, SONG L, et al. A fully bio-based coating made from alginate, chitosan and hydroxyapatite for protecting flexible polyurethane foam from fire [J]. Carbohydrate polymers, 2020, 246:116641.

[36] LAUFER G, KIRKLAND C, CAIN A A, et al. Clay chitosan nanobrick walls: completely renewable gas barrier and flame-retardant nanocoatings [J]. ACS Applie Materials and Interfaces, 2012,4（3）: 1643-1649.

[37] RUEDEE J, VARAPORN T. Bio-based flexible polyurethane foam synthesized from palm oil and natural rubber [J]. Journal of Applied Polymer Science, 2020, 137（43）:49310.

[38] MOHAMMADI A, WANG D Y, HOSSEINIA A S, et al. Effect of intercalation of layered double hydroxides with sulfonatecontaining calix[4]arenes on the flame retardancy of castor oil-based flexible polyurethane foams [J]. Polymer Testing, 2019, 79:106055.

[39] 刘鑫,舒万艮,桂客,等.十二烷基苯磺酸柱撑类水滑石的热稳定性研究[J].中国塑料,2004,18（10）:70-72.

[40] YANG W S, KIM Y M, LIU P K, et al. A study by in situ techniques of the thermal evolution of the structure of a Mg-Al-CO_3^{2-} layered double hydroxide [J]. Chemical Engineering, 2002, 57:29-45.

[41] 史翎,李殿卿,李素锋,等.Zn-Mg-Al-CO_3 LDHs 的结构及其抑烟和阻燃性能[J].科学通报,2005,50（4）: 327-330.

[42] GOMEZ-FERNANDEZ S, UGARTE L, PENA-RODRIGUEZ C, et al. Flexible PU foam nanocomposites with modified layered double hydroxides [J]. Applied Clay. Science, 2016, 123（1）:109-120.

[43] DING P, KANG B, ZHANG J, et al. Phosphorus-containing flame retardant modified layered double hydroxides and their applications on polylactide film with good transparency [J]. Journal of Colloid and Interface Science, 2015, 440（2）:46-52.

[44] PENG H K, WANG X X, LI T T, et al. Effects of hydrotalcite on rigid PU foam composites containing a fire-retarding agent: compressive stress, combustion resistance, sound absorption, and electromagnetic shielding effectiveness [J]. RSC Advances, 2018, 8（9）:33542-33550.

[45] 王娜,仲剑初,王洪志.硼酸根插层的 Ca-Al-LDHs 的制备、表征和应用[J].无机盐工业,2016,48（1）:25-27.

[46] GUO S Z, ZHANG C, Peng H D, et al. Structural characterization thermal and mechanical properties of polyurethane/Co Al layered double hydroxide nanocomposites prepared via in situ polymerization [J]. Composites Science and Technology, 2011, 71:791-796.

[47] YANG L, LIU Y C, ZHANG W, et al. High-temperature mechanical and thermal properties of Ca1−xSrxZrO3 solid solutions [J]. Journal of the American Ceramic Society, 2020, 103（3）:1992-2000.

[48] ZHELTONOZHSKAYA M V, ZHWLTONOZHSKY V A, VLASOVA I E, et al. The plutonium isotopes and strontium-90 determination in hot particles by characteristic X-rays [J]. Journal of Environmental Radioactivity, 2020, 225.

[49] 罗彦佩. 碱式锡酸锶的制备与光催化性能研究[D].福州：福州大学,2016.

[50] DAI G Z, WANG S B, HUANG G H, et al. Direct and indirect measurement of large electrocaloric effect in barium strontium titanate ceramics [J]. International Journal of Applied Ceramic Technology, 2020, 17（3）:1354-1361.

[51] 张雯雯. 锶盐系列纳米材料的制备及表征[D].青岛：青岛科技大学,2010.

[52] 杨柳,叶志斌,艾梁辉,等.聚磷酸铵/氢氧化铝对聚氨酯的协同阻燃作用[J].合成材料老化与应用,2020,49（5）:1-5.

[53] 李杰康,谢吉星.机械力化学制备锡酸锌及其在 PVC 中的阻燃应用[J].无机盐工业,2019,51（5）:33-37.

[54] 刘静韵,米扬,张桂霞,等.硅藻土/羟基锡酸锌复合粒子的自组装及应用[J].现代塑料加工应用,2019,31（5）:1-4.

[55] XI W, QIAN L J, LI L J. Flame Retardant Behavior of Ternary Synergistic Systems in Rigid Polyurethane Foams [J]. Polymers, 2019, 11（2）:207.

[56] QIAN Y, QIAO P, LI L, et al. Preparation of pillared layered antimony hydroxide and its flame retardancy in thermoplastic polyurethane [J]. Journal of Thermal Analysis and Calorimetry, 2019, 15:1-11.

[57] ZHOU F, ZHANG T, ZOU B, et al. Synthesis of a novel liquid phosphorus-containing flame retardant for flexible polyurethane foam: Combustion behaviors and thermal properties [J]. Polymer Degradation and Stability, 2020, 171.

[58] KUMAR Y, KUMAR R, CHOUDHARY R J, et al. Reduction in the tilting of oxygen octahedron and its effect on bandgap with La doping in $SrSnO_3$ [J]. Ceramics International, 2020, 46（11）:17569-17576.

[59] GUO H, CHEN H, ZHANG H, et al. Low-temperature processed yttrium-doped SrSnO3 perovskite electron transport layer for planar heterojunction perovskite solar cells with high efficiency [J]. Nano Energy, 2019, 59:1-9.

[60] 袁英杰，张家涛，彭巨擘，等.羟基锡酸锌/锡酸锌的阻燃应用与研究进展[J].现代塑料加工应用.2019,31（3）:60-63.

[61] KUMAR A, MANDAL D. Multifunctional poly（vinylidene fluoride–co-hexafluoropropylene） - zinc stannate nanocomposite for high energy density capacitors and piezo-phototronic switching[J]. Journal of Applied Polymer Science.2023, 140（12）.

[62] 王志超，赵斌钰，王志，等.锡酸锌阻燃改性聚氨酯泡沫研究[J].化工新型材料.2023,51（3）:136-140.

[63] 刘浩，颜渊巍，秦伟.基于次磷酸铝的低烟阻燃天然橡胶研究[J].西华大学学报（自然科学版）.2022,41（5）:34-39.

[64] PETSOM A, ROENGSUMRAN S, ARIYAPHATTANAKUL A, et al. An oxygen index evaluation of flammability for zinc hydroxystannate and zinc stannate as synergistic flame retardants for acrylonitrile–butadiene–styrene copolymer[J]. Polymer Degradation and Stability.2003,80（1）:17-22.

[65] SU X Q, YI Y W, TAO J, et al. Synergistic effect of zinc hydroxystannate with intumescent flame-retardants on fire retardancy and thermal behavior of polypropylene[J]. Polymer Degradation and Stability.2012,97（11）:2128-2135.

[66] 张志帆，武伟红，齐艳侠，等.次磷酸铝与锡酸锌协效阻燃聚对苯二甲酸丁二醇酯的研究[J].中国塑料.2016,30（5）:93-97.

[67] ZHANG B, HAN J. Morphology control of zinc hydroxystannate microcapsules bysol–gel method and their enhanced flame retardancy propertiesfor polyvinyl chloride composites[J]. Journal of Sol-Gel Science and Technology.2017,81（2）:442-451.

[68] 黄信达.无卤环保新型 APP 阻燃剂制备与性能研究[D].昆明：昆明理工大学,2021.

[69] 林小樟.聚磷酸铵/金属盐协效阻燃环氧树脂研究[D].长春：长春工业大学,2020.

[70] 谢美娜,何吉宇,杨荣杰.含聚磷酸铵蒙脱土纳米复合物热塑性聚氨酯弹性体复合材料的制备及阻燃性能[J].高分子材料科学与工程.2021,37（12）:51-60.

[71] 薛建英,高艺璇,胡志勇，等.聚磷酸铵/氢氧化镁复配填充聚氨酯硬泡的阻燃性能[J].科学技术与工程.2020,20（3）:12507-12511.

[72] 彭新龙,符若文,罗青宏，等.聚磷酸铵协同氢氧化铝阻燃不饱和聚酯复合材料性能[J].工程塑料应用.2021,49（7）:46-53.

[73] 江慧,唐玲玲,葛明华，等.Pa-APP/PER/α-ZrP 阻燃聚丙烯酸酯乳液的制备及性能[J].精细化工,2023,40（7）:1605-1617.

[74] 王劲阳,杨福馨,陈晨伟，等.聚磷酸铵/聚酰亚胺微胶囊化改性阻燃聚丙烯薄膜性能研究[J].化工新型材料,2023,51（1）:65-70.

[75] 魏婉妮,陈小轲.硼系阻燃剂检测方法研究进展[J].中国纤检.2019（04）:59-61.

[76] 纪荣彬,陈婷,彭超华，等.有机磷/硼杂化小分子阻燃改性环氧树脂[J].化工学报,2021,5(16):1-19.

[77] 张慧东,吴瑶庆,张芳.含硼纺织阻燃剂的制备与研究[J].棉纺织技术.2021,49（5）:42-45.

[78] WANG D, MU X, CAI W, et al.Constructing phosphorus, nitrogen, silicon-co-contained boron nitride nanosheets to reinforce flame retardant properties of unsaturated polyester resin [J].Composite Part A: Applied Science and Manufacturing.2018,109:546-554.

[79] 段聪,房轶群,王奉强，等.纳米 BN 与 ZnO 协效阻燃木粉-聚氯乙烯复合材料[J].复合材料学报,2021,38(04):1147-1154.

[80] 郑楠,田朋,朱兴坤，等.碱式碳酸镁基复合阻燃剂的制备及其阻燃性能研究[J].无机盐工业.2021,

53（2）:47-50
[81] 邓军,李航,康付如.硼酸锌和镁铝水滑石对硅橡胶泡沫性能的影响[J].高分子材料科学与工程.2020,36（12）:42-48.
[82] DANG L, LV Z, DU X, et al. Flame retardancy and smoke suppression of molybdenum trioxide doped magnesium hydrate in flexible polyvinyl chloride[J]. Polymers for Advanced Technologies, 2020, 31(9): 2108-2121.
[83] 郑楠.碱式碳酸镁基阻燃 EVA 的制备与性能研究[D].大连：大连理工大学,2020.

第 2 章　基于不同基材制备聚氨酯泡沫

2.1　样品制备及实验仪器

2.1.1　实验原料

选用聚醚多元醇 330N 和 3630，工业级（常州卓联志创聚合物有限公司）；异氰酸酯 MDIPm200 和 MDI8019，工业级（常州卓联志创聚合物有限公司）；聚醚多元醇 303、305、310 和 330，工业级（南通德瑞克化工有限公司）；匀泡剂，硅油；催化剂，辛酸亚锡，三乙醇胺，工业级（常州卓联志创聚合物有限公司）；植酸（Phytic Acid），分析纯（上海泰坦科技股份有限公司），外观淡黄色液体；硫酸锰，可膨胀石墨，分析纯（国药试剂化学有限公司）；去离子水，实验室自制。

2.1.2　实验设备及工作原理

表 2-1　实验使用仪器

仪器名称	型号	生产厂家
电子天平	YH-100002	永康雨昊贸易有限公司
电子天平	FA2204B	上海佑科仪器仪公司
差热-热重分析仪	DTG-60AH	日本岛津有限公司
烟密度箱	FTT-NBS	英国 FTT 公司
锥形量热仪	FTT-CONE-0242	英国 FTT 公司
氧指数测试仪	FTT-BS ISO 4589-2	英国 FTT 公司
UL-94 垂直水平燃烧仪	CFZ-5 型	北京鑫生卓锐科技有限公司
电动搅拌机	D2015W	上海司乐仪器有限公司
鼓风干燥箱	DGX-9073B-2	上海福玛实验设备有限公司

2.1.2.1　差热- 热重测试仪

（1）　设备简介

热重是利用自带的升温程序进行控制，通过天平进行实时监测，样品在仪器内部随着环境温度的升高开始自行发生分解、熔化、挥发等多种理化变化，从而引起质量（质量剩余，%）的变化，通过绘图软件可以得到一条质量随温度变化的热重（TG）曲线，通过对其取微分进而得到一条热损失速率的微分热失重（DTG）曲线。

(2) 实验方案设置

热重分析仪的外观如图 2- 1 所示。该仪器的测试环境可以分为两种，一种是在氮气环境中，另一种则是在空气环境中，流速一般为 50 mL/min，样品质量通常在 3~6 mg，称量时先用电子天平确定样品的质量范围，然后通过仪器自带的机械手臂抓取用酒精擦拭的坩埚（去皮后）放置在机器内部的天平上精确称量。升温速率能够根据材料以及实验自行设定，但是在聚氨酯泡沫测试时不宜选用过高的升温速率，因为材料存在热传导的延迟，容易导致材料分解的不完全，会对材料后续活化能以及热稳定性的评估产生较大影响。由于机器测试过程比较精确，故应在没有振动影响的环境中进行实验。实验中可以选择动、静两态试验形式，前者通过在一定范围内持续升温达到设定温度，后者则为在预定温度下保持恒温进行测试。但绝大多数实验均是在动态即升温条件下，本文对于多种样品测试的实验选择了动态，测试结果选取多次试验取平均值。

图 2- 1 热重分析仪

2.1.2.2 锥形量热仪

(1) 设备简介

锥形量热仪主要是依据氧气的消耗量进行测试，根据不同的实验所需设定热辐射通量，由于是进行燃烧测试所以能够更真实地模拟出火灾场景，根据所得到的多种数据指标可以对材料在火场中的燃烧行为进行较为全面的评估，从而被广泛地应用于火灾安全及材料燃烧等领域。其测试参数主要有：

a.热释放速率（HRR）。

HRR 为材料每平方米所释放的热量释放速率，单位为 kW/m^2。数值越高就说明材料的阻燃效果越低。

b. 总热释放量（THR）。

THR 为从测试开始到结束材料总释放的热量，单位为 MJ/m^2。根据材料质量不同，THR 不同，可以计算每千克物质的 THR 用以评估材料的燃烧性能。

（2）实验方案设置

锥形量热仪的外观图如 2- 2 所示。本次实验使用的是英国 FTT-CONE-0242 锥形量热仪，热辐射通量可以从 5~80 kW/m^2 选取，通过点火装置直接点燃测试材料，进而测量其燃烧特性，材料大小为 100 mm×100 mm×10 mm 需要用锡箔纸覆盖住受热面以外的其他面。由于材料可能存在部分成分分布不均匀，实验结果取三次测试的平均值。实验前应对机器进行预热处理，待显示屏上的预热标志消失后开始试验。

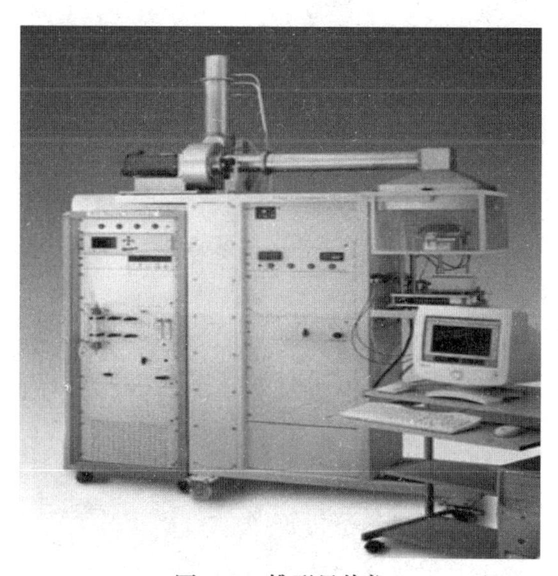

图 2- 2　锥形量热仪

2.1.2.3　烟密度箱

（1）设备简介

箱体内部设有上下垂直的两组灯，当试验件受热后会产生烟雾进而对光束产生影响。根据定律：朗伯-比尔，依据传感器测量透光率 T，据此通过计算机算出比光密度 D_s，并且实时测得随着试验件暴露在热辐射下的时间推移，其产烟量以及透光率的变化，从而获得一条随时间变化的烟密度和透光率曲线。

（2）实验方案设置

烟密度箱的外观和内部如图 2-3 和 2-4 所示。本次选用型号为 FTT-SDC-1411510 型烟密度箱，测试温度选择为 902℃的无焰测试，测试结果主要与箱体内两组垂直灯有关，部分材料测试时会产生大量烟雾且烟雾内的颗粒较大，容易沉降在灯源表面，故每次实验后应用酒精擦拭灯护罩表面以确保初始透光率为 100%。依据 GB/T 10671—2008，测试时间为 1 200 s，测试前需对机器进行预热 4 h 处理，然后分阶段升温至预定目标，测试结果取三次平均值。

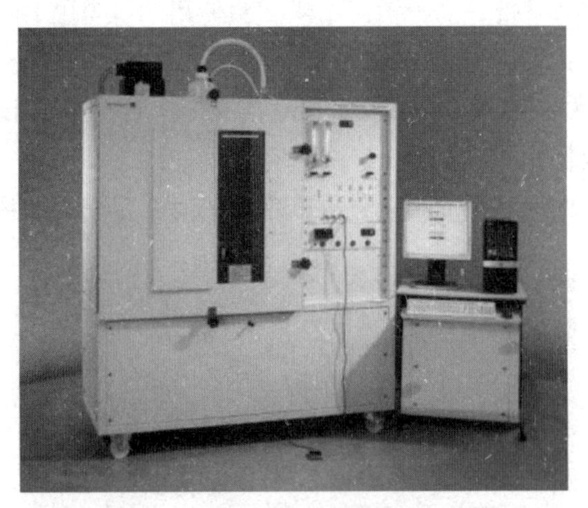

图 2-3　仪器外观

图 2-4　仪器内部

2.1.2.4　极限氧指数

(1) 设备简介

极限氧指数（LOI）是使得样品处在只有氮气和氧气的环境中，根据其中的比例不同测得在何种氧气浓度下材料可以被点燃并持续燃烧，是评价聚合物材料燃烧性能的一种小型火测试方法。高温氧指数仪可以通过给罐体内部加热，测量材料在不同温度环境下的阻燃性能材料氧指数测试共分为三个级别，难燃（LOI>27%）、可燃（22%≤LOI≤27%）和易燃（LOI<22%）。

（2）实验方案设置

高温氧指数仪器外观如图2-5所示。在室温条件下进行测试，材料尺寸为100 mm×10 mm×10 mm，每组样品选取5根。

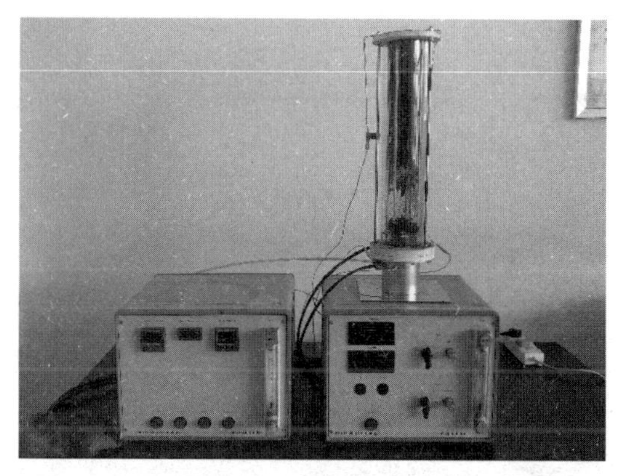

图2-5 仪器外观

2.1.2.5 UL-94水平燃烧测试仪

（1）设备简介

本设备是在空气环境下，通入甲烷气体直接点火进行测试，观察燃烧时是否有熔融物滴落。依据GB/T 2408—2021，通过测量消耗长度与燃烧时间计算等级$V=60L/t$，V为线性燃烧速度（单位mm/min），L为实验材料燃烧的长度（单位mm），t为实验材料燃烧的时间（单位s），等级依据如下：

HB级别：

a）将点火源撤走之后，火焰立即熄灭。

b）将点火源撤走之后，样品持续燃烧但是火焰前沿未燃烧超过100 mm标线。

c）火焰前沿燃烧超过100 mm标线，对于厚度在3~13 mm的样品线性燃烧速度小于40 mm/min。

HB 40级别：

a）将点火源撤走之后，火焰立即熄灭。

b）将点火源撤走之后，样品持续燃烧但是火焰前沿未燃烧超过100 mm标线。

c）火焰前沿燃烧超过100 mm标线，样品线性燃烧速度小于40 mm/min。

HB 75 级别:

a）将点火源撤走之后，火焰立即熄灭。

b）将点火源撤走之后，样品持续燃烧但是火焰前沿燃烧未超过 100 mm 标线。

c）火焰前沿燃烧超过 100 mm 标线，样品线性燃烧速度小于 75 mm/min。

（2）实验方案设置

UL-94 垂直水平仪器外观如图 2- 6 所示。在室温环境下进行测试，样品切成长宽厚为 130 mm×13 mm×10 mm，厚度可选取 6~13 mm，并分别在距离点燃端 25 mm 处和 100 mm 处画线标识。由于聚氨酯样品容易产生形变，应注意保持样品的水平或垂直的状态以达到与火焰规定所需角度，记录燃烧时间与燃烧长度。

图 2- 6　仪器外观

2.1.3　阻燃剂植酸锰的制备

将 500 mL 的去离子水放入锥形瓶中，处于 85℃的水浴环境中预热，温度计实时监测。待温度达到预定温度后，先量取适量的黄色植酸液体加入其中，随后使用电子秤，称量 0.01 mol 的硫酸锰晶体加入其中，并开始进行磁力搅拌，3 h 后观察底部有大量沉淀随即停止搅拌，将所得的产物进行多次过滤、洗涤，最后用离心机离心得到植酸锰沉淀。放入温度为 90℃的真空干燥箱中干燥 48 h，研磨后过分子筛，即得到目标产物阻燃剂植酸锰（MnPa）。

2.1.4　聚氨酯泡沫的制备

2.1.4.1　不同基材聚氨酯泡沫的制备

用电子天平称取适量的聚醚多元醇加入匀泡剂硅油、催化剂辛酸亚锡、三乙醇胺以及去离子水，加到纸杯中后用电动搅拌机搅拌均匀形成混合体后，再称取适量的黑料（异氰酸酯）加入其中，用电动搅拌机迅速搅拌 7~11 s。开始发泡后倒入预热好的模具中，在室温的环境下发泡，放置在环境温度为 50℃的烘箱中熟化 24 h 后取出，放置在室温的环境 3 d 后准备测试，本次实验采用全水发泡“一步法”制备聚氨酯泡沫。

2.1.4.2 植酸锰改性聚氨酯泡沫的制备

先将纸杯中的白料用电动搅拌机搅拌均匀形成混合体后，将制备好的 MnPa 按照投放比例为 2.5%、5.0%、7.5%和 10.0%与白料共混，用电动搅拌机缓慢提高转速搅拌 3 min。搅拌均匀后，迅速加入异氰酸酯进行强烈搅拌 10~15 s，开始发泡后倒入预热过的模具。放置在环境温度为 50℃的烘箱中熟化 24 h 后取出，放置在室温的环境 3 d 后准备测试。

2.1.4.3 植酸锰- 可膨胀石墨聚氨酯泡沫的制备

先将纸杯中的白料用电动搅拌机搅拌均匀形成混合体后，把准备好的阻燃剂 MnPa、可膨胀石墨（EG）按照 3:1 和 1:1 的比例放入其中，用电动搅拌机缓慢提高转速搅拌 3 min，搅拌均匀后，迅速加入异氰酸酯进行强烈搅拌 10~15 s。开始发泡后倒入预热过的模具，放置在环境温度为 50℃的烘箱中熟化 24 h 后取出，放置在室温的环境 3 d 后准备测试。

2.2 两种不同基材聚氨酯泡沫热稳定性分析

选用 DTG-60AH 型热重分析仪进行热重分析测试：聚醚多元醇 3630 与异氰酸酯 MDI8019 制备的样品标注为 PUFa，聚醚多元醇 330N 与异氰酸酯 MDIPm200 制备的样品标注为 PUFb。

2.2.1 热失重分析

高分子材料在接受不同程度的热量时会产生多种变化，比如理、化等方面，在实际应用中，对于材料在不同环境使用的目的不同，考虑的重点也不尽相同，TG 对于分析受热分解以及热稳定性方面非常有效。PUFa 和 PUFb 的微分热失重（DTG）曲线和热失重（TGA）曲线分别见图 2- 7 和图 2- 8。

由图 2.1 可知，各样品质量损失速率逐渐升高随后出现一个拐点，速率逐渐下降并且只存在一个峰，说明 PUF 试样是通过一步降解的方式进行的。通过对比可以发现，PUFa 的峰值更高且靠前，PUFa 的 DTG 峰值即最大损失速率温度（T_{max}）为 372℃，而 PUFb 为 383℃。由图 2.2 可知，PUFa 失重 5%的温度（$T_{5\%}$）为 255℃，在 750℃下残余率为 17%。而 PUFb 的 $T_{5\%}$为 270℃，在 750℃下残余率为 27%。由此可以看出 PUFb 的 $T_{5\%}$高于 PUFa，因此说明 PUFa 首先发生热解。

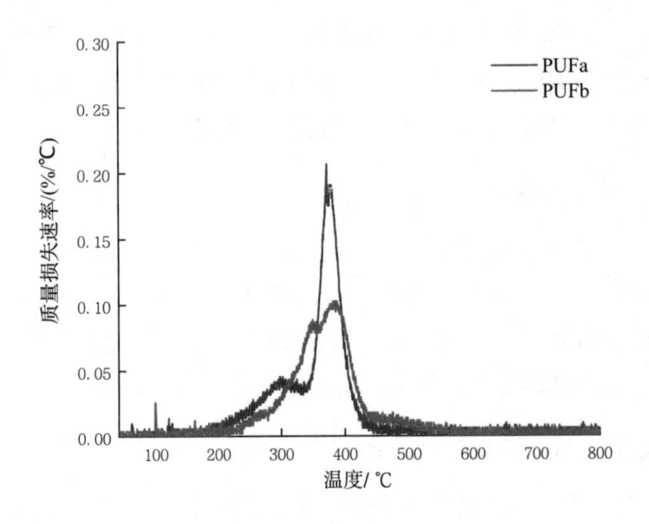

图 2-7　不同基材制备的样品微分热失重（DTG）曲线

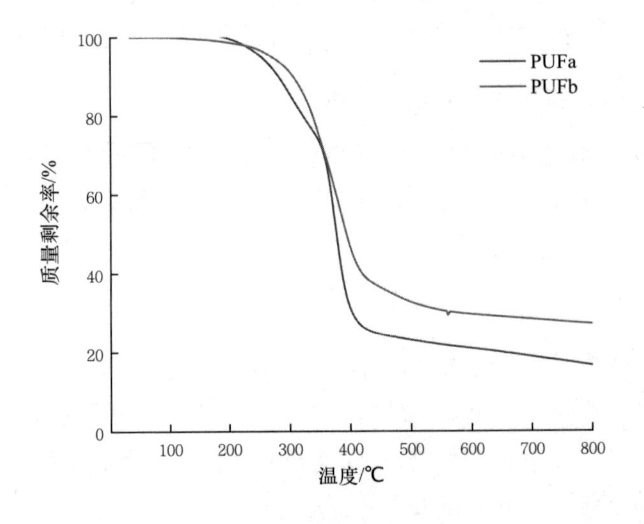

图 2-8　不同基材制备的样品热失重（TGA）曲线

PUF 试样的质量随着温度的上升出现了阶梯式的下降（图 2-8）。两种 PUF 材料出现了两个明显的拐点，这表明了 PUF 热解存在三个阶段，PUFa 和 PUFb 在第一阶段样品质量损分别为 25.8%和 22%，此阶段是异氰酸酯（MDI）开始热解挥发所致，其中临近末尾阶段的速率有所下降是由于 MDI 成分挥发接近完成。第二阶段则是由于残渣中大量的多元醇开始分解并生成水蒸气、CO、CO_2 等气态物质。第三阶段质量损失率仅为 7%左右，这是之前剩余的残渣中的炭化物少量氧化所导致。

表 2.1 为两种样品的热解温度参数, 从表中可以看出 PUFb 的初始分解温度为 246℃而 PUFa 为 202℃。PUFa 在 347℃开始迅速分解并释放可燃气体从而加速失重速率，然而 PUFb 的初始分解温度更高且最终的残炭量为 27%高于 PUFa 的 17%，这表明 PUFb 具有更高的成炭能力。

表 2- 2　两种样品的热解温度参数

样品	失重温度范/℃	失重百分/%	初始分解温/℃	终止分解温/℃
PUFa	202~344	25.8	202	438
	344~438	49.5		
	438~726	6.3		
PUFb	246~350	22	246	440
	350~440	41.4		
	440~652	8.6		

2.2.2　TG 动力学分析

PUF 是一种结构复杂的高分子材料，热解过程包含了多个化学和物理过程，其动力学过程也比较复杂。根据图 2- 7 主要将其热解行为分为两个主要阶段，PUFa 为 202~344 ℃和 344~438 ℃，而 PUFb 为 246~350 ℃和 350~440 ℃。

根据 TG 曲线的质量保留率和温度数据定义失重率α。PUF 热解过程中的反应速率可表示为式（2- 7）：

$$\frac{d\alpha}{dt} = Ae^{-(E/RT)}h(\alpha) \tag{2-1}$$

式中：A- 指前因子，s^{-1}；E- 活化能，kJ/mol；R- 理想气体常数，取值为 8.314×10^{-3} kJ/（mol（K）；h（α）是反应机制函数。

将 Arrhenius 方程应用在（2- 1）中，从而对反应速率方程进行动力学分析。使用 Coats-Redfern 法，根据式（2- 2）可计算出热解过程的活化能 E 和指前因子 A。

$$\ln\frac{g(\alpha)}{T^2} = \ln[\frac{AR}{\beta E}(1 \quad \frac{2RT}{E})] \quad \frac{E}{RT} \tag{2-2}$$

式中：g（α）- h（a）的积分形式；β- 程序升温速率，取 10 ℃/min。

本次实验采用了一级反应模型，即 g（α）= -ln（1-α），对不同材料分别在两个热解阶段的（ln（g（α）/T^2），1/T）进行线性拟合得到一条直线，其斜率大小为 – E/R，进而求得表观活化能 E 的值，从而通过活化能分析样品的热稳定性。

动力学参数是描述物质在化学反应过程中反应能力的基本参数，表观活化能越高说明物质的反应活性越低，越难建立起阴燃。前期实验中多元醇 3630 与 PM200 制备的泡沫样品的活化能与本节两种样品的活化能已做过对比在此不赘述。通过 Origin 对材料的两个主要阶段进行拟合，结果如图 2- 9 和图 2- 10 所示。图 2- 11 为不同质量保留率下的活化能，表 2- 3 是两种不同基材 PUFs 的热解动力学参数，可以发现在失重 5%时 PUFa 的活化能低于 PUFb，这与热重测试结果 $T_{5\%}$相一致，进一步证明了 PUFa 更容易发生热解。从图 2- 11 中可以看出两条曲线在α=35%相交，在$\alpha < 35\%$时 PUFb 的表观活化能高于 PUFa，这表明通过聚醚多元醇 330N 与异氰酸酯 MDIPm200 制备的 PUF 初始阶段活化能更高，对于在$\alpha > 35\%$时 PUFa 的表观活化能大于 PUFb 可能是因为在其表面形成了更致密的炭层，由于炭层的存在可以起到保护的作用降低了材料的热解。

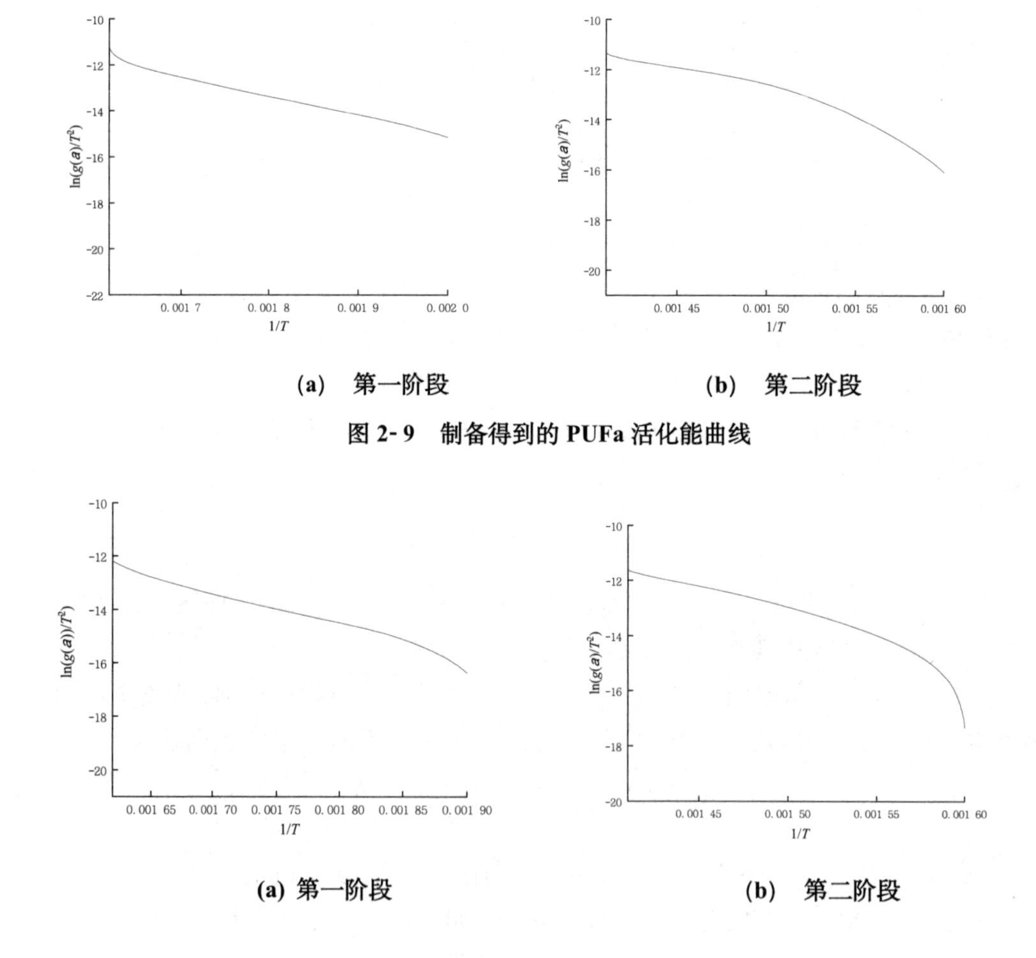

(a) 第一阶段 **(b) 第二阶段**

图 2- 9 制备得到的 PUFa 活化能曲线

(a) 第一阶段 **(b) 第二阶段**

图 2- 10 制备得到的 PUFb 活化能曲线

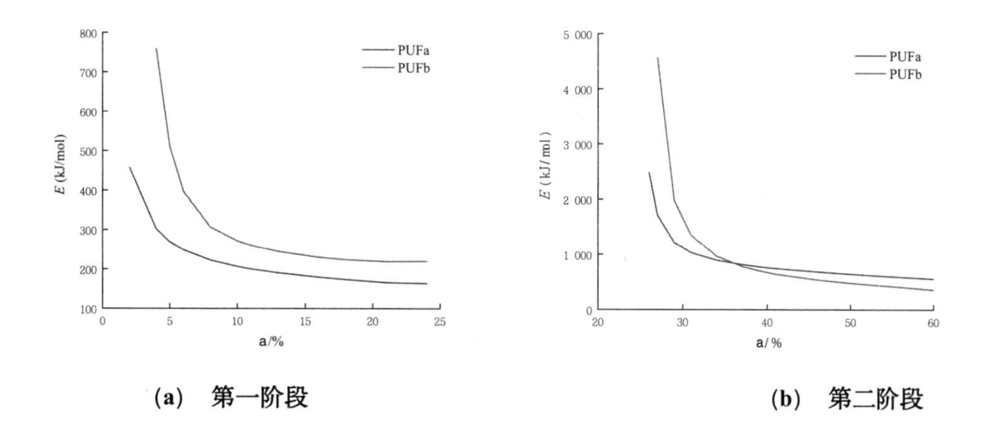

(a) 第一阶段　　(b) 第二阶段

图 2-11　基于 Coats-Redfern 法 PUFa 和 PUFb 两个阶段的 E（活化能）与α（质量转化率）的关系图

表 2-3　不同基材 PUF 的热解动力学参数

样品	失重阶段/℃	E/（kJ/mol)
PUFa	202~344	171.2
	344~438	403.8
PUFb	246~350	234.0
	350~440	323.6

2.2.3　小结

本节的研究重点在于通过对比两种不同基材制备的聚氨酯泡沫的热学性能，找到热稳定性更高的空白 PUF。通过热重分析发现 PUFa 的 $T_{5\%}$低于 PUFb，这表明在热解阶段初期 PUFa 更容易分解。材料的剩余质量百分比越少，表明受热分解得越多，峰值越高则表明分解速度越快。由实验结果可知，PUFa 的 DTG 峰值较高，且最终的质量残余率为 17%，低于 PUFb，这说明在受热时 PUFa 更容易发生热解。此外，PUFb 分解的两个主要阶段的质量损失率都低于 PUFa，这说明 PUFb 有较好的热稳定性。通过 Coats-Redfern 法进行动力学分析，PUFb 在$\alpha < 35\%$时的表观活化能高于 PUFa，表明 PUFb 更难建立起阴燃，热稳定性更高，这与 TG 测试结果相符合。通过综合对比可知，由 330N 与 MDIPm200 制备的 PUF 具有更高的初始分解温度、更高的质量剩余率，其热稳定性更好。

2.3 不同分子量的聚氨酯泡沫的热稳定性研究

因碳链长度不同制备的聚氨酯聚合分子链的长度也不同，其热稳定性也会随之变化，因此为进一步研究在相同起始剂的状态下不同相对分子质量的聚醚多元醇对于 PUF 热稳定性的影响，所以本章选用了与前一章相同官能度的 300、500、1 000、3 000 的 4 种同类不同相对分子质量的白料（分子式见图 2- 12）依次与同种黑料通过全水发泡“一步法”制备了 PUF，分别命名为 PUF1（相对分子质量为 300）、PUF2（相对分子质量为 500）、PUF3（相对分子质量为 1 000）和 PUF4（相对分子质量为 3 000）。使用热重分析和 Flynn-Wall-Ozawa 法、Kissinger 法和 Coats-Redfern 法以及锥形量热仪和烟密度箱研究不同分子量对 PUF 热稳定性和燃烧性能的影响。

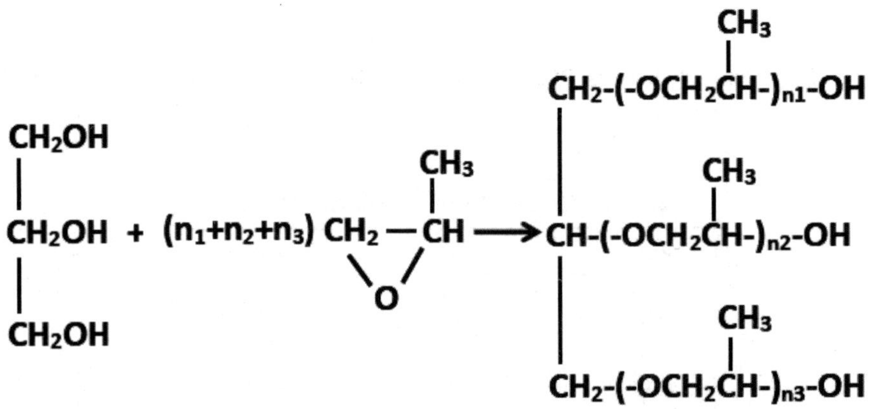

CH_2OH
CH_2OH + $(n_1+n_2+n_3)$ CH_2—$CH(CH_3)$ (O) ⟶
CH_2OH

CH_2-(-$OCH_2CH(CH_3)$-)$_{n1}$-OH
CH-(-$OCH_2CH(CH_3)$-)$_{n2}$-OH
CH_2-(-$OCH_2CH(CH_3)$-)$_{n3}$-OH

图 2- 12　不同分子量聚醚多元醇的分子式 *n1*、*n2 和 n3* 可以取不同的值

2.3.1 热失重分析

图 2- 13 至 2- 16 中显示出来的是四种样品材料的热失重分析（TGA）曲线和微分热失重分析（DTG）曲线，TGA 和 DTG 数据结果均为三个相同样品测试结果的平均值。从图 2- 13（a）中，可以清楚地看出 PUF1 的热分解过程分为三个阶段。在初始分解阶段，样品中一些沸点较低的物质蒸发，分子链迅速断裂，残渣中的大量多元醇开始分解，产生水蒸气、CO、CO_2 等气态物质，导致 PUF1 的重量产生了大约 60%的质量损失。在此阶段，热重温度范围在 208~357℃。在第二热分解阶段，样品中剩余的链段继续分解，形成多个相对稳定的小分子链，失重率开始继续下降，这也导致了在 357~480℃的温度范围内 PUF1 失重约为 11.7%。在热解的最后阶段，从 480℃到 800℃，温度的提高导致了少量残留物的进一步分解，但是分解速率趋近于零，因此样品质量仅是略有变化。在该阶段 PUF1 的质量损失率约为 4%并且最终质量保持稳定。从图 2- 14（a）、2- 15（a）

和图 2-16（a）中，可以清楚地发现 PUF2、PUF3 和 PUF4 的热失重趋势与 PUF1 相似，四种 PUFs 的热解温度参数见表 2-4。此外，四种 PUF 的热解曲线随加热速度增加一起向高温区移动，这是由于 PUF 的传热延迟现象。造成这种现象的原因是当加热速度过快时，热量不能及时传递给内部材料，导致 PUF 内部分解不完全。因此，PUF 的完全分解需要更高的加热温度。

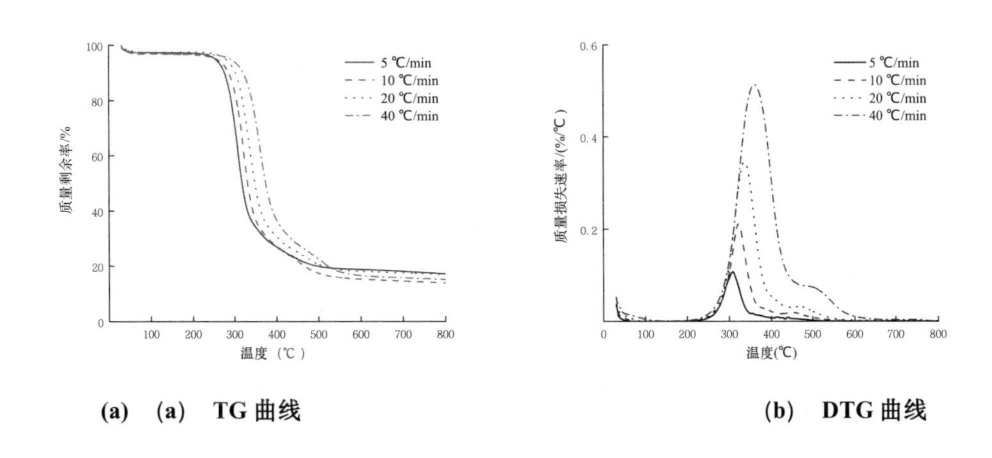

(a)（a）TG 曲线　　(b) DTG 曲线

图 2-13　PUF1 在四种升温速率下的 TG 和 DTG 曲线

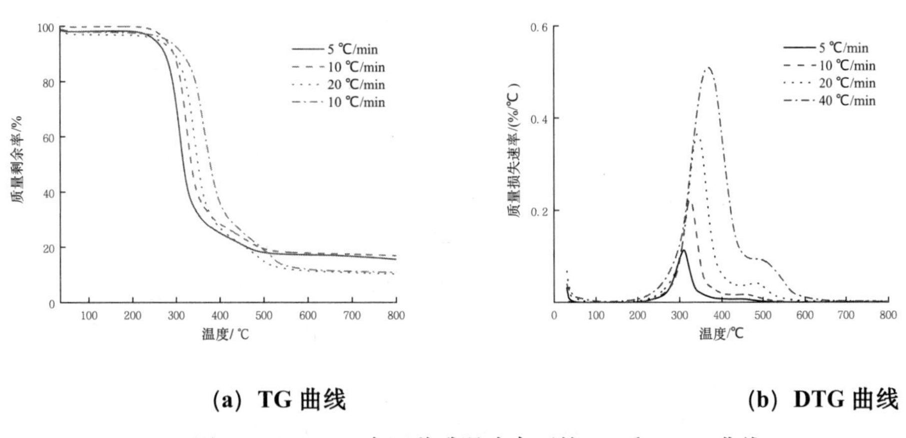

(a) TG 曲线　　**(b) DTG 曲线**

图 2-14　PUF2 在四种升温速率下的 TG 和 DTG 曲线

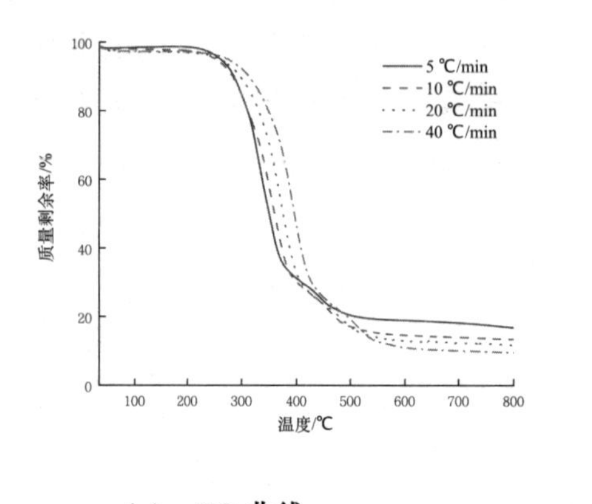

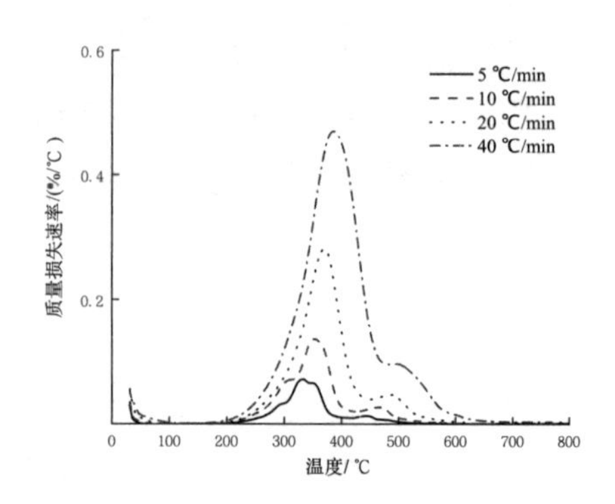

(a) TG 曲线 **(b) DTG 曲线**

图 2-14 PUF3 在四种升温速率下的 TG 和 DTG 曲线

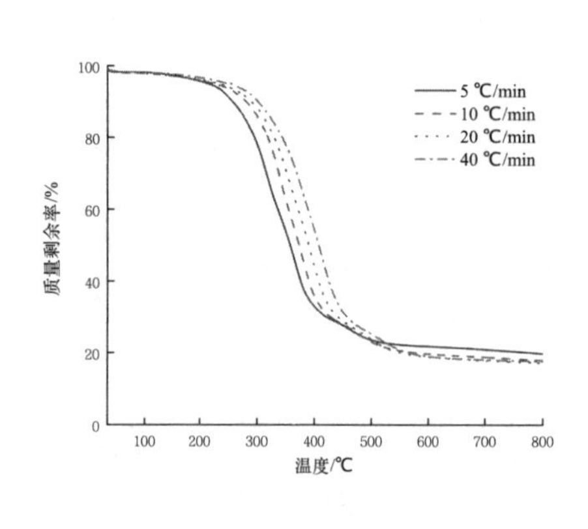

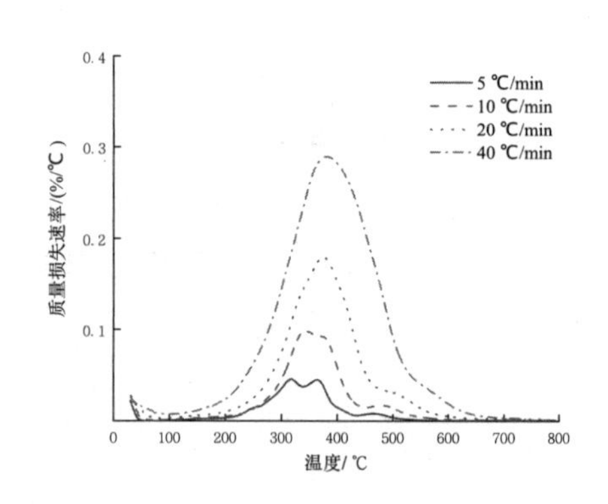

(a) TG 曲线 **(b) DTG 曲线**

图 2-16 PUF4 在四种升温速率下的 TG 和 DTG 曲线

此外，从表 2-4 中可以得出结论，即 PUF1 和 PUF2 的初始热失重温度分别为 208℃和 231℃。PUF3 的初始热失重温度升至 242℃。然而，PUF4 的初始热失重温度却降至 117℃。通过比较，可以得出 PUF3 的初始热失重温度在四种空白泡沫样品中为最高这一结论。四种 PUFs 的热失重温度数据见表 2-5。$T_{50\%}$是材料受热分解质量损失达到了一半时对应的温度，温度越高则说明其热稳定性越好。由表 2-5 可知，PUF1 的 $T_{5\%}$为 254℃，半寿温度为 318℃，与 PUF2 相近。PUF3 的 $T_{5\%}$为 261℃，$T_{50\%}$为 349℃。PUF4 的 $T_{5\%}$为 215℃，半寿命温度（$T_{50\%}$）与 PUF3 相似。因此，PUF3 具有最大 $T_{5\%}$以及两点（$T_{5\%}$, $T_{50\%}$）之间连线的最大斜率。

表 2-4　四种不同分子量聚氨酯泡沫的热解温度参数

样品	质量损失温度范围/℃	质量损失率/%	最初分解温度/℃	分解阶段结束温度/℃
PUF1	208~357	64.3	208	480
	357~480	11.7		
	480~800	3.8		
PUF2	231~334	63.3	231	474
	334~474	14.6		
	474~800	3.5		
PUF3	242~363	57.4	242	454
	363~454	15.6		
	454~800	7.2		
PUF4	117~370	55	117	486
	370~486	18.2		
	486~800	4.7		

从图 2-13（b）、图 2-14（b）、图 2-15（b）和图 2-16（b）中，可以清楚地发现，四种 PUFs 的最大热失重率温度分别为 305℃、310℃、331℃和 321℃，其中 PUF3 达到最大热失重所需的温度最高。此外，当温度高于 400℃时，热失重率下降，这与 TGA 曲线的趋势一致。根据四种 PUFs 样品的半寿温度和最大热失重率温度，可以得到 PUF3 具有最好的热稳定性这一结果。

表 2-5　四种 PUFs 的热失重温度数据

样品	$T_{5\%}$/℃	$T_{50\%}$/℃	T_P/℃
PUF1	254	318	305
PUF2	251	317	310
PUF3	261	349	331
PUF4	215	356	321

注：1）$T_{5\%}$是样品的质量损失率为 5%时的温度。

2）$T_{50\%}$是样品的质量损失率为 50%时的温度。

3）T_P是样品达到最大热分解速率时的温度。

2.3.2 热解动力学分析

目前计算活化能的方法也有许多，在现阶段实验所得的热失重（TG）曲线的基础上，本章节在四种升温速率的基础上，应用 Flynn-Wall-Ozawa 分析法、Kissinger 分析法和 Coats Redfern 分析 3 种方法分析了四种空白聚氨酯泡沫的热解动力学。

2.3.2.1 Flynn-Wall-Ozawa 分析法

根据 TG 曲线的质量保留率和温度数据定义失重率α。PUF 热解过程中的反应速率可表示为式（2-3）：

$$\frac{d\alpha}{dt}=Ae^{-(E/RT)}h(\alpha) \tag{2-3}$$

式中：A 为指前因子，（s^{-1}）；E 为活化能（kJ/mol）；R 为理想气体常数，取值为 8.314×10^3 kJ/（mol（K）；T 是热力学温度。其中，$\alpha=(m_0-m_t)/(m_0-m_\infty)$ 表示样品的失重率，m_0 是样品的初始质量，m_∞ 是最终残余质量，m_t 是在时间 t 时样品的实时质量；$h(\alpha)$ 是反应机制函数。在样品受热降解的过程中，因为温度并不是均匀上升的，所以定义其速率为β=dT/dt，单位是 K/min。所以计算公式表示为（2-4）：

$$\lg\beta=\lg\frac{AE}{G(\alpha)R}-2.315-\frac{0.4567E}{RT} \tag{2-4}$$

其中 $G(\alpha)$ 是 $h(\alpha)$ 的积分形式[53]。分别选取了四种升温速率 (5 ℃/min、10 ℃/min、20 ℃/min 和 40 ℃/min)，并且在不同温度下对 lgβ-1/T 进行拟合求出斜率，进而计算出活化能（E），从而通过活化能分析样品的热稳定性。

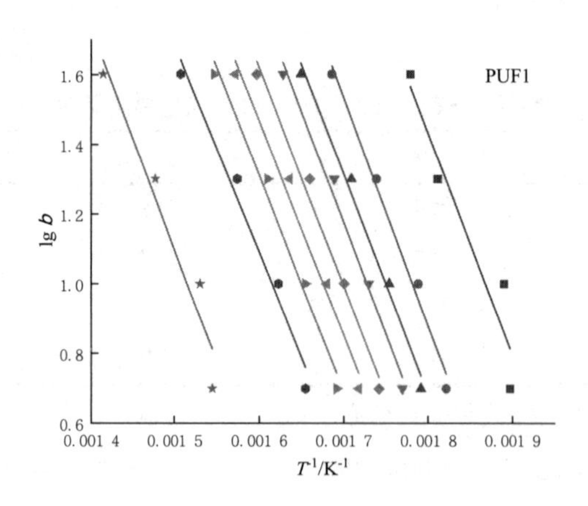

图 2- 17 PUF1 基于 Flynn-Wall-Ozawa 法拟合曲线

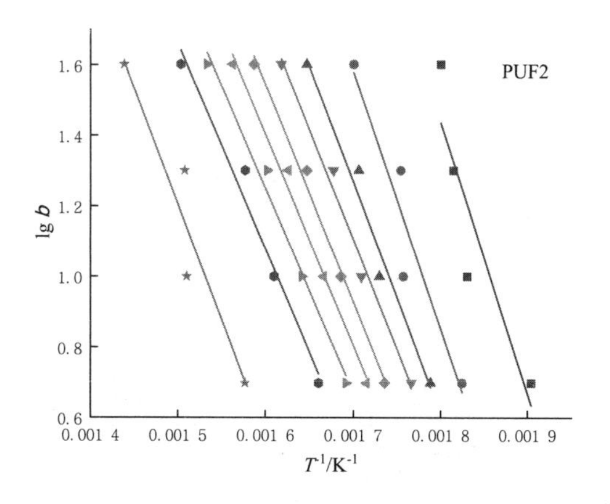

图 2- 18　PUF2 基于 Flynn-Wall-Ozawa 法拟合曲线

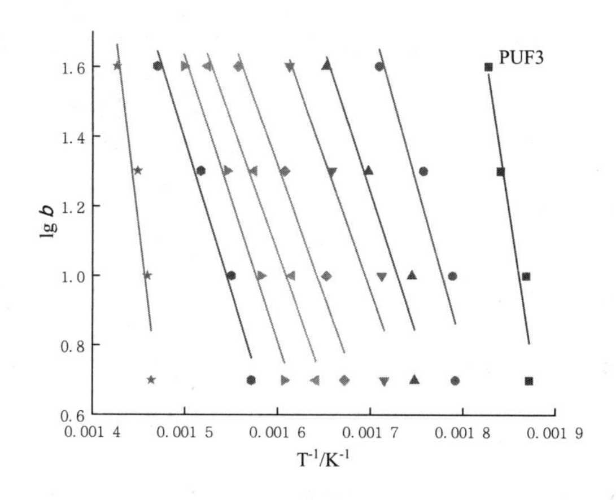

图 2- 19　PUF3 基于 Flynn-Wall-Ozawa 法拟合曲线

图 2- 17 至图 2.20 是四种 PUFs 的 log*β*-1/T 拟合曲线。四种未添加阻燃剂的 PUF 样品（PUF1、PUF2、PUF3 和 PUF4）在不同转化率下运用 Flynn-Wall-Ozawa 法计算出来的热解动力学参数如表 2- 6 所示。从表 2- 6 可以看出，拟合后的相关系数 *R* 均大于 0.9，说明该方法计算的 *E* 值具有极高的可信度，PUF3 在对应相同质量剩余率时，具有最高的活化能（*E*），这就证明了其在四种 PUFs 中拥有最好的热稳定性。PUF4 的活化能也是在不断提高，在热分解 20%之前活化能低于 PUF1 和 PUF2 可能是因为分子中碳的含量大，在热分解初期容易分解，随后生成了较多的残炭形成了炭层，起到了阻碍分解的作用。这也显示了碳链适当增长能够提高材料的热稳定性。

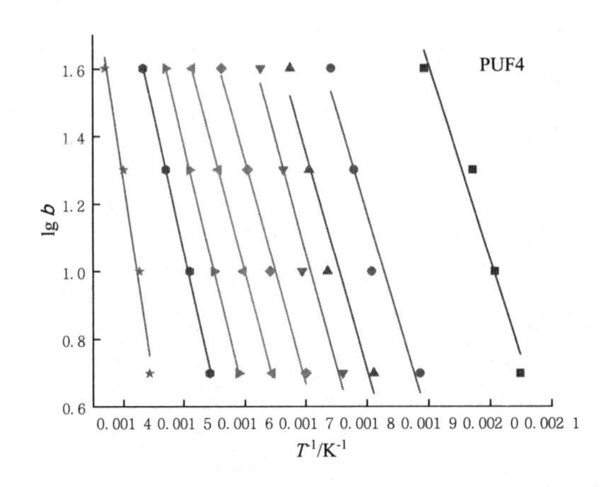

图 2-20 PUF4 基于 Flynn-Wall-Ozawa 法拟合曲线

表 2-6 四种聚氨酯泡沫基于 Flynn-Wall-Ozawa 法在不同转化率下的热解动力学参数

	PUF1		PUF2		PUF3		PUF4	
α	*E*/ (kJ/mol)	*R*	*E*/ (kJ/mol)	*R*	*E*/ (kJ/mol)	*R*	*E*/ (kJ/mol)	*R*
5	116.0	0.96	139.5	0.91	316.7	0.96	105.5	0.98
10	119.2	0.99	132.7	0.95	173.5	0.94	112.3	0.97
15	115.2	0.99	119.4	0.99	149.7	0.95	117.5	0.97
20	116.7	0.99	113.4	0.99	138.5	0.95	122.5	0.99
30	114.1	0.99	112.2	0.99	136.3	0.98	120.2	0.99
40	112.0	0.99	109.0	0.99	136.7	0.99	127.8	0.99
50	113.1	0.99	105.2	0.99	149.0	0.99	137.9	0.99
60	109.1	0.99	106.1	0.99	157.8	0.98	147.3	0.99
70	115.1	0.97	119.4	0.95	398.8	0.95	219.6	0.99

2.3.2.2 Kissinger 分析法

Kissinger 分析法是利用热解速率峰值的温度来分析样品在不同加热速率下的热解动力学，此方法不同于积分法，是一种运用微分模型对样品进行热解动力学分析的方法。一般情况下认为样品的热失重率的变化率 (dα/dt) 与系数 k 和函数 f (α) 呈现线性关系，

即 $d\alpha/dt=kf(\alpha)$，将 $k=Ae^{(-E/RT)}$ 和 $f(\alpha)=(1-\alpha)^n$ 代入可得式（2-5）：

$$\frac{d\alpha}{dt}=Ae^{(-E/RT)}(1-\alpha)^n \tag{2-5}$$

对式（2-5）取微分可得式（2-6）

$$\frac{d}{dt}\left[\frac{d\alpha}{dt}\right]=\frac{d\alpha}{dt}\left[\frac{E\frac{dT}{dt}}{RT^2}-An\ \ (1-\alpha)^{n-1}e^{(-E/RT)}\right] \tag{2-6}$$

当 $T=T_p$ 时，$d[d\alpha/dt]/dt=0$，式（2-6）变化成了式（2-7）：

$$\frac{E\frac{dT}{dt}}{RT_p^{\ 2}}=An(1-\alpha_p)^{n-1}e^{(-E/RT_p)} \tag{2-7}$$

在 Kissinge 法中认为 $n(1-\alpha_p)^{n-1}$ 与 β 无关且近似值为 1，代入公式（2-7）后，对整体取对数可得 Kissinger 公式如（2-8）所示

$$\ln(\frac{\beta_i}{T_{pi}^2})=\ln\frac{A_kR}{E_k}-\frac{E_k}{R}\frac{1}{T_{pi}}\text{，}i=(1,\ 2,\ 3,\ 4) \tag{2-8}$$

该方法分别采用 5 ℃/min、10 ℃/min、20 ℃/min 和 40 ℃/min 四种升温速率下的失重率峰值温度。用不同的 $\ln(\beta_i/T^2_{pi})$ 与 $1/T_{pi}$ 值进行拟合可以得到一条直线，通过斜率可以求得表观活化能 E_k。

图 2-21 至图 2-24 为四种空白聚氨酯泡沫样品在不同升温速率下 $\ln(\beta_i/T^2_{pi})$ 与 $1/T_{pi}$ 的拟合图，求出的斜率 K、表观活化能 E_K 以及 R 列于表 2-7 中。可以发现随着分子量的提高样品的活化能也在提高，这说明样品在热分解过程中能够生成更多的残炭，残炭包裹住样品从而提高了其热稳定性。虽然 PUF2 和 PUF3 的活化能相差不大，但是仍然可以看出 PUF3 的表观活化能最高（131.75 kJ/mol），说明其热稳定性更好。PUF4 的表观活化能为 70.762 kJ/mol，在四种样品中最低，这说明了分子中的碳链并不是越长其热稳定性就越好。虽然碳链的增长会提高键能、产生更多的残炭，但是并不代表会产生更加致密的炭层，碳元素的占比越大，其热释放越多，加速了分解从而降低产品的热稳定性。此种方法的计算结果相关系数均大于 0.95，这说明在计算热解动力学时运用 Kissinge 法拥有极高的可靠性。该方法是选用最大值对应的温度，虽然只是选用了过程中的一个点，通过计算结果的分析不能够完全分析出样品复杂的热分解过程。但是此种计算结果与 Flynn-Wall-Ozawa 结论相一致，可以进一步验证聚醚多元醇分子量有限度的提高能够增加 PUF 的热稳定性。

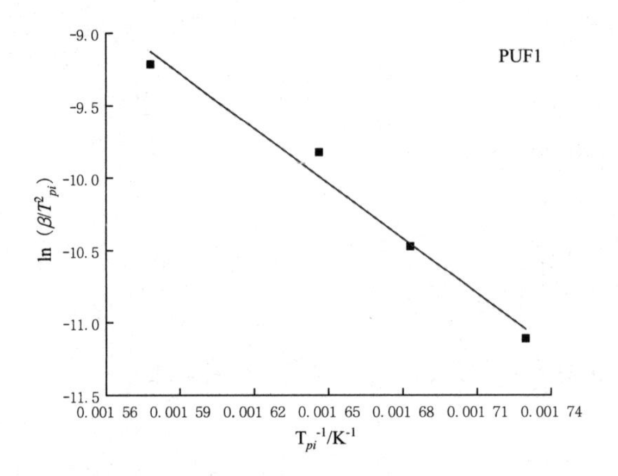

图 2-21　PUF1 基于 Kissinger 法拟合曲线

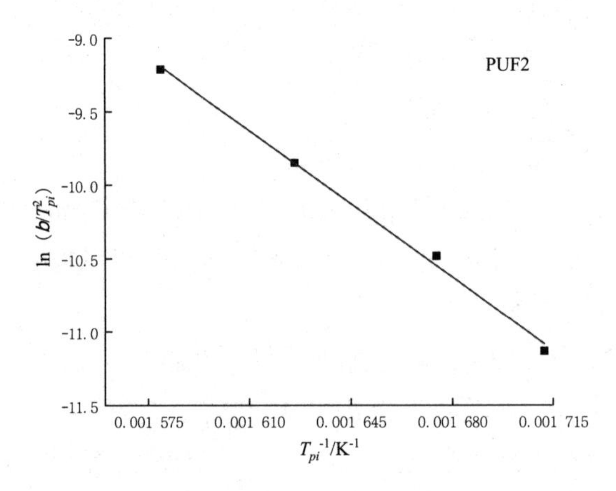

图 2-22　PUF2 基于 Kissinger 法拟合曲线

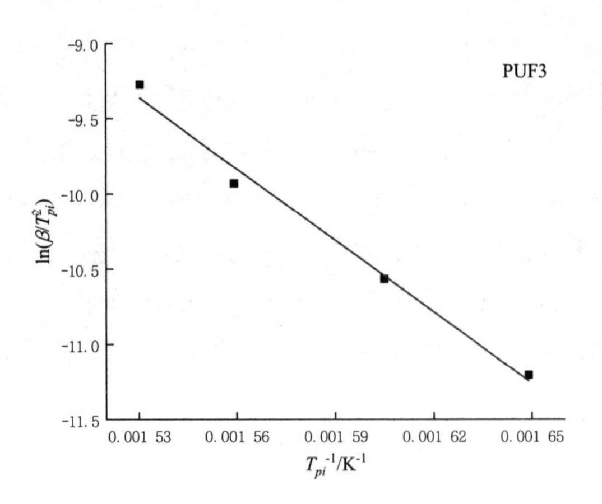

图 2-23　PUF3 基于 Kissinger 法拟合曲线

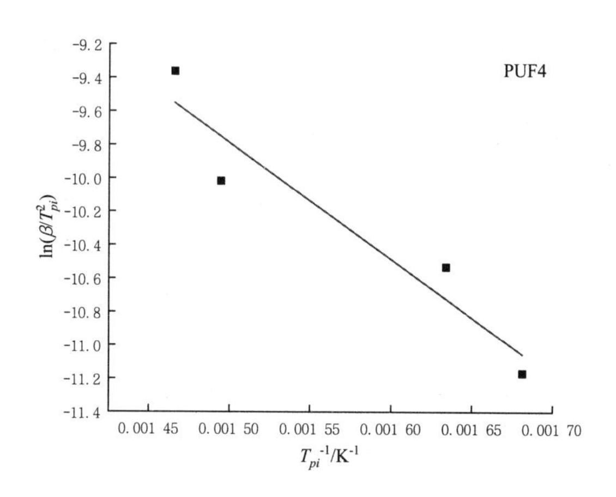

图 2- 24　PUF4 基于 Kissinger 法拟合曲线

表 2- 7　四种聚氨酯泡沫基于 Kissinger 法的热解动力学参数

样品	PUF1	PUF2	PUF3	PUF4
斜率 K= ($-E/R$)	12 658.743	14 258.896	15 846.726	8 511.237
活化能 $E_{K/}$ (kJ·mol^{-1})	105.245	118.548	131.75	70.762
相关系数 R	0.99	0.99	0.99	0.95

2.3.2.3　Coats-Redfern 分析法

依据 TG 曲线将样品的热解过程中分成若干个阶段，Coats-Redfern 分析法是利用每个阶段中若干个点进行线性拟合求出斜率。该方法区别于前两种方法，使用数据较多，可以进一步帮助证明样品的热稳定性优劣程度。热解过程的活化能 E 和指前因子 A 可以使用 Coats-Redfern 方法计算见式 2- 9：

$$\ln\frac{g(\alpha)}{T^2}=\ln[\frac{AR}{\beta E}(1-\frac{2RT}{E})]-\frac{E}{RT} \tag{2.9}$$

式中：$g(\alpha)$ 是 $h(\alpha)$ 的积分形式，β为程序升温速率。本章选择 5 ℃/min、10 ℃/min、20 ℃/min 和 40 ℃/min，本次实验采用了一级反应模型，所以 $g(\alpha)=\ln(1-\alpha)$。依据（$\ln[g(\alpha)/T^2]$，$1/T$）的拟合曲线所得的斜率 K（$K=(E/R)$ 计算出活化能 E 的值，从而通过活化能分析样品的热稳定性。四种样品的线性拟合曲线如图 2- 25 至图 2- 28 所示，四种升温速率下的热解动力学数据见表 2- 8。

表 2- 8 的结果表明，在所有 PUFs 中，PUF3 的活化能最高（四种升温速率下分别

为 237.29 kJ/mol、222.87 kJ/mol、211.43 kJ/mol 和 209.5 kJ/mol），PUF4 最低（四种升温速率下分别为 133.34 kJ/mol、146.49 kJ/mol、140.7 kJ/mol 和 135.1 kJ/mol），这与其他两种方法得出的结论一致。从表2-8中可以发现第一阶段的表观活化能高于第二阶段，这说明样品在分解初期反应较慢。相比于前三种样品活化能（为 112~132 kJ/mol），PUF4 初期的活化能最低（47.83 kJ/mol），这表明聚醚多元醇的分子中的碳链无限提高会导致样品初期反应更剧烈。从第二阶段活化能的对比可知，样品的活化能与聚醚多元醇分子量成正比。而 PUF4 与 PUF3 的活化能相差较大（ΔE=25.16 kJ/mol），则表明聚醚多元醇的相对分子量过度提高会降低样品的热稳定性。因为相关系数均大于 0.9，所以该计算结果可靠。

从图 2-25 至图 2-28 中可以发现，随着升温速率的增加，样品的表观活化能与指前因子同时在降低，这说明由于升温速率较快使得样品温度更高，导致样品在热解过程中出现了热传递“延迟”的现象，样品分解所需的活化能越低，即分解不完全。综合对比，结果趋势与上述两种方法相同。

综上所述，三种热解动力学方法的计算结果表明，PUF3 具有最高的活化能和最佳的热稳定性，这与 TGA 的结论一致。随着聚醚多元醇分子量的增加，PUFs 的活化能先升高后降低。这表明聚醚多元醇相对分子质量过高会对 PUF 的热稳定性产生负面影响，相对分子质量为 1000 的甘油聚醚多元醇的 PUF3 具有最高的活化能和最佳的热稳定性（基于 Flynn-Wall-Ozawa 不同转化率下分别为 316.7 kJ/mol、173.5 kJ/mol、149.7 kJ/mol、138.5 kJ/mol、136.3 kJ/mol、136.7 kJ/mol、149.0 kJ/mol 和 157.8 kJ/mol），基于 Kissinger 为 131.7 kJ/mol，基于 Coats-Redfern 为 222.8 kJ/mol），这有助于探索阻燃泡沫的内在燃烧行为。此外，发现 4 种 PUFs 的热稳定性不会随着更高相对分子质量的聚醚多元醇而增加。

表 2-8 基于 Coats-Redfern 法四种聚氨酯泡沫在不同升温速率下的热解动力学数据

升温速率β/(℃/min)	样品	温度区间/℃	活化能 E_k/(kJ·mol^{-1})	相关系数	指前因子/s^{-1}
5	PUF1	208~357	132.3	0.99	1.21×10^{8}
		357~480	85.17	0.99	2.72×10^{2}
	PUF2	231~334	112.66	0.99	6.75×10^{5}
		334~474	89.09	0.91	6.98×10^{2}
	PUF3	242~363	126.62	0.97	1.69×10^{7}
		363~454	110.67	0.95	3.8×10^{4}
	PUF4	117~370	47.83	0.98	1.03
		370~486	85.51	0.94	2.4×10^{2}
	PUF1	208~357	133.5	0.99	2.02×10^{8}

		357~480	74.6	0.95	87.1
	PUF2	231~334	137.5	0.99	4.83×10^8
		334~474	76.97	0.9	1.65×10^2
	PUF3	242~363	117.7	0.97	4.9×10^6
		363~454	105.17	0.91	3.64×10^4
	PUF4	117~370	45.39	0.97	0.87
		370~486	101.1	0.87	1×10^4
20	PUF1	208~357	139.03	0.99	8.5×10^8
		357~480	57.88	0.96	10.14
	PUF2	231~334	134.41	0.97	3.9×10^8
		334~474	70.17	0.86	1.22×10^2
	PUF3	242~363	111.58	0.99	2.23×10^6
		363~454	99.85	0.97	3.36×10^4
	PUF4	117~370	43.01	0.96	0.99
		370~486	97.69	0.96	1.11×10^4
40	PUF1	208~357	121.7	0.99	3.47×10^7
		357~480	51.6	0.98	7.42
	PUF2	231~334	109.5	0.99	4.86×10^6
		334~474	68.2	0.97	1.71×10^2
	PUF3	242~363	106.1	0.99	1.48×10^6
		363~454	103.4	0.99	1.13×10^5
	PUF4	117~370	41.5	0.98	1.44
		370~486	93.6	0.99	1.03×10^4

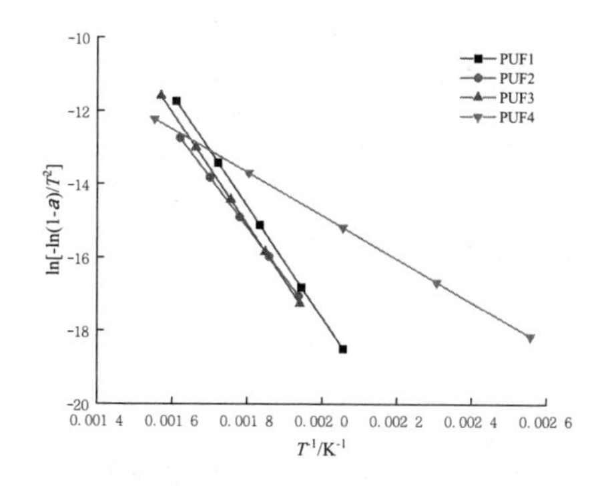

(a) 第一阶段

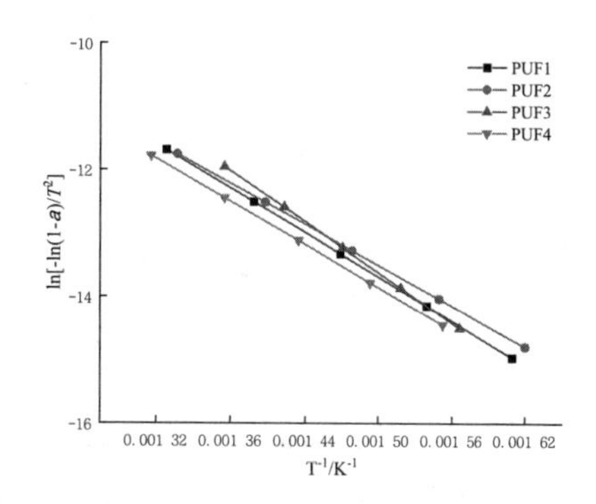

(b) 第二阶段

图 2-25 四种 PUFs 基于 Coats-Redfern 法在升温速率为 5℃/min 时的拟合曲线

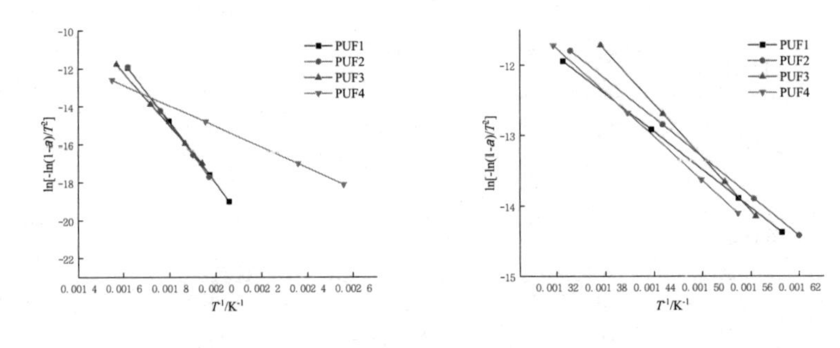

(a) 第一阶段　　　　(b) 第二阶段

图 2-26　四种 PUFs 基于 Coats-Redfern 法在升温速率为 10℃/min 时的拟合曲线

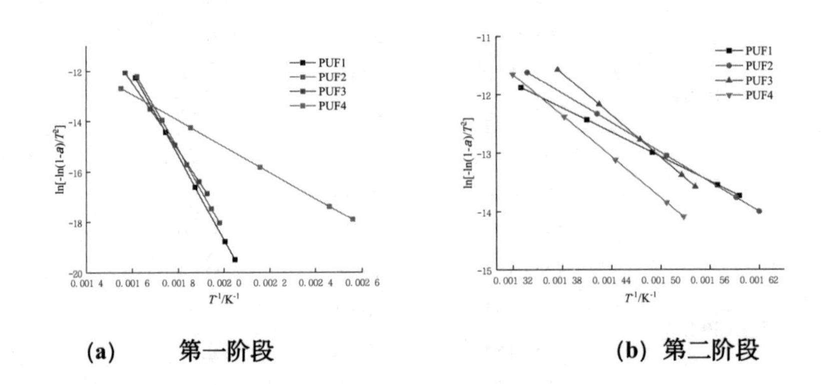

(a) 第一阶段　　　　(b) 第二阶段

图 2-27　四种 PUFs 基于 Coats-Redfern 法在升温速率为 20℃/min 时的拟合曲线

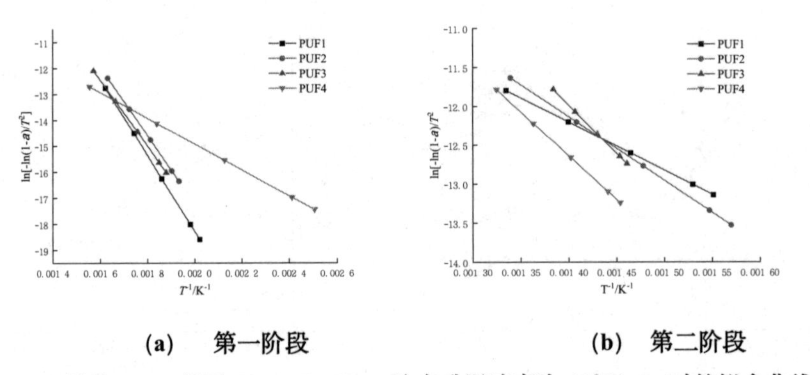

(a) 第一阶段　　　　(b) 第二阶段

图 2-28　四种 PUFs 基于 Coats-Redfern 法在升温速率为 40℃/min 时的拟合曲线

2.3.3 锥形量热仪分析

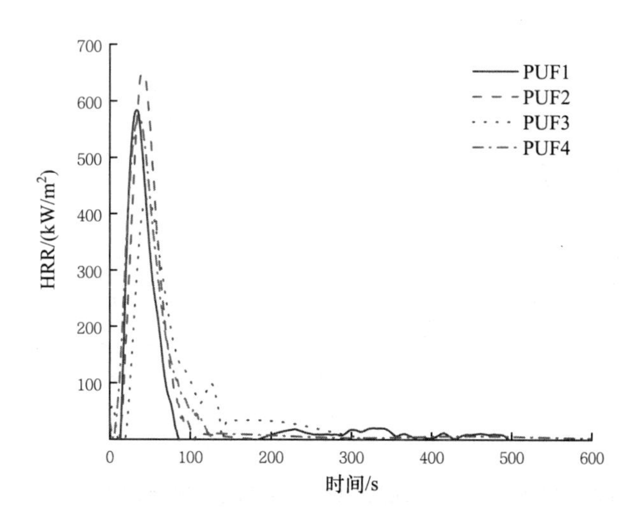

图 2- 29 四种 PUFs 在辐射通量为 25 kW/m² 的热释放速率（HRR）曲线

锥形量热仪测试是验证高分子材料燃烧性能的最佳方法之一，在一场火灾中材料的热释放速率地位不可忽视，4 种样品材料的热释放速率 (HRR) 曲线如图 2- 23 至图 2- 31 所示。如图 2- 29 所示，PUF 样品被突然点燃，开始时形成一个最大热释放速率峰值（PHRR）。随着表面出现保护性炭层，HRR 开始下降，随着辐射持续时间的延长，炭层继续分解，因此产生了类似最高峰值的 HRR 峰。PUF1、PUF2 和 PUF4 的 PHRR 分别为 592 kW/m²、682 kW/m² 和 655 kW/m²。PUF3 的 PHRR 最小为 469 kW/m²。图 2- 32 为四种 PUFs 在辐射通量为 25 kW/m² 的总放热量（THR）图，从图中可以看出 PUF1、PUF2 和 PUF4 的 THR 分别为 31.4 MJ/m²，32.7 MJ/m² 和 35.08 MJ/m²。而 PUF3 的 THR 为 28.95 MJ/m²。

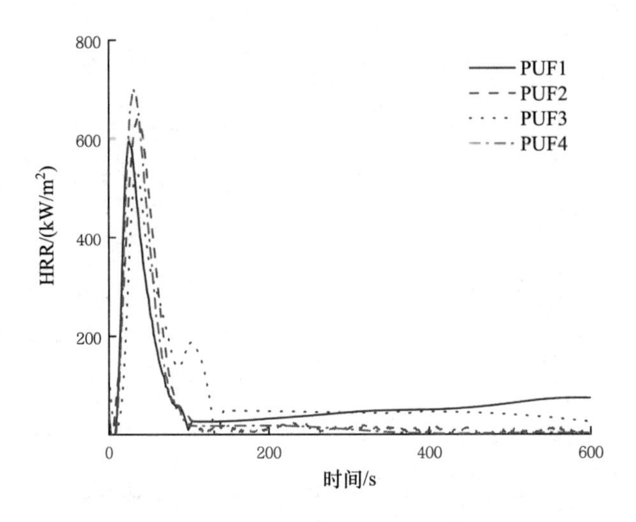

图 2-30　四种 PUFs 在辐射通量为 35 kW/m² 的热释放速率（HRR）曲线

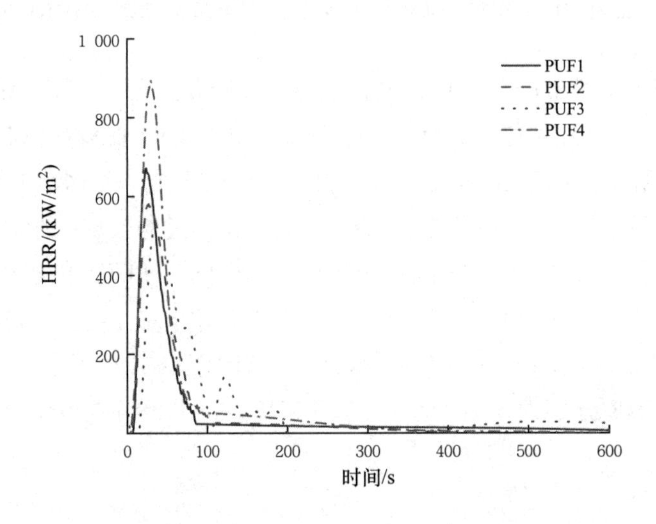

图 2-31　四种 PUFs 在辐射通量为 50 kW/m² 的热释放速率（HRR）曲线

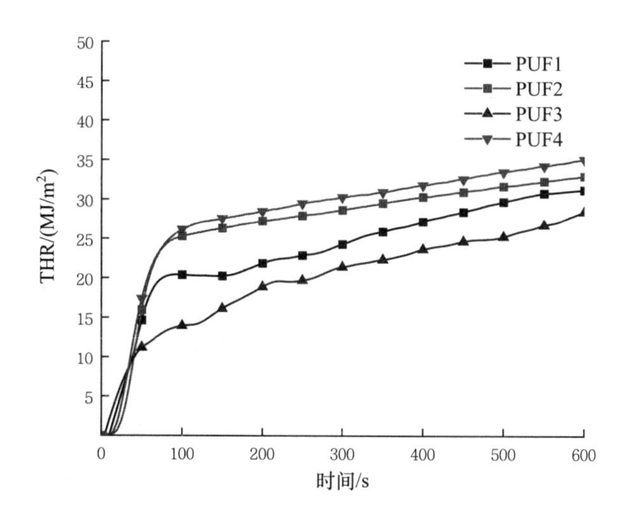

图 2- 32　四种 PUFs 在辐射通量为 25kW/m² 的总放热量（THR）曲线

图 2- 30 为辐射通量为 35 kW/m² 的 HRR 曲线图，与图 2- 29 中的 4 个样品的 PHRR 相对比，可以清楚地看到 4 种空白样品的 PHRR 有所提高（分别为 644.1 kW/m²、712.9 kW/m²、561.7 kW/m² 和 752.9 kW/m²），这可以归因于更高的热辐射通量。图 2.25 为辐射通量为 50 kW/m² 的热释放曲线图，从图 2- 31 可以看出，PUF1、PUF2、PUF3 和 PUF4 的 PHRR 分别为 717.6 kW/m²、610 kW/m²、538.2 kW/m² 和 897 kW/m²。此外，PUF3 到达最大热释放速率峰值（PHRR）的时间为 37s，与另外 3 种样品相比（PUF1、PUF2 和 PUF4）其他样品到达的时间更短。

相比之下，随着热辐射通量的增加，点火时间和达到峰值时间缩短，这是由于样品表面在同一时间内吸收了更多的热量。相反，PHRR 却有所提升。目前的结果表明，PUF3 具有最好的阻燃性能，这与热稳定性的结论一致。

2.3.4　烟密度分析

PUF1 的透光率和烟密度如图 2- 33 所示，当空白 PUF 样品暴露在热辐射下立即开始产生烟雾，到了 240 s 时平均烟密度达到 39.98，透光率降低到 49.8%。可以发现在 0~330 s 内 PUF 能够迅速生成大量的烟，透光率降低到了 44.7%，平均烟密度达到 46.1，随后产烟速度有所下降。973 s 时达到平均最大烟密度 55.79，透光率降低到 38.1%，随后趋于平缓，烟密度略微降低，最终保持在 55.5 左右。

PUF2 的透光率和烟密度如图 2- 34 所示，当空白 PUF 样品暴露在热辐射下立即开始产生烟雾，到了 240 s 时平均烟密度达到 41.7，透光率降低到 48.3%。可以发现在 0~300 s 内，PUF 材料迅速生成大量的烟，透光率降低到了 45.3%，平均烟密度达到 45.4，随后产烟速度有所下降。736 s 时达到平均最大烟密度 53.5，透光率降低到 39.7%，随后趋于平缓，烟密度略微降低，最终保持在 52.7 左右。

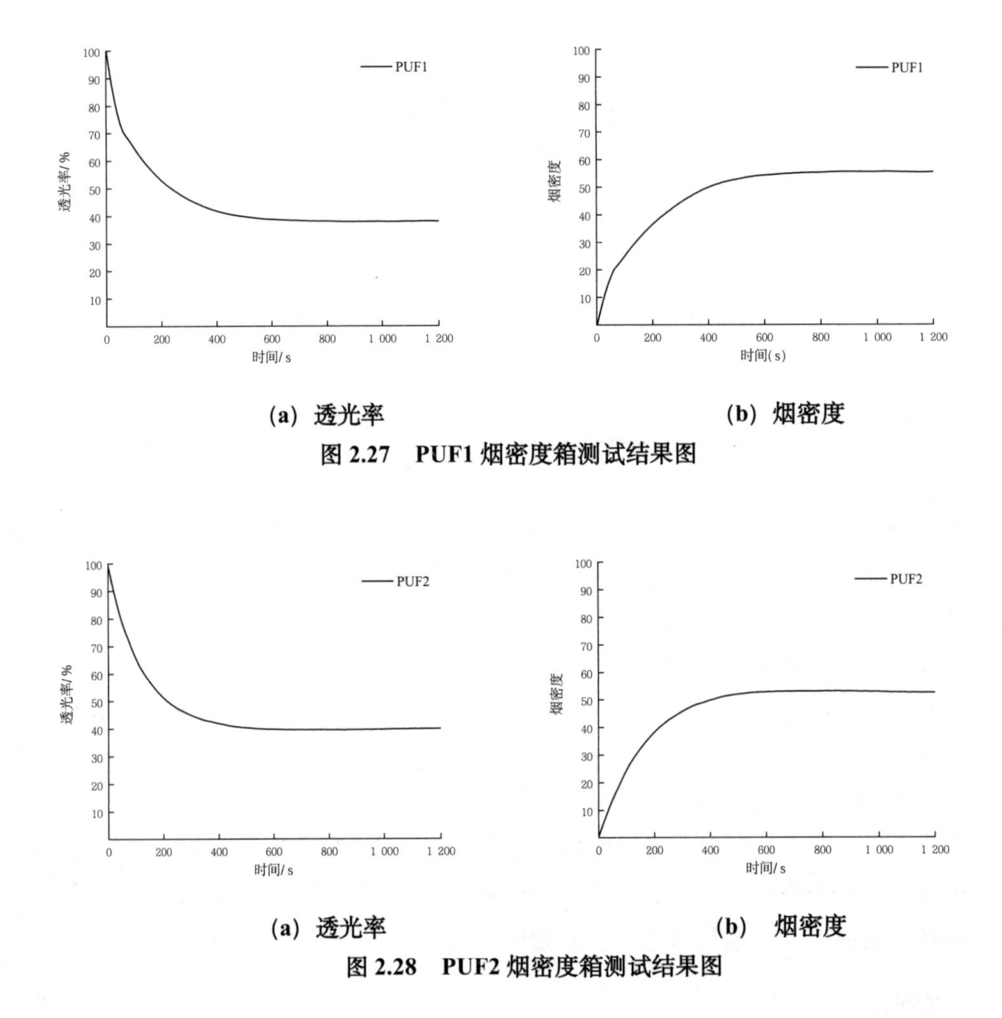

(a) 透光率　　(b) 烟密度

图 2.27　PUF1 烟密度箱测试结果图

(a) 透光率　　(b) 烟密度

图 2.28　PUF2 烟密度箱测试结果图

PUF3 的透光率和烟密度如图 2- 35 所示，当空白 PUF 样品暴露在热辐射下立即开始产生烟雾，到了 240 s 时平均烟密度达到 44.3，透光率降低到 46.2%。可以发现在 0~210 s 内，PUF 材料迅速生成大量的烟，透光率降低到了 48%，平均烟密度达到 42.1，随后产烟速度有所下降，712 s 时达到平均最大烟密度 51.3，透光率降低到 41.3%，随后趋于平缓，烟密度略微降低，最终保持在 50 左右。

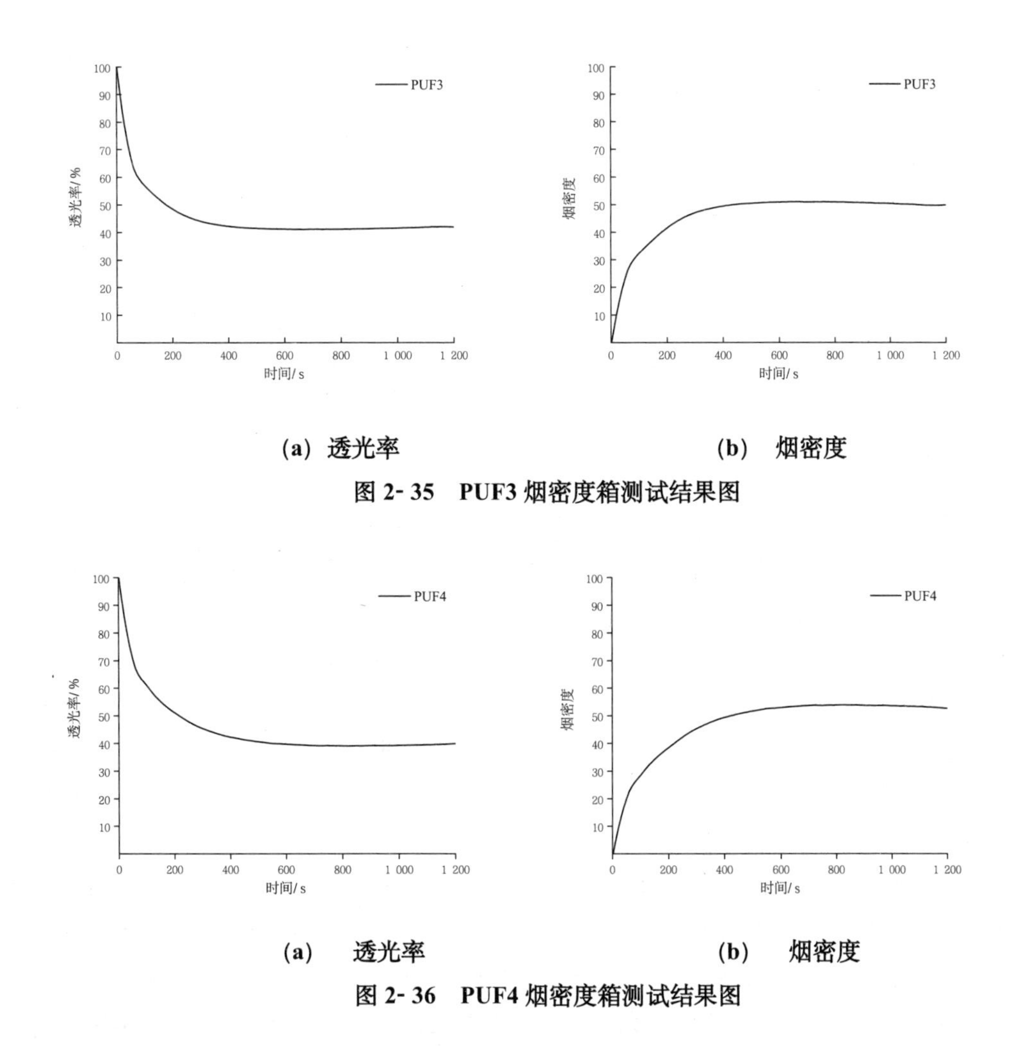

(a) 透光率　　(b) 烟密度

图 2-35　PUF3 烟密度箱测试结果图

(a) 透光率　　(b) 烟密度

图 2-36　PUF4 烟密度箱测试结果图

PUF4 的透光率和烟密度如图 2-36 所示，当空白 PUF 样品暴露在热辐射下立即开始产生烟雾，到了 240 s 时平均烟密度达到 41.3，透光率降低到 48.6%。可以发现在 0~270 s 内，PUF 材料迅速生成大量的烟，透光率降低到了 46.6%，平均烟密度达到 43.7，随后产烟速度有所下降，755 s 时达到平均最大烟密度 54.15，透光率降低到 39.2%，随后趋于平缓，烟密度略微降低，最终保持在 53 左右。

当发生火灾时，材料的烟密度较大，不利于灭火，也就增加了危害性。因此最大烟密度与燃烧安全性的高低密不可分。表 2-9 为 4 种 PUFs 烟密度数据表。从表中可以得出结论，PUF3 的烟密度为 51.3，是 4 个样本中最低的，相比 PUF1、PUF2 和 PUF4 的烟密度（分别为 55.7、53.5 和 54.2）分别降低了 4.4、2.2、2.9，从图中对比也可以发现透光率明显大于其他 3 种样品，这也进一步证明了 PUF3 在 4 种空白材料中的优越性。

表 2-9　四种 PUFs 烟密度数据

样品	20 min 内最大比光密度	达到最大比光密度时间/min	4 min 时的比光密度	4 min 内的最大比光密度
PUF1	55.8	973	40.0	40.0
PUF2	53.5	736	41.7	41.7
PUF3	51.3	712	44.3	44.3
PUF4	54.2	755	41.3	41.3

2.3.5　小结

用 4 种分子量的聚醚多元醇 (300，500，1 000 和 3 000) 与相同异氰酸酯，通过“一步法”合成了 4 种空白 PUF 样品。并在不同加热速率下 (5 ℃/min，10 ℃/min，20 ℃/min 和 40 ℃/min) 通过 TG-DTA 表征，依据 3 种方法计算出的活化能以及锥形量热仪和烟密度箱的表征结果，对 PUFs 的热稳定性和燃烧性能进行分析。

(1) 热重分析表明，PUF3 具有最高的 $T_{5\%}$（261℃）并且两点（$T_{5\%}$，$T_{50\%}$）间连接的斜率最大。PUF3 的最大热失重率的温度也最高。此外，不同的升温速率对 4 种 PUFs 的热失重有明显影响。随着升温速率的增加，4 种 PUFs 的初始分解温度、终止分解温度和失重率峰值均向高温区移动。

(2) 通过 Flynn-Wall-Ozawa、Kissinger 和 Coats-Redfern 方法计算了四种 PUFs 的表观活化能 E，发现 3 种方法得出了相同的结论。也就是说，PUF3 的活化能值最高（基于 Flynn-Wall-Ozawa 不同转化率下分别为 316.7kJ/mol、173.5kJ/mol、149.7kJ/mol、138.5kJ/mol、136.3kJ/mol、136.7kJ/mol、149.0kJ/mol 和 157.8kJ/mol，基于 Kissinger 为 131.7 kJ/mol，基于 Coats-Redfern 为 222.8 kJ/mol)，而 PUF4 的活化能值最低，这与 TGA 分析结果一致。此外，使用 4 种聚醚多元醇的分子结构相似，但聚醚多元醇的分子链越长，PUFs 的热稳定性也不一定越好。

(3) 锥形量热仪结果表明，辐射通量为 25 kW/m^2 时，PUF3 的 PHRR（469 kW/m^2）和 THR（28.95 MJ/m^2）最低。虽然所有样品的 PHRR 都增加了，但 PUF3 仍然是最低的。烟密度箱测试结果得出四种样品的烟密度分别为 55.7、53.5、51.3 和 54.2。

综上所述，4 种样品中加入分子量为 1000 的聚醚多元醇所制备的 PUF3 具有最好的热稳定性、最低的 PHRR 和最小的烟密度。本章的工作为后续 PUF 的阻燃改性的讨论和进一步研究提供了一个很好的起点。

2.4 单组分改性 PUF 的阻燃特性研究

采用自制的植酸锰（MnPa）作为单一组分改性 PUF（MnPUF），并用热重、锥形量热仪、烟密度箱和极限氧指数对样品的阻燃性能进行分析研究。样品中添加质量分数为 2.5%命名为 MnPUF1、5%命名为 MnPUF2、7.5%命名为 MnPUF3 和 10%命名为 MnPUF4。

2.4.1 热失重分析

图 2.37 至图 2.40 为添加单一阻燃剂 MnPa, 不同投放当量的 4 种样品材料的热失重分析（TGA）曲线和微分热失重分析（DTG）曲线。其中 TGA 和 DTG 的数据结果均为 3 个样品测试结果的平均值。从图 2- 37 (a) ~图 2.40 (a) 中，可以清楚地看出 4 种 MnPUF 的热分解过程分为两个阶段，因为在第二个较小峰值后，相较于空白材料的热解曲线，阻燃改性后材料的曲线无限趋近于横轴，故在本节中将第一个峰值后面整体选为第二阶段，即温度到 800℃结束。在样品的初始分解阶段，样品中一些沸点较低的物质蒸发，分子链迅速断裂，残渣中的大量多元醇开始分解，产生水蒸气、CO、CO_2 等气态物质，导致 MnPUF 的质量产生了 39.2% ~48.0 %的质量损失，该阶段较未添加阻燃剂 PUF 样品的质量损失率降低了大约 15.0 %。第二阶段则是样品中剩余的链段继续分解，阻燃剂中的磷元素促进样品形成更加致密的保护性炭层使得不稳定的分子分解成了众多相对稳定的小分子链，虽然失重率不断下降，但是可以发现质量损失率降低了，其中起到保护作用的炭层能够隔绝材料接收到更多热量的传递，同时保护性炭层也在气相端起到了减缓烟气生成的作用。

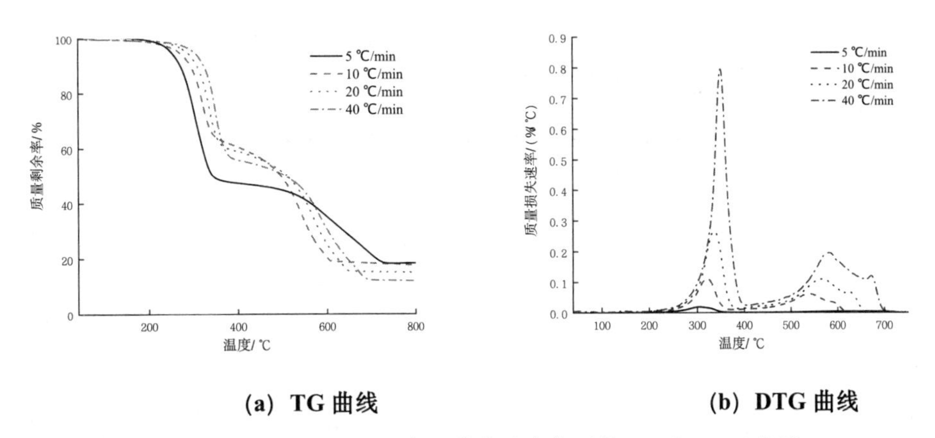

(a) TG 曲线 **(b) DTG 曲线**

图 2- 31 MnPUF1 在四种升温速率下的 TG 和 DTG 曲线

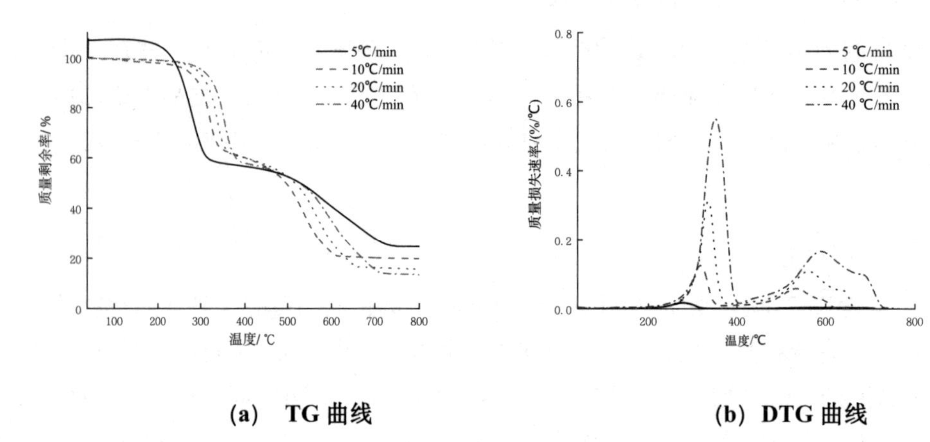

(a) TG 曲线 (b) DTG 曲线

图 2-38 MnPUF2 在四种升温速率下的 TG 和 DTG 曲线

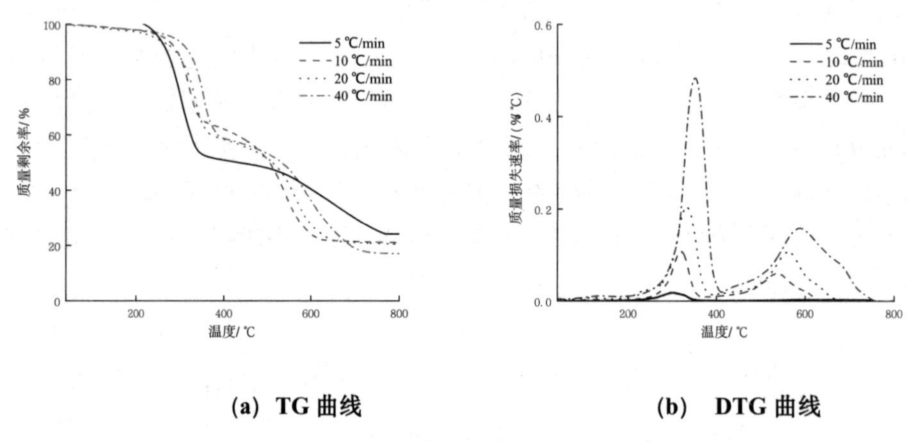

(a) TG 曲线 (b) DTG 曲线

图 2-39 MnPUF3 在四种升温速率下的 TG 和 DTG 曲线

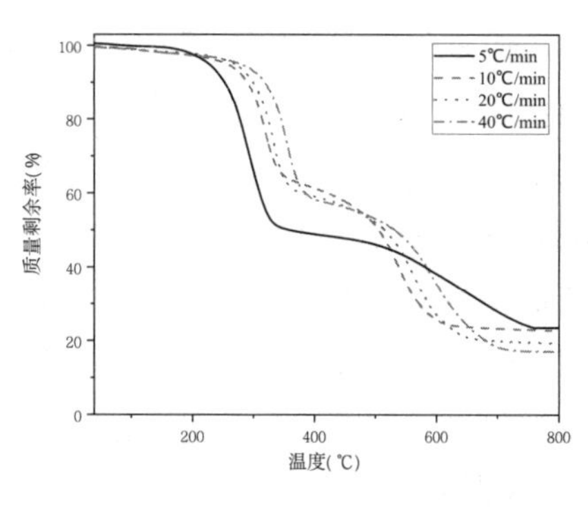

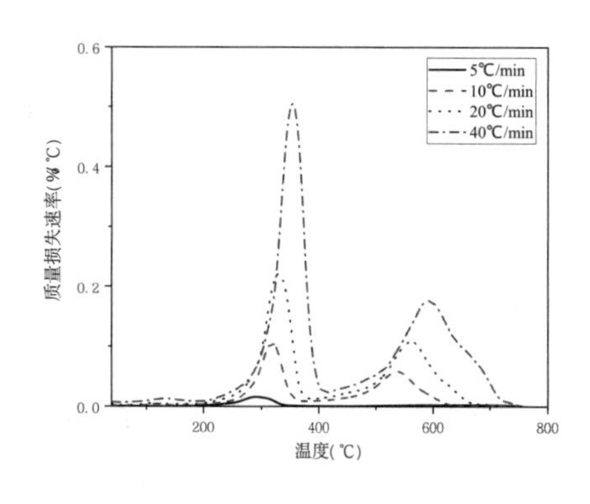

(a) **TG 曲线**　　　　(b) **DTG 曲线**

图 2-34　MnPUF4 在四种升温速率下的 TG 和 DTG 曲线

表2-10为4种单组分改性PUF的热解温度参数。从表中可以看出MnPUF1、MnPUF2、MnPUF3、MnPUF4 的初始分解温度分别为 239.9℃、243.3℃、245℃和 207.3℃。结果表明当添加少量的 MnPa 会一定程度上促进泡沫材料的分解，随着添加量的提高，初始分解温度提高大约 1%，但是当添加量达到 10%时，初始分解温度下降 20%。虽然初始温度提升不大，但是可以发现在第一阶段的质量损失减小得非常明显。从图 2-37 (b) -2.40 (b) 中能够看出添加了 MnPa 后 PUF 材料的最大质量损失速率有所下降，尤其是升温速率为 5 ℃/min 时，第二阶段的热解速率趋近于零。这也与 TG 图中的第二阶段较为平缓的现象相对应。

表 2-10　四种样品的热解温度参数

样品	失重温度范/℃	失重百分/%	初始分解温/℃	最终质量剩/%
MnPUF1	239.9~370.9	48.8	239.9	19
	370.9~800	29.2		
MnPUF2	243.3~355.6	39.2	243.3	24
	355.6~800.0	32.8		
MnPUF3	245.0~354.3	44	245	25
	354.3~800.0	27.6		
MnPUF4	207.3~367.6	47.3	207.3	23
	367.6~800.0	26.2		

表 2-11 和表 2-12 分别为升温速率 5 ℃/min 和升温速率 10 ℃/min 的热失重温度数

据。从表 2- 10 中可以发现 MnPUF1 和 MnPUF2 的 $T_{5\%}$分别为 250.5℃和 249℃，两者相差不大。MnPUF3 的 $T_{5\%}$为 255℃，虽然有所提高，但是仍比未添加阻燃剂的空白泡沫 PUF3 下降了 6℃，这可能是由于阻燃剂中含有的金属离子促进了材料初期的热分解，降低了热稳定性，这也从 MnPUF4 的 $T_{5\%}$为 229℃能够体现出来。同时，也可以发现四种 MnPUF 达到最大热分解速率的温度分别为 303.8℃、283℃、304.2℃和 288.5℃，相比于空白 PUF 的达到最大热分解速率温度下降了大约 30℃。此外，添加了 4 种不同质量分数的 MnPa 后，MnPUF1 的 $T_{50\%}$为 384.5℃。随着添加量的提高，$T_{50\%}$先增加后减少，MnPUF2 的 $T_{50\%}$为 507.6℃，MnPUF3 的 $T_{50\%}$为 508℃，MnPUF4 的 $T_{50\%}$为 457.7℃，与空白泡沫相比较提高的温度大于 30%，这说明该阻燃剂在半寿命周期范围内在气、凝聚相起到了提升热稳定性的作用。

从 TGA 和 DTG 的曲线图上还能够发现，MnPUF 的 TG 曲线随着升温速度的提高一起向高温区移动，这是由于升温速度过快导致 MnPUF 传热延迟所造成的。此现象在 DTG 的曲线图中升温速率为 40 ℃/min 时尤为明显，造成这种现象的原因是加热速度过快时热量不能立即传递给材料，所以 MnPUF 分解不完全导致 PUF 的完全分解需要更高的加热温度，该趋势与空白 PUF 趋势相同。

表 2- 11 升温速率 5 ℃/min 四种 MnPUFs 热失重温度数据

样品	$T_{5\%}$/℃	$T_{50\%}$/℃	T_P/℃
MnPUF1	250.5	384.5	303.8
MnPUF2	249.0	507.6	283.0
MnPUF3	255.0	508.0	304.2
MnPUF4	229.0	457.7	288.5

表 2- 12 升温速率 10 ℃/min 四种 MnPUFs 热失重温度数据

样品	$T_{5\%}$/℃	$T_{50\%}$/℃	T_P/℃
MnPUF1	258.1	492.0	319.9
MnPUF2	260.4	495.9	320.2
MnPUF3	266.0	505.7	322.8
MnPUF4	256.3	500.1	318.2

2.4.2 热解动力学分析

当添加 PUF 阻燃剂后，在不同阶段会发生不同的反应，发挥气固两相的作用，使得受热分解更为复杂，因此其动力学过程也会随之复杂。目前在现阶段实验所得的热失重（TG）曲线的基础上，在3种不同升温速率的测试结果上应用Flynn-Wall-Ozawa分析法、Kissinger分析法和Coats-Redfern 分析法3种方法分析了4种不同添加量的MnPUF的热解动力学性能。

2.4.2.1 Flynn-Wall-Ozawa 分析法

分别选取了共3种升温速率（5 ℃/min、20 ℃/min和40 ℃/min），并且在不同温度下对lgβ-1/T进行拟合，四种MnPUF样品拟合图如2-41至图2-44所示，求出斜率进而计算出活化能（E），从而通过活化能分析样品的稳定性。

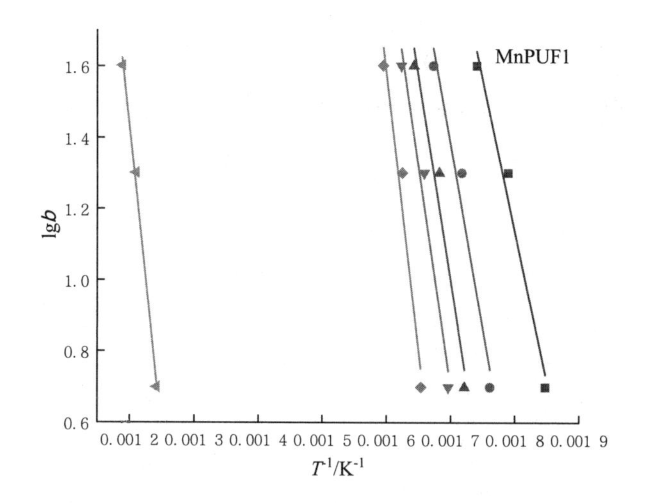

图2-41 基于Flynn-Wall-Ozawa法MnPUF1拟合曲线图

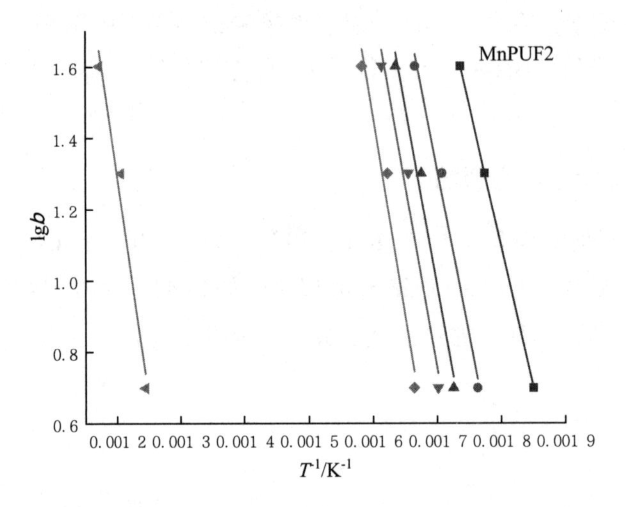

图 2-42　基于 Flynn-Wall-Ozawa 法 MnPUF2 拟合曲线

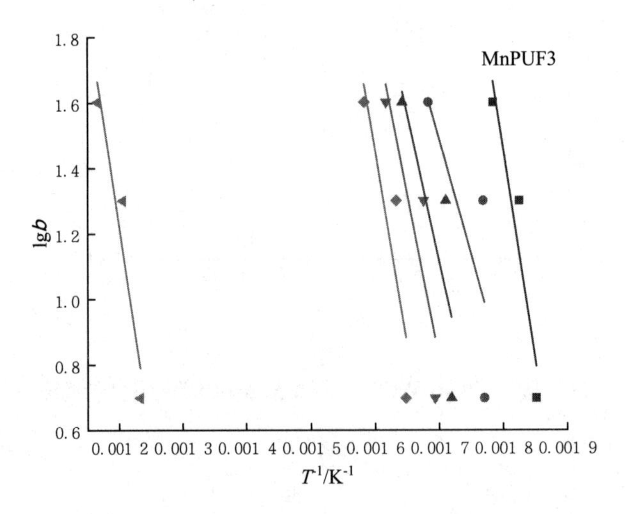

图 2-43　基于 Flynn-Wall-Ozawa 法 MnPUF3 拟合曲线

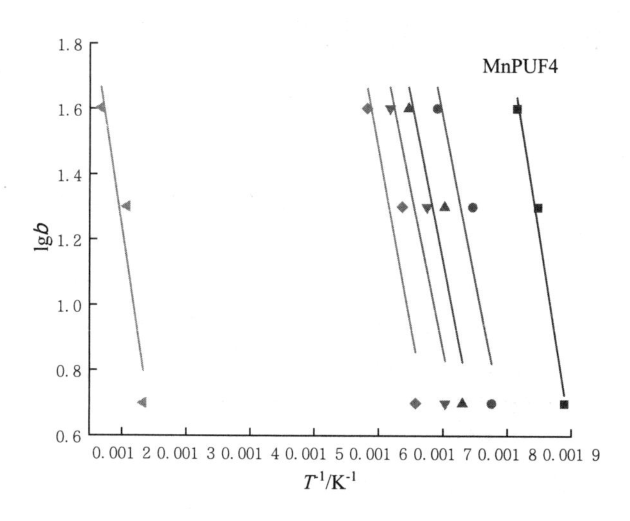

图 2- 44　基于 Flynn-Wall-Ozawa 法 MnPUF4 拟合曲线

表 2- 13 为依据 Flynn-Wall-Ozawa 法在不同转化率下四种 MnPUF 热解动力学参数。可以明确地发现，随着阻燃剂的占比增加，材料的活化能呈现出先增大后减小的趋势（受热分解初期活化能分别为 133.9 kJ/mol、145.1 kJ/mol、234.9 kJ/mol 和 196.0 kJ/mol）。与前文空白实验样品的热解动力学数据相比可以发现，在转化率为 5%这一阶段，同种计算方法，添加了 MnPa 的 PUF 材料的活化能有所减少，这说明了阻燃剂中的过渡金属锰离子在分解初期确实促进了 PUF 的分解，但是随后在分解率为 15%之后活化能开始提高，4 种 MnPUF 的活化能分别为 170.1 kJ/mol、169.4 kJ/mol、182.3 kJ/mol 和 165.3 kJ/mol（提高的ΔE分别为 20.4 kJ/mol、19.7 kJ/mol、32.6 kJ/mol 和 15.6 kJ/mol），这就说明，在材料的热解前期，MnPa 的添加虽然促进了材料的受热分解，但是起到了成炭作用使 PUF 生成了更为致密的蠕虫状的炭层，这一点与热失重分析中第一阶段添加阻燃材料的质量损失、微分热失重中 DTG 的峰值低于空白材料的趋势相吻合。从表 2- 13 中可以看出添加阻燃材料的样品随着分解率的提高，其活化能也在不断提高，这可能是 MnPa 受热分解氧化，在气相端吸收了材料表面的氧气，同时在凝固相促进生成炭层，不断提高材料的热稳定性。半寿期后，当转化率达到 60%时，4 种材料的活化能分别达到了 291.7 kJ/mol、259.5 kJ/mol、304.8 kJ/mol 和 241.4 kJ/mol，相对于未添加阻燃剂的 PUF 材料活化能有了比较明显的提高。从纵向对比分析可知 MnPUF3 的活化能高于其他 3 种材料，在转化率为 30%的时候 MnPUF3 活化能（234.4 kJ/mol）相比于其他 3 种材料提高的百分比分别为 4%、13%和 17%（分别为 225.0 kJ/mol、203.1 kJ/mol 和 193.8 kJ/mol）。因此通过对比发现当添加量为 7.5t%时对于材料的热稳定性有更多的提升。

表 2-13 Flynn-Wall-Ozawa 法不同转化率四种 MnPUFs 热解动力学参数

	MnPUF1		MnPUF2		MnPUF3		MnPUF4	
α	E/ (kJ/mol)	R	E/ (kJ/mol)	R	E/ (kJ/mol)	R	E/ (kJ/mol)	R
5	133.9	0.99	145.1	0.99	234.9	0.95	196.0	0.99
10	149.9	0.98	161.1	0.99	165.9	0.78	161.2	0.93
15	170.1	0.98	169.4	0.99	182.3	0.82	165.3	0.92
20	185.9	0.98	188.0	0.98	201.8	0.88	177.4	0.93
30	225.0	0.98	203.1	0.98	234.4	0.88	193.8	0.9
60	291.7	0.99	259.5	0.98	304.8	0.95	241.4	0.95

2.4.2.2 Kissinger 分析法

分别采用了 5 ℃/min、20 ℃/min 和 40 ℃/min 3 种升温速率下的失重率峰值温度。用 ln（β_i/T^2_{pi}）与 $1/T_{pi}$ 进行拟合可以得到一条直线，通过斜率可以求得表观活化能 E_k。

图 2-45 至图 2-48 为 4 种 MnPUF 样品在不同升温速率下使用 ln（β_i/T^2_{pi}）与 $1/T_{pi}$ 值的拟合图，求出的斜率 K、表观活化能 E_k 以及 R 列于表 2-14 中。

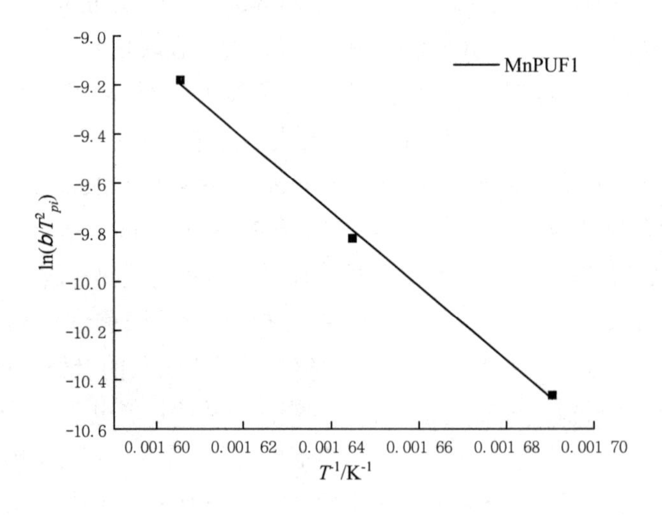

图 2-45 基于 Kissinger 法 MnPUF1 的线性拟合图

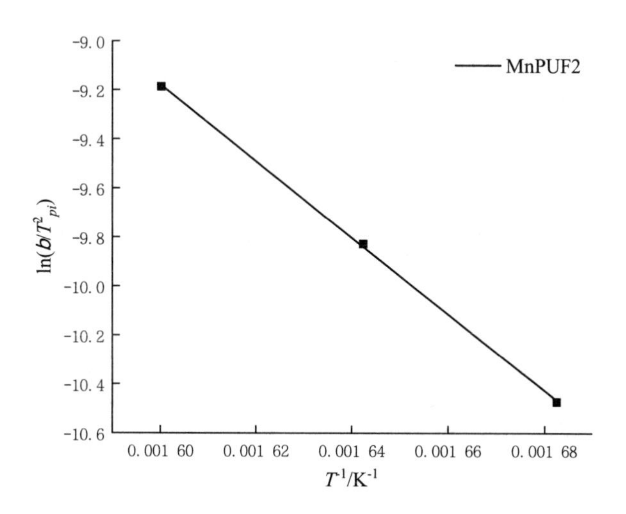

图 2-46　基于 Kissinger 法 MnPUF2 的线性拟合图

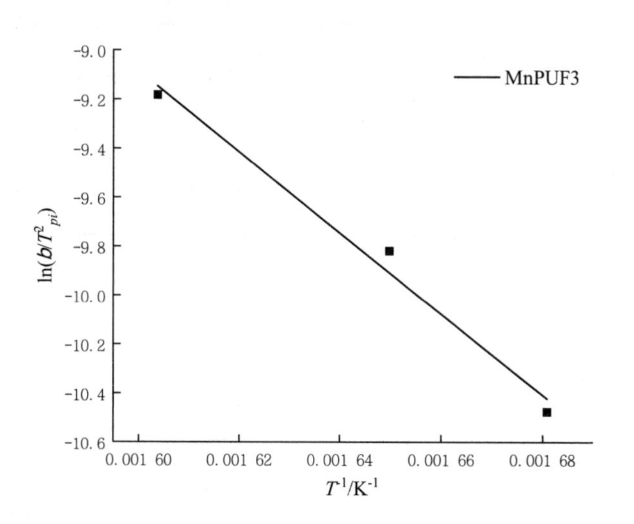

图 2-47　基于 Kissinger 法 MnPUF3 的线性拟合图

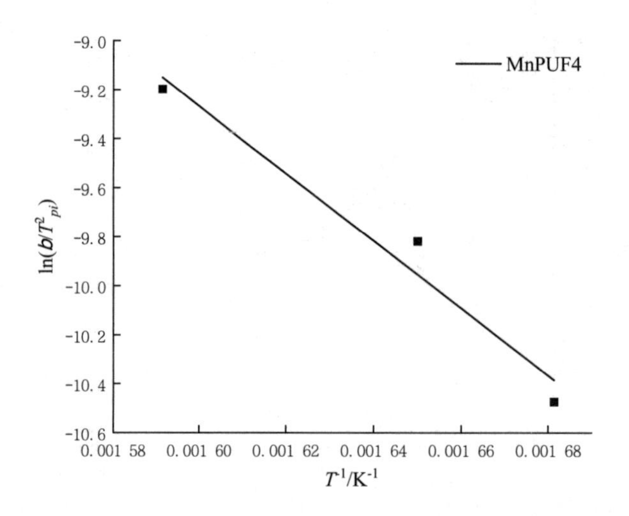

图 2-48　基于 Kissinger 法 MnPUF4 的线性拟合图

表 2-14　Kissinger 法四种不同 MnPUFs 热解动力学参数

指标	MnPUF1	MnPUF2	MnPUF3	MnPUF4
K	15 858	15 865	17 040	16 360
E_k/（kJ·mol^{-1}）	131.9	132	141.7	136.1
R	0.99	0.99	0.98	0.97

2.4.2.3　Coats-Redfern 分析法

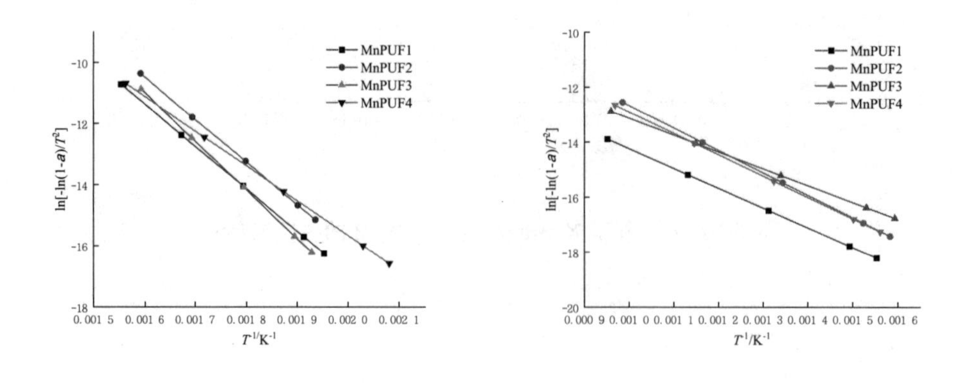

(a) 第一阶段　　(b) 第二阶段

图 2-49　四种 MnPUFs 在升温速率为 5℃/min 的拟合曲线图

依据 TG 曲线将样品的热解过程中分成两个阶段，Coats-Redfern 法是利用每个阶段中若干个点进行线性拟合求出斜率。四种样品的线性拟合曲线如图 2-49、图 2-50 所示，所得的斜率 K（$K=-E/R$）计算出活化能 E 的值，从而通过活化能分析样品的热稳定性。

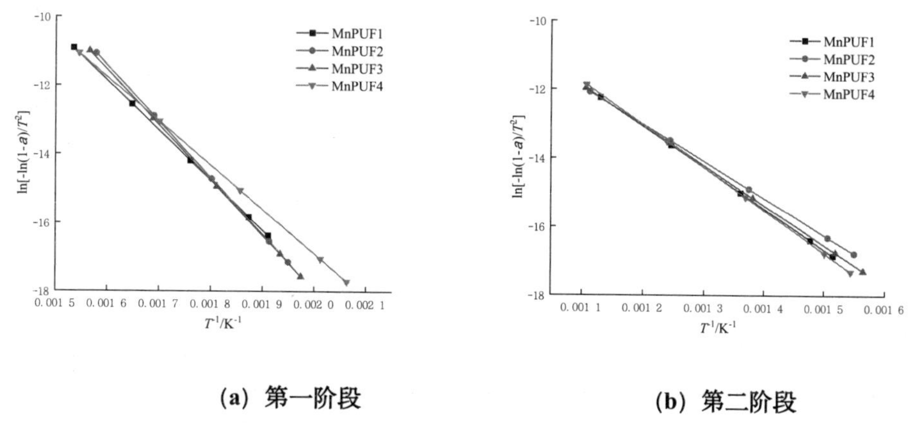

(a) 第一阶段 **(b) 第二阶段**

图 2-50 四种 MnPUFs 在升温速率为 10℃/min 的拟合曲线图

表 2-15 是采用 Coats-Redfern 法在两种升温速率下计算 4 种不同 MnPUFs 的热解动力学参数。从表 2-15 中可以看出在升温速率为 10 ℃/min 时，四种添加阻燃剂 MnPa 的材料两阶段总活化能分别为 219.9 kJ/mol、225.4 kJ/mol、230.9 kJ/mol 和 210.6 kJ/mol，比未添加阻燃剂的空白 PUFs 的活化能提高了大约 8 kJ/mol。在两种升温速率下，第一阶段的活化能均有较明显的提高，其中 MnPUF3 的活化能（132.7 kJ/mol）提高了 5%，这说明材料的热稳定性提高了。在第二个较小峰值后，相较于空白材料的热解曲线，阻燃改性后材料的分解速率曲线无限趋近于横轴，故在本章中将第一个峰值后面整体选为第二阶段，即温度到 800℃结束，温度范围广，热失重较多，这就解释了采用本种计算方法添加阻燃剂的泡沫材料第二阶段对比空白 PUF 样品的活化能有所下降的现象。从四种添加量的材料活化能对比来看，依旧是 MnPUF3 的活化能最高，这与前两种方法的结论一致。因为相关系数均大于 0.9，所以该计算结果可靠。

表 2-15 Coats-Redfern 法在不同升温速率下四种 MnPUFs 热解动力学参数

升温速率 β/（℃/min）	样品	温度区间/℃	活化能 E_k/ (kJ·mol⁻¹)	相关系数	指前因子/s⁻¹
5	MnPUF1	236.9~370.9	115.1	0.98	3.57×10^9
		370.9~800.0	59.7	0.96	0.3×10^2
	MnPUF2	243.3~355.6	115.5	0.94	8.71×10^9

		355.6~800.0	67.7	0.98	0.44×10^{3}
	MnPUF3	245.0~354.3	132.7	0.96	1.49×10^{11}
		354.3~800.0	51.1	0.97	0.2×10^{3}
	MnPUF4	207.3~367.6	94.6	0.98	6.82×10^{7}
		367.6~800.0	64.6	0.98	2.27×10^{2}
10	MnPUF1	243.6~378	120.7	0.99	1.42×10^{10}
		378.0~618.0	99.2	0.97	4.08×10^{5}
	MnPUF2	234.6~360.8	136.2	0.99	4.66×10^{11}
		360.8~630.0	89.2	0.99	9.14×10^{4}
	MnPUF3	233.1~365.7	134.3	0.98	2.6×10^{11}
		365.7~631.5	96.6	0.97	2.83×10^{5}
	MnPUF4	211.5~374.3	106.7	0.98	8.18×10^{8}
		374.3~630.7	103.9	0.98	8.25×10^{5}

2.4.3 烟密度分析

本章节选用辐射温度为902℃的无焰实验环境，对四种MnPUF样品进行了测试，测试所得结果的透光率和烟密度如图2-51至图2-54所示，总结烟密度参数于表2-16。

MnPUF1的透光率和烟密度如图2.45所示，当样品暴露在设定热辐射下立即开始产生烟雾，可以发现在0~170 s泡沫材料迅速生成大量的烟，透光率降低到了63.03%，平均烟密度达到26.46。随后产烟速度有所下降，到了240 s时平均烟密度达到29.8，透光率减小到59.5%。744 s时达到平均最大烟密度34.57，透光率降低到55.2%，随后趋于平缓，烟密度略微降低，最终保持在33.5左右。

MnPUF2的透光率和烟密度如图2-52所示，当样品暴露在热辐射下立即开始产生烟雾，可以发现在0~140 s泡沫材料迅速生成大量的烟，透光率降低到了66.3%，平均烟密度达到23.58。到了240 s时平均烟密度达到28.42，透光率降低到60.9%。870 s时达到最大平均烟密度34.78，透光率降低到54.5%，随后趋于平缓，烟密度略微降低，最终保持在34左右。

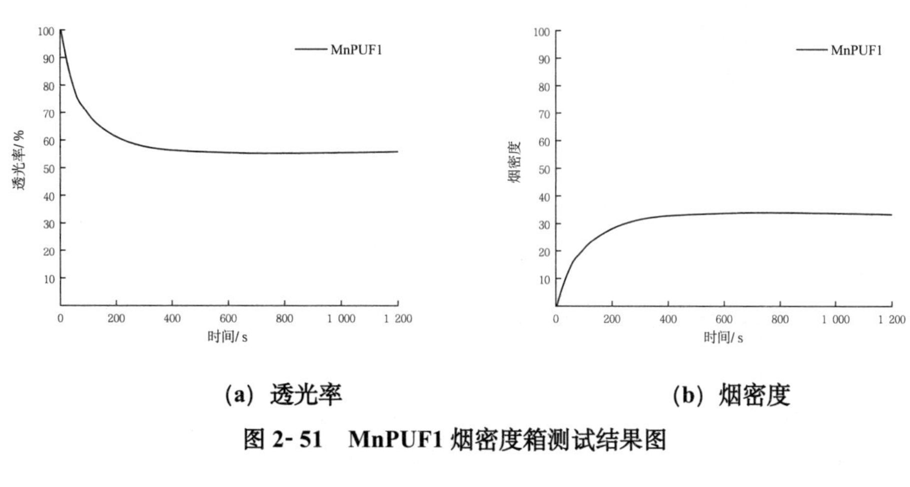

(a) 透光率　　(b) 烟密度

图 2-51　MnPUF1 烟密度箱测试结果图

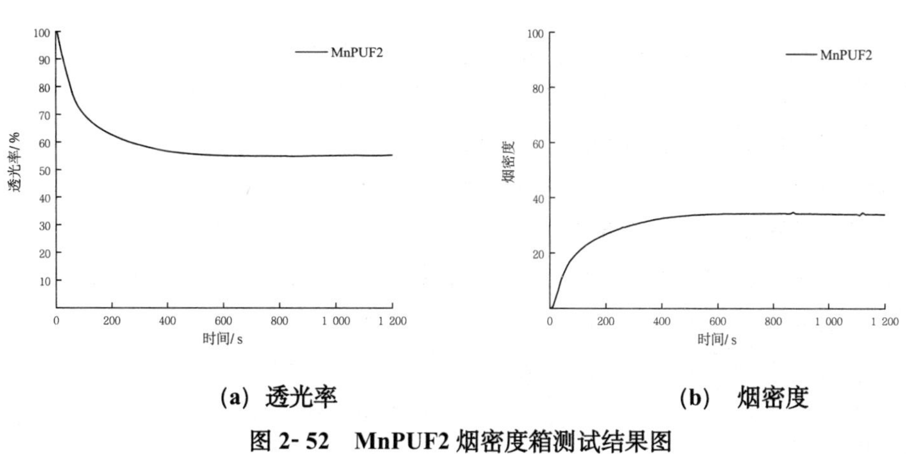

(a) 透光率　　(b) 烟密度

图 2-52　MnPUF2 烟密度箱测试结果图

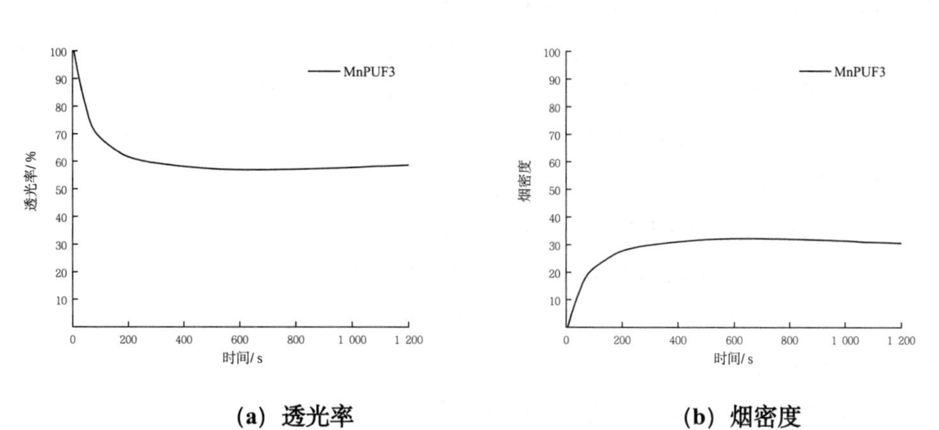

(a) 透光率　　(b) 烟密度

图 2-47　MnPUF3 烟密度箱测试结果图

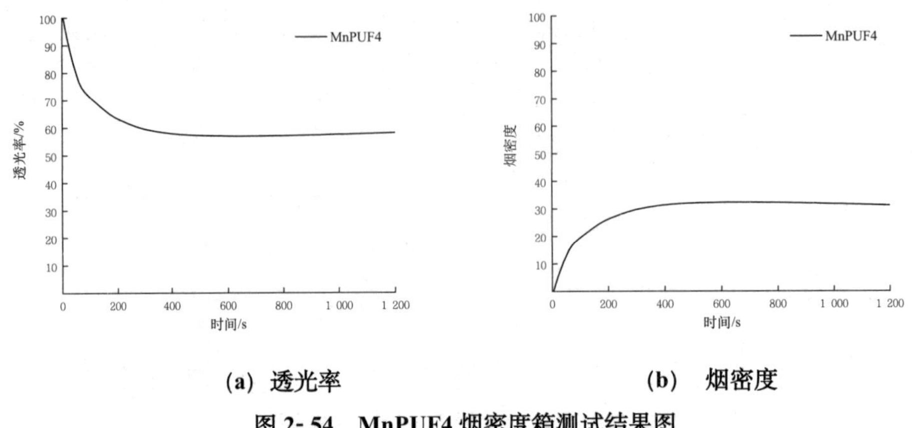

(a) 透光率 **(b) 烟密度**

图 2- 54 MnPUF4 烟密度箱测试结果图

MnPUF3 的透光率和烟密度如图 2- 53 所示，当样品暴露在辐射热源下立即开始产生烟雾，可以发现在 0~140 s 泡沫材料迅速生成大量的烟，透光率降低到了 65.3%，平均烟密度达到 24.42。随后产烟速度有所下降，到了 240 s 时平均烟密度达到 28.88，透光率降低到 60.4%。717 s 时达到最大平均烟密度 32.53，透光率降低到 57%，随后趋于平缓，烟密度略微降低，最终保持在 30.8 左右。

MnPUF4 的透光率和烟密度如图 2- 54 所示，当样品暴露在热辐射下立即开始产生烟雾，可以发现在 0~150 s 泡沫材料迅速生成大量的烟，透光率降低到了 66.5%，平均烟密度达到 23.37。随后产烟速度有所下降，到了 240 s 时平均烟密度达到 27.76，透光率降低到 61.6%。497 s 时达到平均最大烟密度 32.39，透光率降低到 57.2%，随后趋于平缓，烟密度略微降低，最终保持在 31.5 左右。

可以得到结论：从图 2- 51（b）~2- 54（b）中可以发现四种 MnPUF 中，MnPUF4 与 MnPUF3 的最大烟密度相差不大，同为最低（32.39 和 32.41），同比其他两种样品分别降低了 2.2 和 2.5。虽然四种材料都会在 0~150s 产生大量烟雾，但是对比发现，在初期产烟过程中，MnPUF4 的生烟量（23.37）比其他三种都低（分别为 25.2、24.2、25.1）。在同时期内，阻燃改性的烟密度相比于未添加阻燃剂的实验样品降低了 7.83、9.13、14.13、11.03，这说明提高 MnPa 的添加量有助于降低材料的烟密度，这是由于 MnPa 在材料的分解初期虽然促进其受热分解但是会产生更为致密的炭层，阻碍热量的传递并且隔绝空气，从而起到了抑烟的作用。

MnPUF1 在 4 min 后多组样品的平均烟密度为 29.8，20 min 内的平均最大烟密度为 34.57，相比于空白样品中烟密度最低的 PUF3 [4min 时比光密度（D_4）和 20min 内最大比光密度（Dm）分别为 44.3 和 51.3] 分别降低了 14.5 和 16.73。MnPUF2 在 4 min 后多组样品的平均烟密度为 28.42，20 min 内的平均最大烟密度为 34.78，相比于空白样品中烟密度最低的 PUF3 (D_4和 D_m分别为 44.3 和 51.3) 分别降低了 15.88 和 16.52。MnPUF3 在 4 min 后多组样品的平均烟密度为 28.88，20 min 内的平均最大烟密度为 32.53，相比于空白样品中烟密度最低的 PUF3 (D_4和 D_m分别为 44.3 和 51.3) 分别降低了 15.42 和 18.77。MnPUF4 在 4 min 后多组样品的平均烟密度为 27.76，20 min 内的平均最大烟密度为 32.39，相比于空白样品中烟密度最低的 PUF3 (D_4和 D_m分别为 44.3 和 51.3) 分别降低了 16.54 和 18.91。这说明添加 MnPa 作为阻燃剂有助于降低 PUF 的烟密度，起到了较大的抑烟性作用。

表 2- 16 四种 MnPUFs 烟密度参数

样品	20 分钟内最大比光密度	达到最大比光密度时间/min	4 分钟时的比光密度	4 分钟内的最大比光密度
MnPUF1	34.57	744	29.8	29.8
MnPUF2	34.78	870	28.42	28.42
MnPUF3	32.53	717	28.88	28.88
MnPUF4	32.39	497	27.76	27.76

2.4.4 极限氧指数分析

极限氧指数 (LOI) 的测试是在材料处在仅有氮气和氧气的环境中测试，参考 GB/T 2406.2—2009，材料的燃烧性能通过该实验结果可以直观地体现出来。图 2- 55 为 4 种添加量 PUF 测试后的结果，可以发现相较于未添加阻燃剂的 PUF，添加 MnPa 后燃烧部分表面产生了更为致密的炭层，空白 PUF 样品燃烧后的残炭极易断裂粉碎，而添加了阻燃剂 MnPa 后，燃烧部分不易断裂。表 2- 17 为不同 PUF 的 LOI，从表中可以看出，随着添加量的提高，虽然 LOI 呈现出正相关，但提高的百分量却并不多，MnPUF4 添加量是 10 %，氧指数达到了最高 21.7%，相比于空白样品的 17.5%提高了 3.7 个百分点，MnPa 中的磷和更为稳定的碳环结构使得材料表面引起燃烧的氧气更少并且阻碍了热量的传递，这说明添加了 MnPa 确实能够提高材料的阻燃性能。在添加量达到了 13%及以上时，PUF 材料的力学性能受到的影响极大，并且内部结构发生了改变，因此本章节并没有选用添加量更高的 PUF 进行测试。

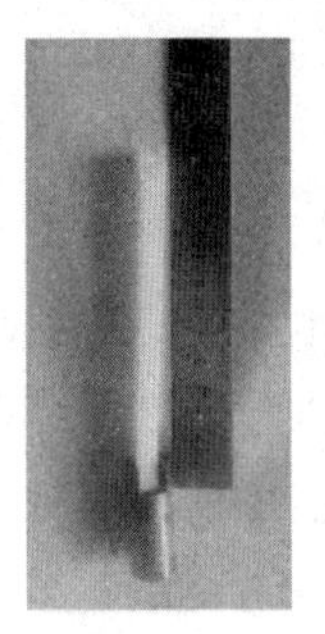 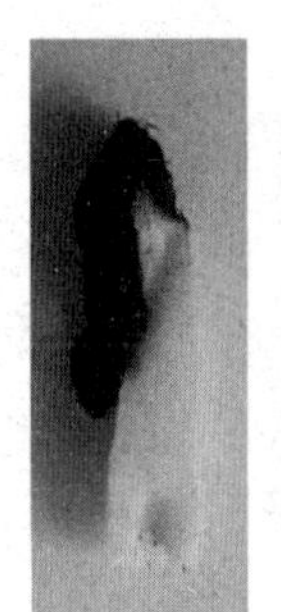 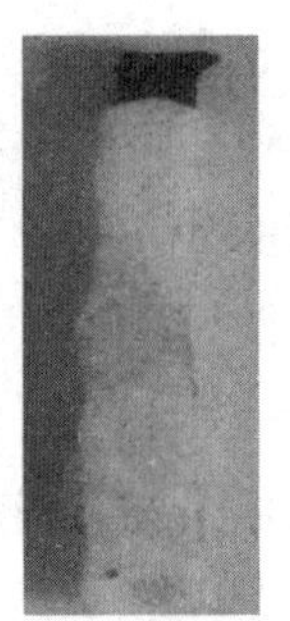   

（a）实验前　（b）PUF3　（c）MnPUF1（d）MnPUF2（e）MnPUF3（f）MnPUF4

图 2.49　LOI 燃烧前后对比图

表 2-17　不同试验件的 LOI

样品	LOI %
PUF	17.5
MnPUF1	20.9
MnPUF2	21.2
MnPUF3	21.5
MnPUF4	21.7

2.4.5　UL-94 水平燃烧测试

UL-94 水平燃烧测试材料在氮气和氧气氛围、室温实验条件下的燃烧等级，依据 GB/T 2408—2021，在距离样品燃烧前段 25 mm、100 mm 处做标记。单一添加阻燃剂 MnPa 改性 PUF 的水平燃烧数据见表 2-18。

从表 2-18 中可以知道，4 种 MnPUF 全部烧到夹具，虽然没有燃烧等级，但是燃烧时间与 MnPa 的添加量呈正相关，当添加 MnPa 为 10 %时相较于添加 2.5 %燃烧时间提高了 100%，这说明 MnPa 的添加能够起到阻燃的效果。

表 2-18　四种 MnPUF 水平燃烧测试数据

样品	燃烧时间/s	是否到夹具
MnPUF1	28.0	是
MnPUF2	35.2	是
MnPUF3	44.6	是
MnPUF4	56.6	是

2.4.6 小结

本节的研究重点为单一添加不同添加量的阻燃剂的热稳定性以及燃烧特性研究。单一添加 MnPa 阻燃改性 PUF 时，添加量为 7.5 %时，初始分解温度 $T_{5\%}$（245℃）相比空白样品提高了 3℃，质量保留率提高到 24%，较多地提高了材料的残碳率。基于 3 种活化能计算方法，添加 7.5 %的 MnPa 能够最大提高材料的活化能。烟密度对比发现，随着 MnPa 的增加抑烟性得到了持续性提高，MnPUF4（10 %）与 MnPUF3 的 20 min 内最大烟密度同为最低（32.39 和 32.37）。MnPUF 的 LOI 结果趋势相同，从图中能够发现随着添加量的提高，表面产生的炭层更为致密 MnPUF3 和 MnPUF4（10 %）的极限氧指数相差不大同为最好，分别可以达到 21.5%、21.7%。UL-94 垂直水平虽然没有等级（燃烧时间从 28 s 提升至 56 s），但是可以发现燃烧时间有了明显改善。

2.5 协效改性 PUF 热稳定性及阻燃特性研究

采用自制的植酸锰（MnPa）与可膨胀石墨（EG）协效改性 PUF（MEPUF），并用热重、烟密度箱、极限氧指数和 UL-94 水平测试对样品的阻燃性能进行分析研究。样品中总共添加 10 wt%，其中 MnPa 与 EG 比例为 3/1 命名为 MEPUF1、MnPa 与 EG 比例为 1:1 命名为 MEPUF2。

2.5.1 热失重分析

图 2- 51 和图 2- 58 为两种协效阻燃剂的热失重分析（TGA）曲线和微分热失重分析（DTG）曲线。其中 TGA 和 DTG 的数据结果为 3 个样品测试结果的均值 PUF 的热分解过程分为两个阶段。在样品的初始分解阶段，样品中一些沸点较低的物质蒸发，分子链迅速断裂，残渣中的大量多元醇开始分解，产生水蒸气、CO、CO_2 等气态物质，导致 MEPUF1 产生了 41.1%的质量损失，MEPUF2 产生了 48.3%的质量损失。在保持总的添加量 10 %不变，当加入 2.5%的 EG 时可以发现在第一阶段的质量损失率进一步降低，同比加入单一 MnPa（质量损失率为 44%）下降了 2.9 百分点，比未加入阻燃剂的空白泡沫（质量损失为 57.4%）下降了 16.3 百分点，这说明在 MnPa 促进材料生成炭层之外，可膨胀石墨（EG）本身也为材料生成致密的保护炭层起到了共同协效的作用。当继续提高 EG 的添加量时，第一阶段比未加入阻燃剂的空白泡沫质量损失率下降了 9.1 百分点。从第二阶段的数据对比来看，可以发现对于材料的质量保留率没有提升。第二阶段是样品中剩余的分子链段继续分解，阻燃剂中的磷元素与 EG 共同促进样品形成更加致密的保护性炭层，大部分不稳定的分子分解成了众多相对稳定的小分子链，虽然失重率不断下降，但是可以发现质量损失率降低了，热解结束后样品的最终质量保留率有了较大的提升，相比未添加阻燃剂的空白样品分别提高了 14%和 8%，相比添加单一阻燃剂 MnPa 则是分别提高了 8%和 2%。这主要归因于起到保护作用的炭层能够隔绝材料接受

到更多热量的传递，同时也在气相端消耗了更多的氧气起到了减缓烟气生成的作用。

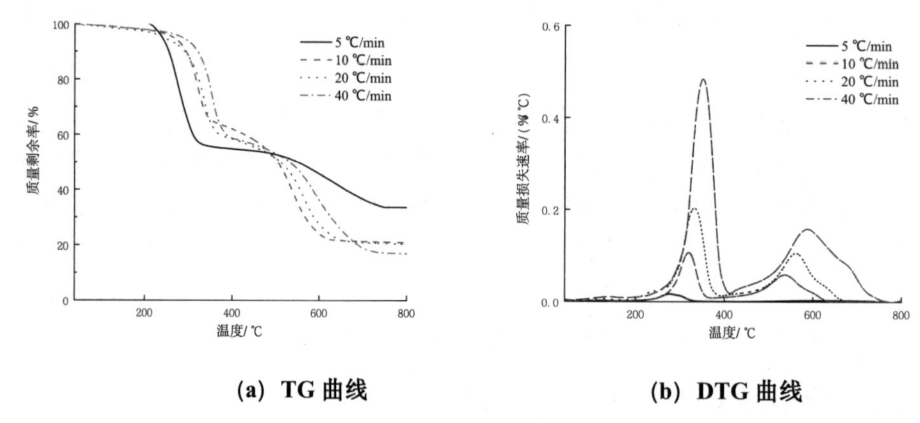

(a) TG 曲线　　**(b) DTG 曲线**

图 2-57　MEPUF1 在四种升温速率下的 TG 和 DTG 曲线

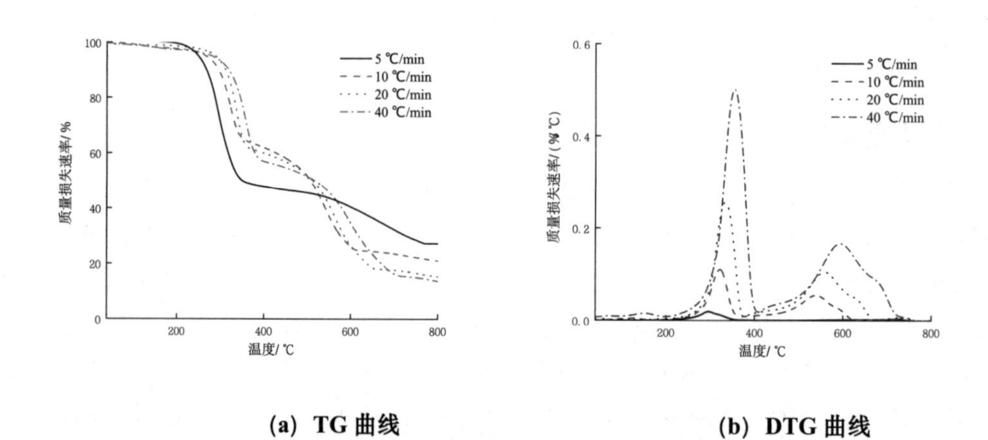

(a) TG 曲线　　**(b) DTG 曲线**

图 2-58　MEPUF2 在四种升温速率下的 TG 和 DTG 曲线

表 2-19　两种 MEPUFs 的热解温度参数

样品	失重温度范围/℃	失重百分比/%	初始分解温/℃	最终质量剩余/%
MEPUF1	231.9~339.8	41.1	231.9	33.8
	339.8~800	22.2		
MEPUF2	238.4~370.8	48.3	238.4	27
	370.8~800	21.4		

从表 2- 19 中可以看出添加了 EG 后样品的初始分解温度分别为 231.9℃和 238.4℃，相比单一添加 10 %的 MnPa 作为阻燃剂温度提高了 11%和 15%。初始分解温度相比于未添加阻燃剂的 PUF3 相比略微降低，则可能是因为过渡金属锰元素促进了材料的分解，其生成的产物对后续提升热稳定性有较大帮助。表 2-20 和表 2-21 为两种升温速率下的热失重温度数据，从表中可知，在升温速率为 5℃和 10℃的实验条件下，MEPUF1（EG 添加量为 2.5 wt%）的 $T_{5\%}$分别为 236.5℃和 244.5℃，提高 EG 的添加量后，MEPUF2（EG 添加量为 5 wt%）的始分解温度也在提高，两种样品的半寿温度 $T_{50\%}$为 551℃和 394.6℃，比未添加阻燃剂的泡沫样品有很大提高，增强了分解中期的热稳定性。从 TGA 和 DTG 的曲线图上都能够看出 MEPUF 曲线一起向高温区移动的趋势，这是由于 MEPUF 的传热延迟现象，造成这种现象的原因是加热速度过快时热量不能立即传递给材料，导致 MnPUF 分解不完全。因此，样品的完全分解需要更高的加热温度，该趋势与空白聚氨酯泡沫趋势相同。

表 2- 20　升温速率 5℃/min 两种 MEPUFs 热失重温度数据

样品	$T_{5\%}$/℃	$T_{50\%}$/℃	T_P/℃
MEPUF1	236.5	551.0	276.4
MEPUF2	245.6	394.6	296.0

表 2- 21　升温速率 10℃/min 两种 MEPUFs 热失重温度数据

样品	$T_{5\%}$/℃	$T_{50\%}$/℃	T_P/℃
MEPUF1	244.5	509.5	322.6
MEPUF2	267.6	507.8	320.6

2.5.2　热解动力学分析

本章在现阶段实验所得的热失重（TG）曲线的基础上，应用 Flynn-Wall-Ozawa 分析法，Kissinger 分析法和 Coats-Redfern 分析法 3 种方法分析了两种 MEPUF 的热解动力学。

2.5.2.1　Flynn-wall-ozawa 分析法

分别选取了共三种升温速率（5 ℃/min、20 ℃/min 和 40 ℃/min），并且在不同温度下对 $\lg\beta$（$1/T$ 进行拟合，拟合后如图 2- 59、图 2- 60 所示，求出斜率进而计算出活化能（E），从而通过活化能分析样品的稳定性。

采用 Flynn-Wall-Ozawa 法计算的在不同转化率下两种 MEPUF 的热解动力学参数见

表 2- 22。从表中可以发现提高了 EG 添加量样品的活化能也呈现正相关（受热分解初期分别为 109.5 kJ/mol 和 213.3 kJ/mol）。当分解率为 10%时，MEPUF 和 MEPUF2 的活化能为 186.4 kJ/mol 和 246.2 kJ/mol，比 PUF3（173.5 kJ/mol）提高了 7%和 41%，比单一添加 MnPa 的 PUF 活化能提高了 12%和 48%。随着热解的持续可以发现样品的活化能也在提高，这说明随着生成"蠕虫状"致密炭层的生成，材料的热稳定性开始不断提高，这一趋势与热失重分析中第一阶段添加阻燃材料的质量损失、微分热失重中 DTG 的峰值低于空白材料的趋势相同。

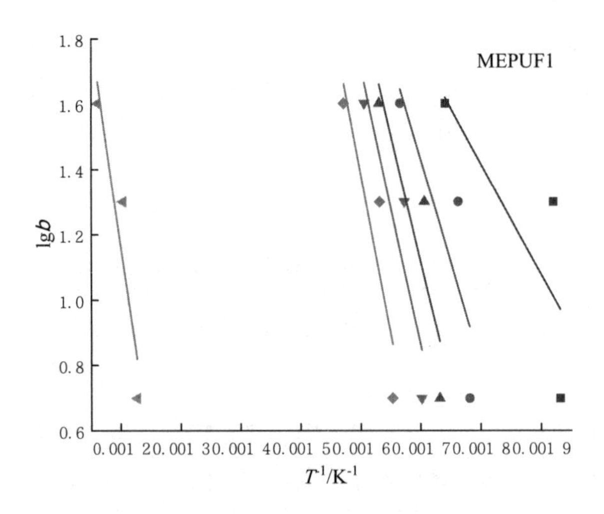

图 2- 59　基于 Flynn- Wall-Ozawa 法 MEPUF1 拟合曲线

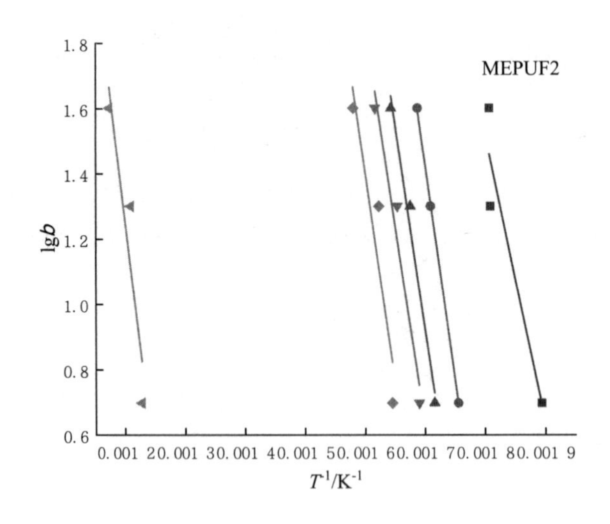

图 2- 60　基于 Flynn-Wall-Ozawa 法 MEPUF2 拟合曲线

半寿命周期后，在转化率为 60%时，进入分解的末尾阶段可以发现 MEPUF1 的活化能（321.6 kJ/mol）相比未添加阻燃剂样品热稳定性最好的 PUF3（157.8 kJ/mol）提高了 122%，相比 4 种单一添加 MnPa 的 PUF 材料（MnPUF1 为 291.7 kJ/mol、MnPUF2 为 259.5 kJ/mol、MnPUF3 为 304.8 kJ/mol、MnPUF4 为 241.4 kJ/mol）分别提高了 10%、23.9%、5%、33.2%。MEPUF2 的活化能（395.2 kJ/mol）相比 PUF3 提高了 150%，相比 4 种 MnPUF 分别提高了 35.5%、52.3%、30%和 63.7%，这表明添加的 EG 主要是在材料热分解的第二阶段能够发挥出显著的作用。

表 2-22 Flynn-Wall-Ozawa 法不同转化率 MEPUFs 热解动力学参数

α	MEPUF1		MEPUF2	
	E/（kJ/mol）	R	E/（kJ/mol）	R
5	109.5	0.79	213.3	0.95
10	186.4	0.85	246.2	0.99
15	215.2	0.90	260.7	0.99
20	223.8	0.92	268.6	0.98
30	263.1	0.90	321.6	0.93
60	321.6	0.94	395.2	0.93

2.5.2.2 Kissinger 分析法

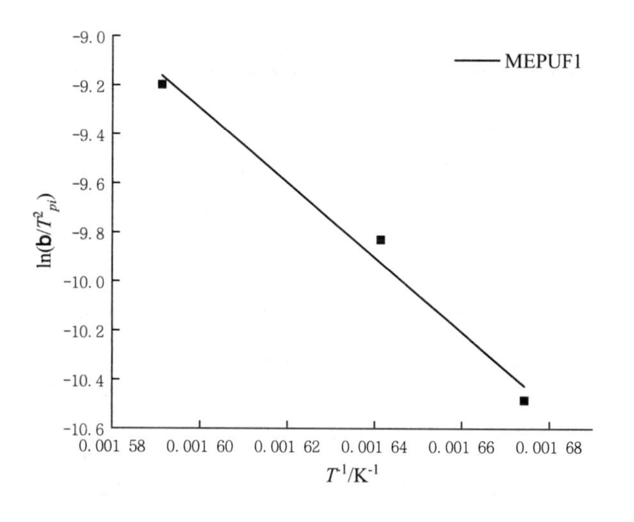

图 2-61 基于 Kissinger 法 MEPUF1 线性拟合曲线

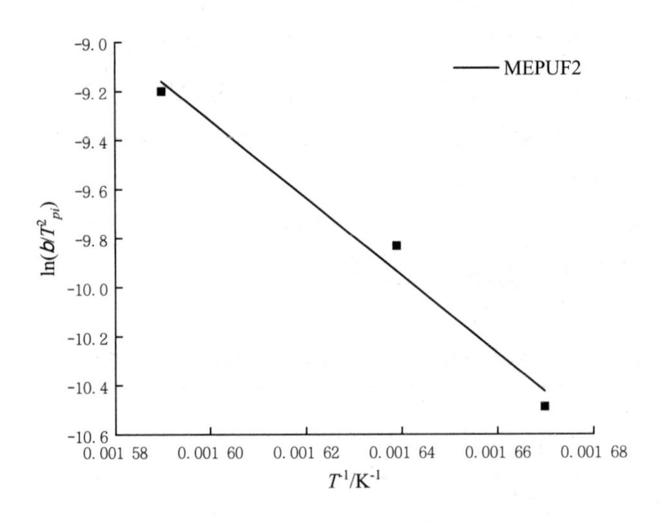

图 2-62　基于 Kissinger 法 MEPUF2 线性拟合曲线

图 2-61 和图 2-62 为两种 MEPUF 在不同升温速率下 ln（β_i/T^2_{pi}）与 $1/T_{pi}$ 的拟合图，求出的斜率 K、表观活化能 E_k 以及 R 列于表 2-23 中。

表 2-23　Kissinger 法不同比例 MEPUFs 热解动力学参数

	MEPUF1	MEPUF2
(K=-E/R)	17 186.1	18 062.2
E_k (kJ·mol $^{(-1)}$)	142.8	150.2
R	0.98	0.97

从表 2-23 中可以得到，随着 EG 占比提高活化能也在增加，MEPUF1 的表观活化能为 142.8 kJ/mol，MEPUF2 的表观活化能为 150.2 kJ/mol（ΔE=7.4 kJ/mol）。MEPUF1 与四种热稳定性中最高（131.75 kJ/mol）的空白样品（PUF3）相比较，表观活化能提高了 11.05 kJ/mol，比单组分改性泡沫的 MnPUF1（131.9 kJ/mol）提高了 10.9 kJ/mol，比 MnPUF2 (132 kJ/mol) 提高了 10.8 kJ/mol，比 MnPUF3 (141.7 kJ/mol) 提高了 1.1 kJ/mol，比 MnPUF4（136.1 kJ/mol）提高了 6.7 kJ/mol。MEPUF2 与四种热稳定性中最高的空白样品（PUF3）相比则是提高了 18.45 kJ/mol，MEPUF2 与四种添加单一阻燃剂的泡沫（MnPUF1、MnPUF2、MnPUF3 和 MnPUF4）相比，则是分别提高了 18.3 kJ/mol、18.2 kJ/mol、8.5 kJ/mol 和 14.1 kJ/mol。这说明在 10wt%时，材料中更多的 EG 在分解后期可提供的炭源，同时 MnPa 在前期能够促进生成残炭，二者能够促进产生更为致密的保护

性炭层，隔绝空气减少热量的传递，从而进一步提高了泡沫材料的热稳定性，结论与 Flynn-Wall-Ozawa 方法的趋势一致，结果得到进一步验证。

2.5.2.3 Coats-Redfern 分析法

依据 TG 曲线将样品的热解过程中分成两个阶段，两种样品的线性拟合曲线如图 2- 63、图 2- 64 所示。

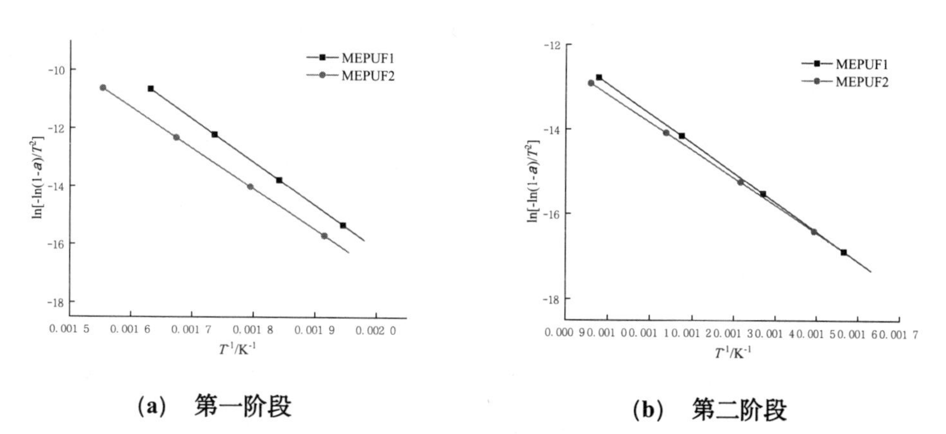

(a) 第一阶段 **(b) 第二阶段**

图 2- 63 MEPUF1 基于 Coats-Redfern 法升温速率为 5℃/min 的拟合曲线

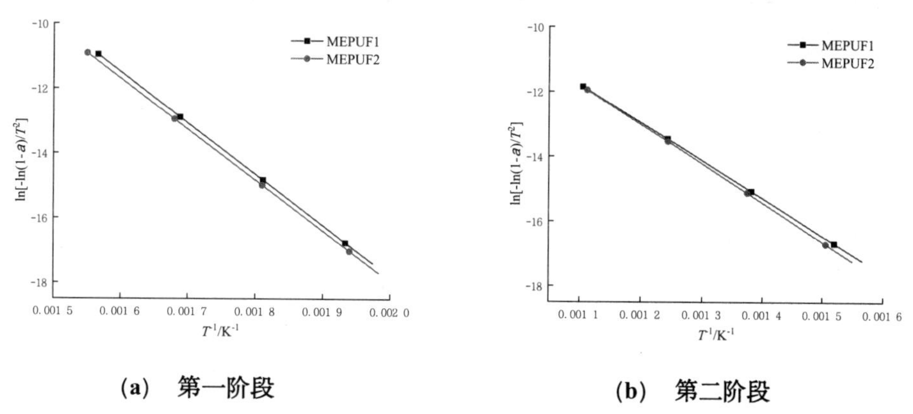

(a) 第一阶段 **(b) 第二阶段**

图 2- 64 MEPUF2 基于 Coats-Redfern 法升温速率为 10℃/min 的拟合曲线

表 2- 24 是采用 Coats-Redfern 法在两种升温速率下计算两种不同比例协效阻燃剂样品的热解动力学参数。从表 2- 24 中可以看出在升温速率为 10℃/min 时，两种协效阻燃材料两阶段总活化能分别为 229.5 kJ/mol 和 232.1 kJ/mol，比未添加阻燃剂的空白 PUF3 的活化能分别提高了 6.7 kJ/mol 和 9.3 kJ/mol，明显提高了材料的热稳定性。在升温速率

为 10℃/min 时 MEPUF1 比 MnPUF1（219.9 kJ/mol）的活化能提高了 9.6 kJ/mol、比 MnPUF2（225.4 kJ/mol）的活化能提高了 4.1 kJ/mol、比 MnPUF4（210.6 kJ/mol）的活化能提高了 18.9 kJ/mol。MEPUF2 比 MnPUF1 的活化能提高了 12.2 kJ/mol、比 MnPUF2 的活化能提高了 6.7 kJ/mol、比 MnPUF3（230.9 kJ/mol）的活化能提高了 1.2 kJ/mol、比 MnPUF4 的活化能提高了 21.5 kJ/mol。可以看出当保持总的添加量为 10 %不变时，添加 EG 确实能够提高材料的活化能，当 MnPa/EG 为 1:1 时，材料的活化能提高的最多。从表 2-24 中可知相关系数均大于 0.9 所以该计算结果可靠，本结论与前两种方法计算结论一致。

表 2-24　Coats-Redfern 法在不同升温速率下两种 MEPUFs 热解动力学参数

升温速率/(℃/min)	样品	温度范围/℃	活化能 E_k/(kJ·mol^{-1})	相关系数	指前因子/s^{-1}
5	MEPUF1	231.9~339.8	124.5	0.96	7.3×10^{10}
		339.8~800.0	57.8	0.97	0.9×10^{2}
	MEPUF2	238.4~370.8	116.2	0.97	5.5×10^{9}
		370.8~800.0	54.1	0.98	0.4×10^{2}
10	MEPUF1	233.2~365.6	132.1	0.98	1.5×10^{11}
		365.6~632.3	97.4	0.98	3.5×10^{5}
	MEPUF2	231.1~372.2	131.1	0.98	1.0×10^{11}
		372.2~626.3	101.0	0.98	1.0×10^{3}

2.5.3　烟密度分析

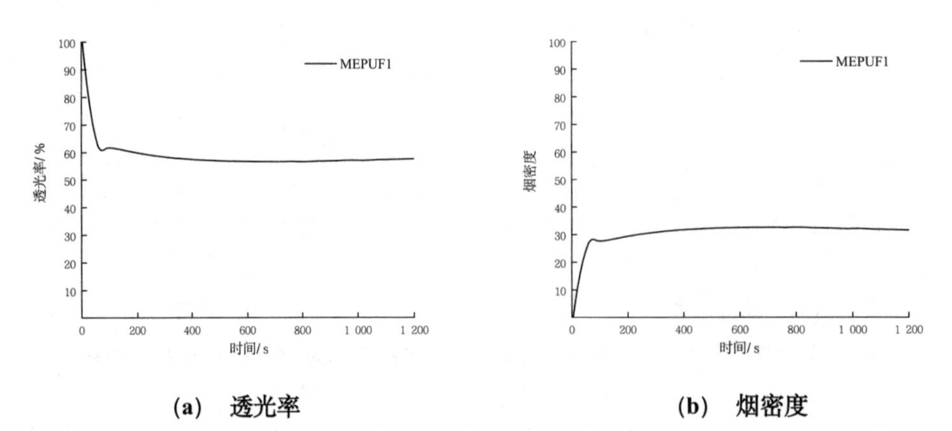

(a)　透光率　　　(b)　烟密度

图 2-65　MEPUF1 烟密度箱测试结果图

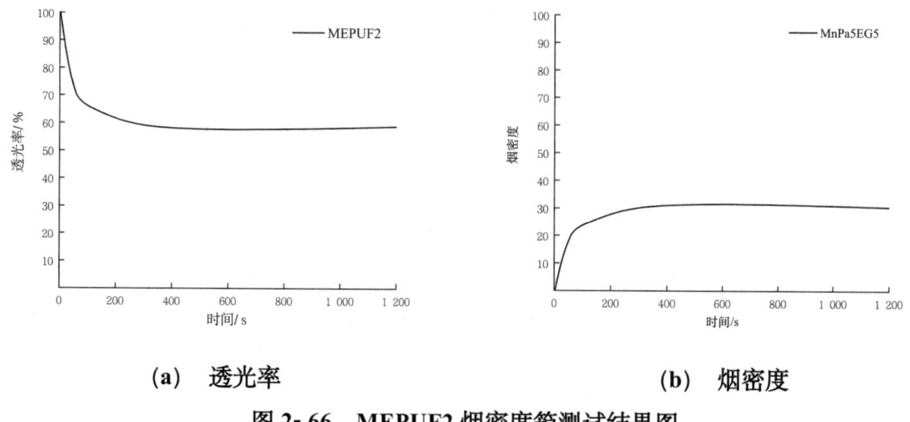

(a)　透光率　　　　**(b)　烟密度**

图 2- 66　MEPUF2 烟密度箱测试结果图

本节选用辐射温度为 902℃的无焰实验环境，对两种协效阻燃 PUF 样品进行了测试，测试所得结果绘制的透光率和烟密度如图 2- 65、图 2- 66，烟密度参数见表 2- 25。

MEPUF1 的透光率和烟密度如图 2- 65 所示，当样品暴露在热辐射下立即开始产生烟雾，可以发现在 0~50 s 泡沫材料迅速生成大量的烟，透光率降低到了 63.4%，平均烟密度达到 26.1，随后产烟速度有所下降。到了 240 s 时平均烟密度达到 30.0，透光率减小到 59.2%，782 s 时达到平均最大烟密度 33.0，透光率降低到 56.7%，随后趋于稳定，烟密度略微降低，最终保持在 32 左右。

MEPUF2 的透光率和烟密度如图 2- 66 所示，当样品暴露在热辐射下立即开始产生烟雾，可以发现在 0~70 s 泡沫材料迅速生成大量的烟，透光率降低到了 68.5%，平均烟密度达到 21.7，随后产烟速度有所下降。到了 240s 时平均烟密度达到 28.9，透光率减小到 60.3%，677 s 时达到平均最大烟密度 32.1，透光率降低到 57.7%，随后趋于稳定，烟密度略微降低，最终保持在 30.9 左右。

表 2- 25　两种 MEPUFs 烟密度参数

样品	20 min 内最大比光密度	达到最大比光密度时间/min	4 min 时的比光密度	4 min 内的最大比光密度
MEPUF1	33.0	782	30.0	30.0
MEPUF2	32.1	677	28.9	28.9

从表 2- 25 中可以发现两种协效阻燃 PUF 材料的最大烟密度分别是 33.0 和 32.1。EG 比例的提高使得材料的烟密度下降了 0.9，这说明提高 EG 的添加量有助于降低材料的

烟密度，促进材料产生更为致密的炭层，阻碍热量的传递并且隔绝空气，从而起到了抑烟的作用。两种材料都会在 0~70 s 产生大量烟雾，但是在此期间 MEPUF2 的透光率比 MEPUF1 提高了 5.1%，这有助于火场前期的逃生与救援。

MEPUF1 在 4 min 后多组样品的平均烟密度为 30.0，20 min 内的平均最大烟密度为 33.0。相比于空白样品中烟密度最低的 PUF3（D_4和 Dm 分别为 44.3 和 51.3）分别降低了 14.3 和 18.3。MEPUF2 在 4 min 后多组样品的平均烟密度为 28.9，20 min 内的平均最大烟密度为 32.1。相比于空白样品中烟密度最低的 PUF3（D_4和 Dm 分别为 44.3 和 51.3）分别降低了 15.4 和 19.2，这说明添加 EG-MnPA 作为阻燃剂有助于降低材料的烟密度，起到了较大的抑烟性作用。

2.5.4 极限氧指数分析

表 2-26 不同试验件的 LOI

样品	LOI/%
MEPUF1	21.9
MEPUF2	23.0

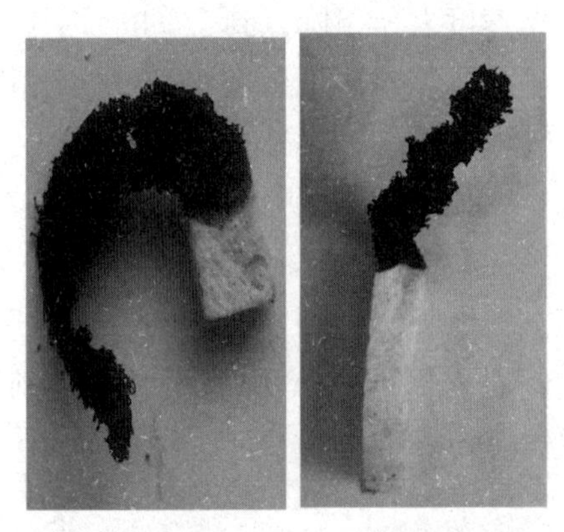

(a) MEPUF1　(b) MEPUF2

图 2-67 两种 MEPUFs 试验件测试后的结果图

图 2-67 为两种协效阻燃试验件测试后的结果，可以发现比较于单一添加 MnPa 和未添加阻燃剂的 PUF，添加 MnPA-EG 后燃烧部分表面产生了更为致密坚固的炭层，空白 PUF 样品燃烧后的残炭极易断裂粉碎，而添加了两种阻燃剂协效后，燃烧部分仍能保持原有状态不易断裂，这说明残炭率得到了提升。表 2-26 为不同 PUF 的 LOI 表，从表中可以看出，随着添加量的提高虽然 LOI 呈现出正相关，但提高的百分量却并不多，MEPUF2 为添加量是 5 %的 MnPa 和 5%的 EG，氧指数达到了 23%，相比于空白样品的

17.5%提高了 5.5%，这说明同时添加两种确实能够提高材料的阻燃性能。

2.5.5 UL-94 水平燃烧测试

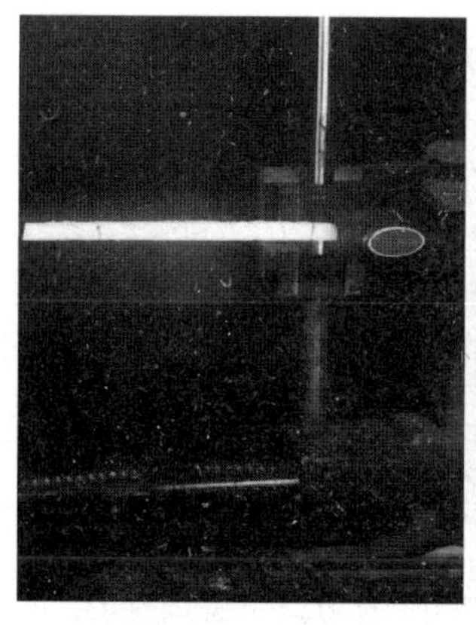

(a) 测试前试样

(b) 测试中试样

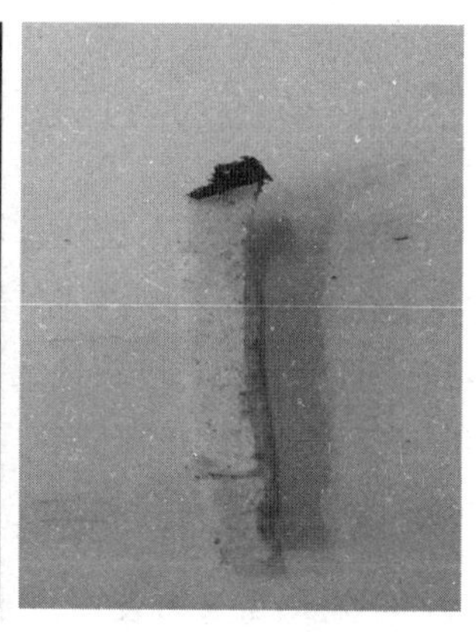

(c) 测试后试样图

2- 68 实验测试过程图

图 2- 68 为 PUF 燃烧前后对比图。表 2- 27 为不同样品的 UL-94 水平燃烧级别，从表中可以看出 MEPUF1 能够达到 HB 级别，相比于空白样品的无级别有了较大的提高，而 MEPUF2 也达到 HB 级别，这说明两种阻燃剂的添加能够提高 PUF 的阻燃性能。从两种样品燃烧长度的对比看，MEPUF1 为 35 mm，MEPUF2 未烧到 25 mm 标线。在两种阻燃剂中提高添加 EG 的比例能够进一步提高材料的阻燃性，这是因为 MnPa 燃烧后吸收热量与氧气并且促进生成残炭，而更多的 EG 提供了炭源且受热后发生膨胀，能够起到减缓火焰蔓延速度的作用。

表 2- 27 不同样品的 UL-94 水平燃烧级别

样品	UL-94 水平燃烧级别
MEPUF1	HB
MEPUF2	HB

2.5.6 小结

本节的研究重点在与选择两种阻燃剂共同协效阻燃聚氨酯泡沫，对比两种不同配比改性聚氨酯泡沫后，当 MnPa 与 EG 以总共 10%的添加量时，热重分析表明添加的 EG 能够大幅提高材料的残炭率（最终质量保留率分别为 33.8%和 27%），两种协效阻燃

MEPUF 相比单一添加 10 %的 MnPa 作为阻燃剂的 PUF 初始分解温度分别提高了 11%和 15%。活化能计算结果表明，MEPUF2 的活化能高于 MEPUF1，基于 Kissinger 法 MEPUF2 的表观活化能相较于 PUF3 提高了 18.45 kJ/mol, 比 MnPUF3 提高了 8.5 kJ/mol。烟密度对比发现 MEPUF2 的最大烟密度为 32.1，相比 PUF3 降低了 19.2，两种材料的 UL-94 水平测试结果都能够达到 HB 级别，MEPUF2 的 LOI 达到了最高的 23%。

2.6 结论

本文在大量的前期对比实验后，选择了 4 种相同起始剂不同分子量的聚醚多元醇与相同异氰酸酯制备聚氨酯泡沫，研究了不同基材泡沫材料的热稳定性与阻燃特性，随后选用植物提取物植酸与过渡金属锰制备植酸锰阻燃剂改性聚氨酯泡沫，随后与可膨胀石墨共同起效，得到更优的配比，在保证材料的力学以及内部结构等方面不受较大影响的条件下进一步提高材料的热稳定性、阻燃特性、抑烟性能。

(1) 采用热重分析发现，未添加阻燃剂的样品残碳率随着分子量的提高呈现出先增大后减小的趋势，样品的初始分解温度 $T_{5\%}$最高为 PUF3（261℃），并且两点（$T_{5\%}$, $T_{50\%}$）间连接的斜率最大。随着升温速率的增加，4 种 PUFs 的初始分解温度、终止分解温度和失重率峰值均向高温区移动，这是升温速率提高，材料的不完全分解导致的。在 3 种活化能计算结果的基础上，发现 PUF3（多元醇分子量为 1000）的热稳定性最高，基于 Flynn-Wall-Ozawa 方法不同转化率下分别为 316.7 kJ/mol、173.5 kJ/mol、149.7 kJ/mol、138.5 kJ/mol、136.3 kJ/mol、136.7 kJ/mol、149.0 kJ/mol 和 157.8 kJ/mol，基于 Kissinger 方法为 131.7 kJ/mol，基于 Coats-Redfern 方法为 222.8 kJ/mol。通过锥形量热仪和烟密度的对比，PUF3 具有最低的 PHRR（469 kW/m^2）和 Ds（51.3）。

(2) 单一添加 MnPa 阻燃改性 PUF 时，添加量为 7.5 %时，初始分解温度 $T_{5\%}$相比空白样品提高了 3℃，质量保留率提高到 24%。基于 3 种活化能计算方法，添加 7.5 %的 MnPa 能够最大提高材料的活化能。烟密度对比发现，随着 MnPa 的增加抑烟性得到了持续性提高，MnPUF4（10%）与 MnPUF3 的 20 min 内最大烟密度同为最低（32.39 和 32.37）。MnPUF 的 LOI 结果趋势相同，MnPUF4（10 %）为最好可以达到 21.7%，UL-94 垂直水平虽然没有等级（燃烧时间从 28 s 提升至 56 s），但是可以发现燃烧时间有了明显改善。

(3) MnPa 与 EG 以总共 10 %的添加量时, 热重分析表明添加 2.5 %的 EG (MEPUF1) 能够大幅度提高材料的残炭率, 两种协效阻燃 MEPUF 相比单一添加 10 %的 MnPa 作为阻燃剂的 PUF 初始分解温度分别提高了 11%和 15%。活化能计算结果表明，MEPUF2 的活化能高于 MEPUF1，基于 Kissinger 法 MEPUF2 的表观活化能相较于 PUF3 提高了

18.45 kJ/mol，比 MnPUF3 提高了 8.5 kJ/mol。烟密度对比发现 MEPUF2 的最大烟密度为 32.1，相比 PUF3 降低了 19.2，LOI 达到了最高的 23%，水平燃烧测试达到了 HB 级别。

综上所述，未添加阻燃剂样品中 PUF3 的热稳定性和燃烧特性最好，基于 PUF3 单一添加 MnPa 的添加量 7.5 %的 PUF （MnPUF3）能够拥有最高的热稳定性和阻燃特性。MnPa 与 EG 共同使用时，MEPUF2（MnPa 与 EG 的比例为 1:1 时）拥有最低的烟密度，最高的 LOI 与水平燃烧等级，证明其阻燃性最好。

参考文献

[1] 李捍东,张旭,王志,等. 不同基材聚氨酯泡沫热稳定性研究[J].化工新型材料，2022，50（06）:1-11.

[2] 杨守生，张科，田永胜. 聚氨酯泡沫塑料热解研究 [J]. 消防技术与产品信息, 2002 （11）: 9-12.

[3] 王文达，尤飞，胡世强. 不同密度 FPUF 阴燃特性及热解动力学分析 [J].消防科学与技术, 2017, 36（02）: 145-148.

[4] ZHANG X, LI S, WANG Z, et al. Study on thermal stability of typical carbon fiber epoxy composites after airworthiness fire protection test[J]. Fire and Materials, 2020, 44 （2）: 202-210.

[5] OZAWA T. A new method of analyzing thermogravimetric data[J]. Bulletin of the Chemical Society of Japan, 1965, 38 （11）:1881-1886.

[6] KISSINGER H H E. Reaction kinetics in differential thermal analysis[J]. analytical chemistry, 1957, 29 （11）:1702-1706.

[7] COATS A W,Redfern J P. Kinetic parameters from the thermogravimetric data. Nature, 1964, 201: 68-69.

[8] ZHANG X, LI S, WANG Z, et al. Thermal stability of flexible polyurethane foams containing modified layered double hyd roxides and zinc borate[J]. International Journal of Polymer Analysis and Characterization, 2020, 25 （7）: 499-516.

[9] PARCHETA P., KOLTSOV I., DATTA J. Fully bio-based poly（propylene succinate） synthesis and investigation of thermal degradation kinetics with released gases analysis[J]. Polymer Degradation and Stability, 2018, 151 （5）: 90-99.

[10] KONG K, CHEEDARALA R K, KIM M, et al. Electrical thermal heating and piezoresistive characteristics of hybrid CuO–woven carbon fiber/vinyl ester composite laminates[J]. Composites Part A Applied Science and Manufacturing, 2016, 85: 103-112.

[11] MIRANDA M, CABRITA I, PINTO F, et al. Mixtures of rubber tyre and plastic wastes pyrolysis: A kinetic study[J]. Energy, 2013, 58 （9）: 270-282.

[12] CHEN Y J, LI L S, QI X Q, et al. The pyrolysis behaviors of phosphorus-containing organosilicon compound modified APP with different polyether segments and their flame retardant mechanism in polyurethane foam [J]. Composites Part B, 2019, 173: 106784.

[13] MA Q, CHEN J, HUI Z. Heat release rate determination of pool fire at different pressure conditions[J]. Fire & Materials, 2018,42 （6）:620-626.

[14] 杨守生,康茹.阻燃剂对软质聚氨酯泡沫燃烧特性的影响[J].塑料工业,2005 （8）:57-59.

[15] 姜浩浩,刘新亮,邹勇,等.硬质聚氨酯泡沫/聚磷酸铵复合材料的制备及阻燃性能研究[J].塑料工业,2019,47（1）:89-93.

[16] 鲁文娟.阻燃型聚氨酯材料在建筑保温中的应用研究[J].合成材料老化与应用,2020,49 (01) :71-73.
[17] 张璟晨,邬素华,倪凯,等.阻燃聚醚多元醇的制备及对聚氨酯泡沫阻燃性能的影响[J].塑料科技,2019,47 (10) :142-147.
[18] 李捍东.基于不同基材聚氨酯泡沫的阻燃特性研究[D].沈阳:沈阳航空航天大学,2022.

第 3 章　水滑石类化合物改性聚氨酯泡沫材料的制备

3.1　聚氨酯泡沫材料的制备

3.1.1　实验原料

聚醚多元醇 330N（常州卓联志创高分子材料有限公司），外观在常温下为无色透明黏稠状液体，其反应活性高、价格低廉。该多元醇羟值（mg/g）为 33.0~37.0，相对分子质量为 6 000。异氰酸酯 MDI8019（常州卓联志创高分子材料有限公司），外观为黄褐色液体，密度为 1.21~1.23g/cm^3。有机金属催化剂（辛酸亚锡 T9）、硅油稳定剂（L-580）和三乙醇胺，去离子水。碳酸根型的水滑石（LDHs，（Mg_6Al_2（OH）$_{16}$（CO_3）$4H_2O$）（分析纯），和磷酸二氢钾（分析纯试剂，KH_2PO_4≥99.5%），0.1mol/L 的磷酸溶液，硼酸锌（纯度≥99.0%）。

3.1.2　实验设备及仪器

实验中用到的主要设备及仪器见表 3- 1。

表 3- 1　实验设备及仪器

仪器名称	型号	生产厂家
电子天平	YH-100002	永康雨昊贸易有限公司
电子天平	FA2204B	-
锥形量热仪	FTT-CONE-0242	英国 FTT 公司
烟密度箱	FTT-NBS	英国 FTT 公司
氧指数测试仪	BS ISO 4589-2	英国 FTT 公司
扫描电子显微镜	S4800	日立公司
X 射线衍射仪	D8 Advance	布鲁克公司
烟毒性测试箱	NES713	苏州菲尼克斯仪器有限公司
烟气分析仪	testo350	德国德图公司

3.1.3　软质聚氨酯泡沫材料的制备

本文采用一步自由发泡法制备软质聚氨酯泡沫，其发泡工艺流程如图 3- 1 所示。

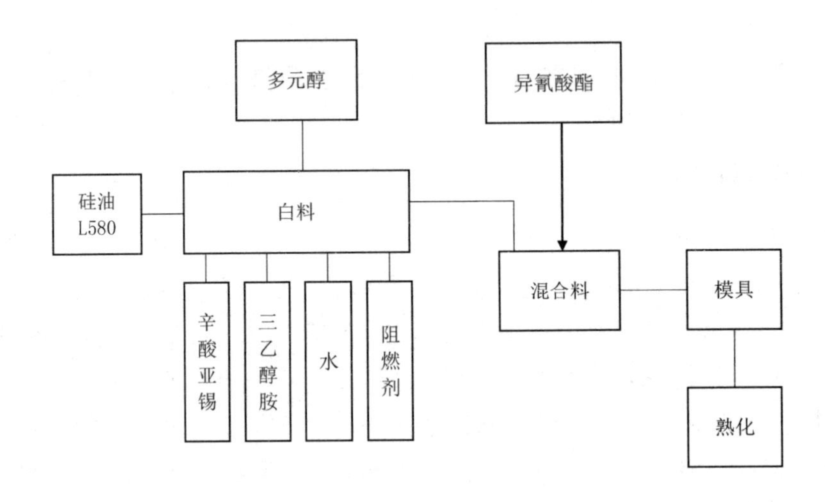

图 3-1　泡沫制备流程

首先，根据表3-2中提供的软质聚氨酯基础发泡配方比例对所有原料进行精确称量，然后按顺序将聚醚多元醇 330N、水、辛酸亚锡和三乙醇胺依次倒入混合容器，通过机械搅拌机在 800 r/min 速率下搅拌混合 30 s，随后迅速将称量好的异氰酸酯倒入上述混合容器中，并以 800 r/min 速率机械搅拌 10 s。最后，将得到的混合物快速倒入一个开放式模具中令其自由发泡，在室内温度下保持固化 24 h，固化后进行切割用于实验测试。

表 3-2　聚氨酯发泡体系基础配方

原料	用量/份
多元醇 330N	20
MDI8019	35
水	1.5
硅油稳定剂（L580）	1.0
辛酸亚锡	0.2
三乙醇胺	1.0

3.1.4　改性阻燃剂的制备

首先，将适量的碳酸根型水滑石加入装有去离子水的锥形瓶中，并彻底搅拌混合物，直至形成均匀分散的浆液，即水滑石前驱体溶液。下一步，将磷酸二氢钾晶体与水混合配制成浓度为 1 mol/L 的磷酸二氢钾溶液，在配置磷酸二氢钾溶液时，需注意在常温下其溶解度较低，应在适当加热条件下进行溶解配制。之后，在搅拌水滑石分散浆液的同时向锥形瓶中缓慢加入配制好的磷酸二氢钾溶液。并在搅拌均匀后滴入适量的浓度为 0.1 mol/L 磷酸溶液，调节混合溶液 pH 为 5.0，并将形成的浆液持续搅拌 2 h。最后经抽滤、去离子水多次洗涤、100℃烘箱干燥 8 h，得到磷酸二氢根插层改性后的水滑石阻燃剂。

3.1.5 阻燃剂的 XRD 分析

X 射线衍射（XRD）是测试材料结晶度和层间阴离子类型的重要方法，根据测试所得数据，利用 Origin 作图，观察图像衍射峰的移动以及层间距来判断目标离子是否插层成功。本文选择德国 BrukerX 射线衍射仪分别对改性前后 LDH 类阻燃剂进行 XRD 测试，扫描范围为（10°~80°），扫描速率为（2°/min），步距 0.02°，对比改性前后水滑石晶体结构有何变化。LDHs 和磷酸二氢根插层后的 LDHs 粉末的 XRD 图谱如图 3-2 所示，磷酸二氢根插层改性后的 LDHs 与未改性 LDHs 衍射峰基本相同，均显示出 3 个衍射强度较大的晶面特征衍射峰：（003）（006）（009）。证实晶体结构完整、无破坏而且基线低平、峰窄，说明改性并没有破坏 LDHs 的层状结构，晶体结构没有明显变化。(003) 作为较强的衍射峰，其 2θ 值可表示 LDHs 层间距的大小，一般情况下，2θ 值越大，层间距（d_{003}）越小。根据层间阴离子的不同，相应的 d_{003} 不同，二者存在关系如式 3-1 所示：

$$d_{003} = \lambda/2sin\theta$$

3-1

式中：λ- 入射线波长，数值为 0.154 nm；θ- 衍射角。

根据公式 3-1 计算改性前后 LDHs 的 d_{003} 值，结果如表 3-3 所示。

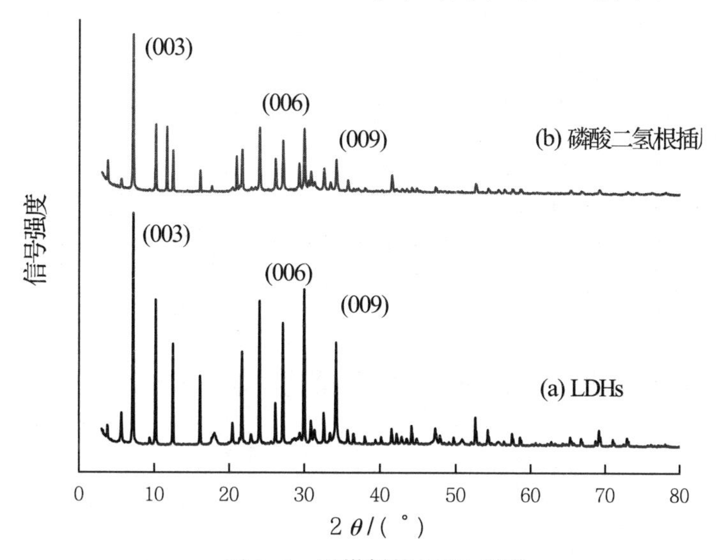

图 3-2 阻燃剂的 XRD 图谱

从表 3- 3 中可以看出 LDHs 层间距为 1.22 nm，磷酸二氢根插层改性后 LDHs 稍大于 1.22 nm，说明磷酸二氢根插入水滑石层间。

表 3- 3　插层前后水滑石层间距

样品	2*θ*/（°）	d_{003}/nm
LDHs	7.14	1.22
改性后 LDHs	7.24	1.23

3.1.6　测试与表征

（1）热重分析

采用岛津 DTG-60AH 热重- 差热同步分析仪对几种 FPUF 复合材料的热稳定性进行了热重分析。在干燥的氮气环境下，以 10 ℃/min 的升温速率从 35℃升至 800℃。每个实验样品质量为 3~5 mg。同时，为了研究不同升温速率对热解特性和反应动力学的影响，又分别在升温速率 5 ℃/min、20 ℃/min、30 ℃/min 和 40 ℃/min 下对 FPUF 复合材料进行了测试。

（2）极限氧指数（LOI）测试

按照 GB/T 24093 标准进行测试，样品尺寸为 125 mm×20 mm×10 mm，每个试样 3 次测量取平均值。

（3）锥形量热仪测试

选取辐射强度为 25 kW/m^2、35 kW/m^2、50 kW/m^2 时分别对试样进行了测试，样品尺寸为 100 mm×100 mm×15 mm。

（4）烟密度测试箱

利用 FTT 烟密度测试箱对有焰与无焰两种情况下分别进行了测试，样品尺寸为 75 mm×75 mm×10 mm。

（5）扫描电镜（SEM）

采用型号为场发射电镜日立 S4800 对锥形测试燃烧后试样进行测试，测试所需加速电压 15kv。

（6）烟气分析仪

采用 testo 便携式烟气分析仪测试样品燃烧过程中产生的有毒有害气体种类和浓度。

3.2 改性水滑石阻燃 FPUF 热解行为及热稳定性能的研究

3.2.1 FPUF 复合材料的热稳定性能研究

热解是燃烧的前奏，高分子聚合物由于持续受热，导致内部结构不稳定，大分子链发生断裂，从而材料进行热解，若不被及时发现和控制，会给人们带来较大的财产损失和危害。因此，分析热解行为以及提高材料的热稳定性通常是控制火灾发生和发展的重要研究方向。为了证实磷酸二氢根插层改性后水滑石是否较改性前能更好地提升 FPUF 的热稳定性，实验设计决定将改性前后阻燃剂添加量设定为混合物总质量的 5%，分别将试样命名为 FPUF（1）、FPUF1。同时又将硼酸锌分别与改性前后水滑石以 1:1 混合（总添加量仍为 5%），分别将试样命名为 FPUF（1）/ZB、FPUF1/ZB。探究其对 FPUF 的热稳定性能的提升是否存在协同作用。实验中所用的 FPUF 复合材料试样如表 3-4 所示。

表 3-4 FPUF 复合材料的物料配比

样品	添加阻燃剂类别 （5%）
FPUF0	—
FPUF （1）	水滑石
FPUF （1） /ZB	水滑石/硼酸锌 （1:1）
FPUF1	改性水滑石
FPUF1/ZB	改性水滑石/硼酸锌 （1:1）

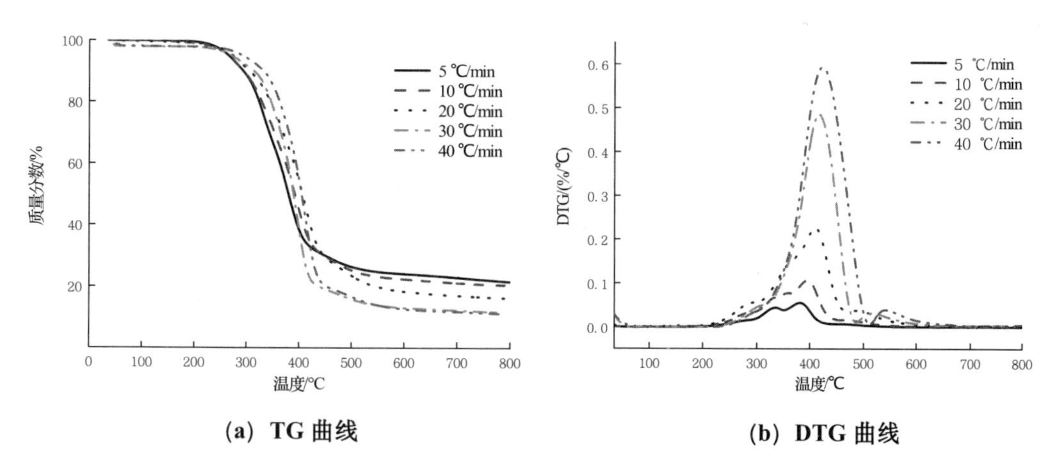

(a) TG 曲线　　(b) DTG 曲线

图 3-3 FPUF0 在不同升温速率下的 TG 和 DTG 曲线

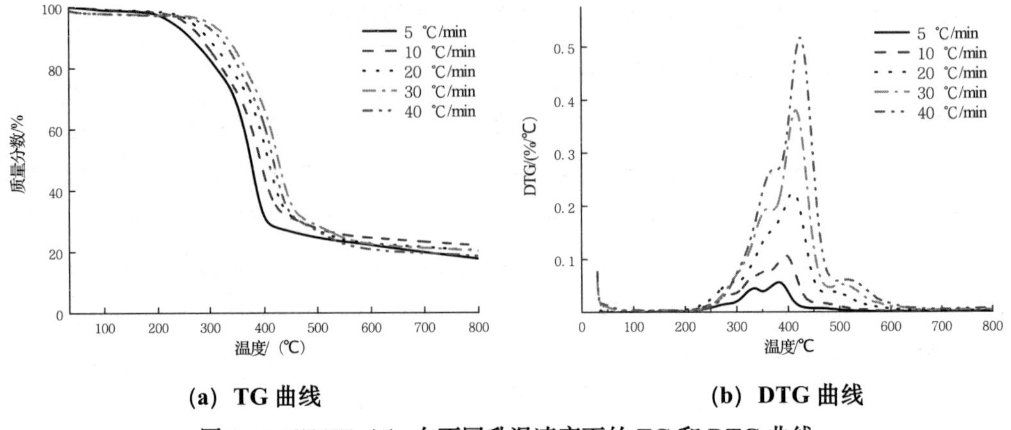

(a) TG 曲线　　**(b) DTG 曲线**

图 3-4　FPUF（1）在不同升温速率下的 TG 和 DTG 曲线

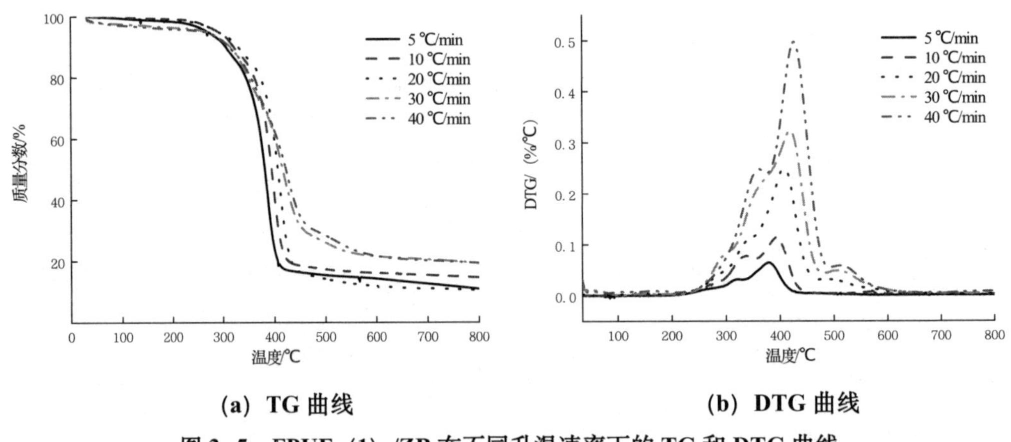

(a) TG 曲线　　**(b) DTG 曲线**

图 3-5　FPUF（1）/ZB 在不同升温速率下的 TG 和 DTG 曲线

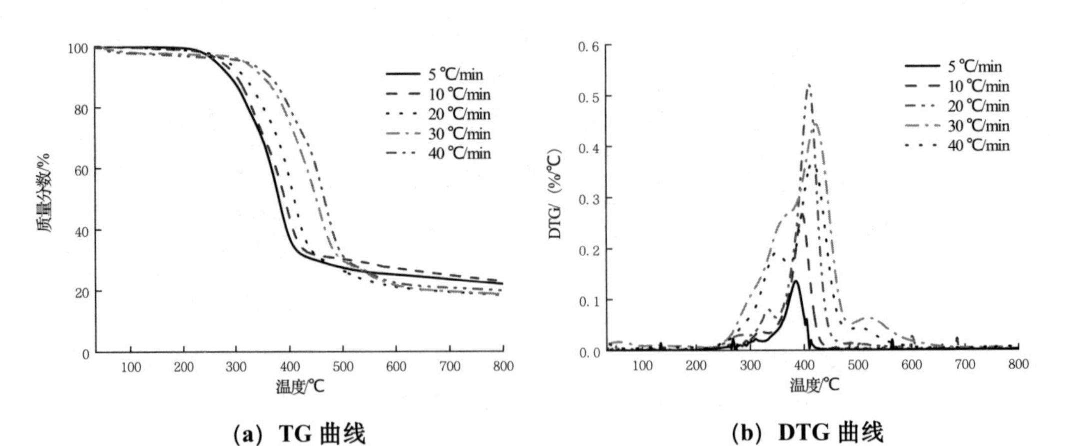

(a) TG 曲线　　**(b) DTG 曲线**

图 3-6　FPUF1 在不同升温速率下的 TG 和 DTG 曲线

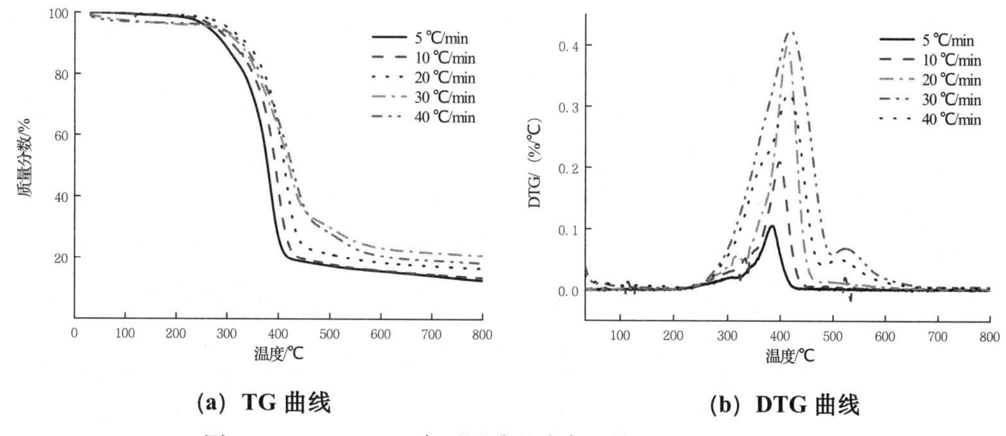

(a) TG 曲线　　(b) DTG 曲线

图 3-7　FPUF1/ZB 在不同升温速率下的 TG 和 DTG 曲线

分别选取表 3-4 中 5 种 FPUF 材料 3~5 mg, 在不同的升温速率(5 ℃/min、10 ℃/min、20 ℃/min、30 ℃/min 和 40 ℃/min），氮气气氛下，气体流量固定为 50 mL/min，温度从 35℃升至 800℃的工况条件下，利用热重-差热同步分析仪进行程序控温，完成热重分析实验。对既得数据进行分析和拟合，得到如图 3-3 至图 3-7 曲线。

对比图 3-3 至图 3-7 的 TG 和 DTG 曲线，可以明确地看出升温速率的变化对热解曲线的形状基本没有影响，即升温速率对 FPUF 的热解过程基本没有影响。但是随着升温速率的增加，整个热解反应逐渐向高温区移动。例如，结合图 3-3 与表 3-5 中数据可以得知，在升温速率为 5 ℃/min 时，软质聚氨酯泡沫的初始分解温度为 210℃，随着升温速率的增加，初始分解温度逐渐升高，当升温速率为 20℃/min 时，泡沫材料的初始分解温度升至 301℃。此外，以图 3-3 为例，当升温速率从 5℃/min 增加到 20℃/min 时，最大失重率从 0.06%/℃增加到 0.23%/℃，即升温速率越高，最大失重率越高。但这并不能说明升温速率的增加抑制了软质聚氨酯泡沫塑料的热分解，因为升温速率的增加导致温度上升加快，部分热分解过程的反应不能充分进行，反应时间会有相应的延后。

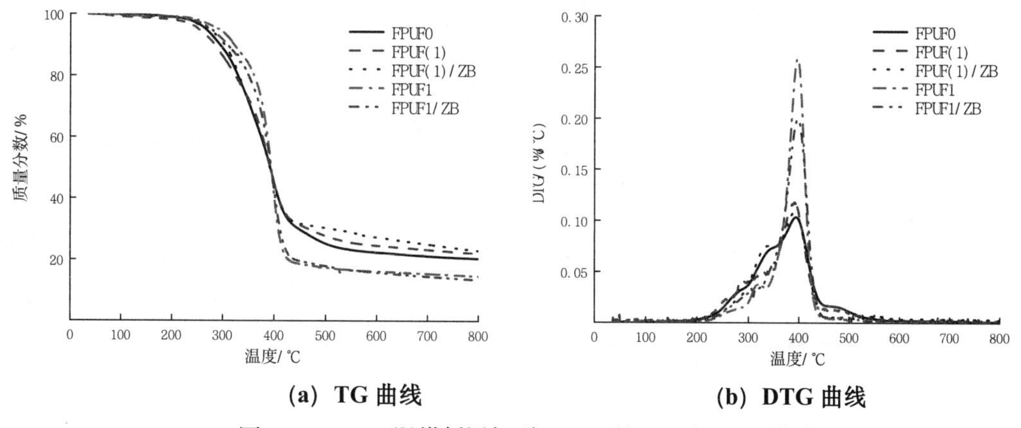

(a) TG 曲线　　(b) DTG 曲线

图 3-8　5wt%阻燃剂添加到 FPUF 的 TG 和 DTG 曲线

图 3-8 展示了 FPUF 复合材料在 10 ℃/min 升温速率的氮气气氛下的 TG 和 DTG 曲线。从图 3-8（a）可以看出，TG 曲线存在两个拐点，这表明 FPUF 的热降解过程主要发生在两个阶段。在 212～350℃出现第一分解阶段，其失重率约为 25%。在此阶段，由极性较强的氨基甲酸酯等基团构成的硬段被分解，发生异氰酸酯和交联剂的释放，包括异氰酸酯、仲胺和醇的形成。第二分解阶段发生在 350℃到 565℃，属于由多元醇链段组成的软段开始热解，导致大量单烃分子的释放。基于图 3-8 和表 3-5 详细显示出了 FPUF 复合材料五种升温速率下初始分解温度（$T_{5\%}$）和最大降解速率温度。

表 3-5 FPUF 复合材料在五种升温速率下的 TG 和 DTG 数据

样品	Heating rates (℃/min)	$T_{5\%}$/℃	T_{max1}/℃	T_{max2}/℃
FPUF0	5	210	315	382
	10	212	317	395
	20	264	361	402
	30	284	366	420
	40	301	429	544
FPUF（1）	5	228	330	385
	10	254	288	390
	20	272	294	402
	30	283	355	412
	40	301	366	426
FPUF（1）/ZB	5	217	316	378
	10	215	336	392
	20	274	339	401
	30	282	294	412
	40	292	356	425
FPUF1	5	238	313	386
	10	241	319	397
	20	252	345	413
	30	306	357	423
	40	323	332	412
FPUF1/ZB	5	241	305	384
	10	243	317	399
	20	280	409	511
	30	283	316	416
	40	292	422	524

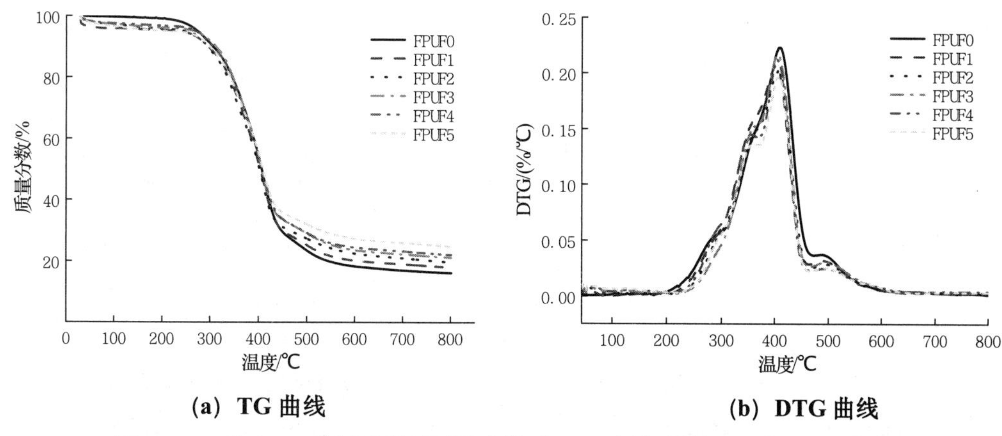

(a) TG 曲线　　(b) DTG 曲线

图 3-9　20℃/min 升温速率下不同改性后 LDH 添加量的 TG 和 DTG 曲线

从五种复合泡沫材料的 TG 与 DTG 图来看，添加了阻燃剂的泡沫材料与纯 FPUF 曲线走势相类似，说明分解阶段没有显著改变。FPUF（1）和 FPUF-（1）/ZB 的初始分解温度没有显著增加，而 FPUF-1 和 FPUF-1/ZB 的初始分解温度分别增加了 29℃和 31℃，这是由于改性 LDH 的插层较高剥离程度起到了一定的作用。值得注意的是，未改性的 LDH 加入 FPUF 中会导致第一个最大热解速率温度（T_{max1}）的降低，而其他的则没有显著变化。这种较低的热稳定性是由于硬段中氢键相互作用的减少所致，这是由于加入了高度团聚的未改性的 LDH。FPUF1 和 FPUF1/ZB 的第二阶段最大降解速率温度（T_{max2}）略有升高，这是由于改性 LDH 释放的二氧化碳和分解后不燃固体产物的阻隔作用阻碍了挥发性化合物的释放。由以上结果可知，磷酸二氢根插层 LDH 对 FPUF 的热稳定性的提升有显著的影响。此外，硼酸锌和 LDH 混合的加入稍微提升了 FPUF 的热稳定性，但是二者的协效作用并不是那么明显，后期不再着重研究。

本文继续研究了不同添加量的插层改性水滑石对软质聚氨酯泡沫的热稳定性能提升的效果。将磷酸二氢根插层 LDH 添加量调整为 5.0%、7.5%、10.0%、12.5%、15.0% 制成 FPUF，并且分别将样品命名为 FPUF1、FPUF2、FPUF3、FPUF4 和 FPUF5。图 3-9 为 20 ℃/min 升温速率下以上 6 种泡沫材料试样的 TG 和 DTG 图，图中涉及相关数据列于表 3-6 中。由图 3-9 可以看出，随着改性后 LDH 的添加量增加，FPUF 复合材料的 $T_{5\%}$和 T_{max} 均略有升高，这是因为阻燃剂的加入延迟了材料热解过程，使热解过程不易进行。因此插层改性后 LDH 提高了 FPUF 的热稳定性。当磷酸二氢根插层 LDH 添加量分别为 5.0%、7.5%、10.0%、12.5%，对应的残炭量分别为 18.25%、19.89%、21.30%、22.12%。当添加量达到 15.0%时，FPUF-5 的残炭量为 25.00%，而纯的 FPUF 残余仅为

16.29%，这说明 LDH 经高温热分解后，生成难燃金属氧化物覆盖在材料燃烧表面，隔绝可燃气体，同时磷酸二氢根插层后的 LDH 对 FPUF 有促进成炭作用，磷酸失水产生焦磷酸，随后生成偏磷酸和聚磷酸，最终促进炭层的形成，炭层会起到隔绝空气传播和热量传递的作用，从而提升 FPUF 的热稳定性能。

表 3-6 FPUF 复合材料的 TG 与 DTG 数据

样品	$T_{5\%}$/℃	T_{max1}/℃	T_{max2}/℃	残炭率/%
FPUF0	246.12	281.76	402.96	16.29
FPUF1	252.43	345.15	413.78	18.25
FPUF2	258.45	346.73	413.45	19.89
FPUF3	263.78	346.97	415.48	21.30
FPUF4	268.45	349.12	416.26	22.12
FPUF5	271.65	351.20	418.23	25.00

3.2.2 FPUF 复合材料的热解动力学分析

3.2.2.1 Coats-Redfern 积分法

为了进一步分析软质聚氨酯泡沫热解过程，采用 Coats-Redfern 积分法建立单一反应模型，研究了 FPUF 的热解动力学，图 3-10 即为根据 Coats-Redfern 积分法得出线性拟合结果。聚合物热解的通式可描述为式（3-2）：

$$A_{solid} \rightarrow B_{solid} + C_{gas} \tag{3-2}$$

式中：*A*-原料；*B*-热解产物；*C*-释放气体。化学反应速率可由式（3-3）中导出：

$$\frac{d\alpha}{dt} = A\exp\left(-\frac{E}{RT}\right) f(\alpha) \tag{3-3}$$

式中：*T*-热解温度，K，*R*-理想气体常数，8.314J/（mol·k），*A*-指前因子，s^{-1}，*E*-活化能，kJ/mol。α表示样品在热解过程中的反应转化率，即式（3-4）：

$$\alpha = \frac{m_0 - m_t}{m_0 - m_\infty} \tag{3-4}$$

式中：m_0-样品的初始质量；m_t-*t* 时刻样品的质量；m_∞-剩余质量。

在聚合物热解过程中，通常假设转化率的变化与反应物的浓度成正比，那么：

$$f(\alpha) = (1 - \alpha)^n \tag{3-5}$$

式中：*n*-反应级数。通过查阅相关文献，聚合物的热解通常是一级反应。当升温速率为$\beta = d\alpha/dT$并保持恒定不变时，*n*=1。公式改为：

$$d\alpha/dT = (A/\beta)\exp(-E/RT)(1-\alpha) \quad (3.6)$$

将公式（3-6）积分：

$$\int_0^{\alpha}\frac{d\alpha}{1-\alpha} = \frac{A}{\beta}\int_0^{T} exp\left(-\frac{E}{RT}\right) dT \quad (3-7)$$

由式（3-7）变换可得 Coats-Redfern 法，数学表达式为式（3-8）：

$$-\ln(1-\alpha)/T^2 = AR/\beta E(1-2RT/E)\exp(-E/RT) \quad (3-8)$$

通常来讲，$RT/E << 1$，因此，

$$\ln[-\ln(1-a)/T^2] = \ln AR/\beta E - E/RT \quad (3-9)$$

通过将 $1/T$ 设为 x 轴，$\ln[-\ln(1-a)/T^2]$ 作为 y 轴，可拟合出一条直线。因此，活化能和指前因子可以根据直线的斜率和截距来计算。从 TG 曲线可以看出，本文研究的聚氨酯泡沫塑料有两个失重阶段。不同的热解阶段需要用不同的一级反应方程来描述。根据已知热重数据，通过一级反应对两个温度区进行线性拟合。由 Coats-Redfern 积分法对添加了 5%改性后 LDH 的 FPUF 线性拟合结果如图 3-10 所示，拟合后运算所得数据列于表 3-7，其中相关系数最高可达 0.98，说明用该种方法进行动力学分析可行。

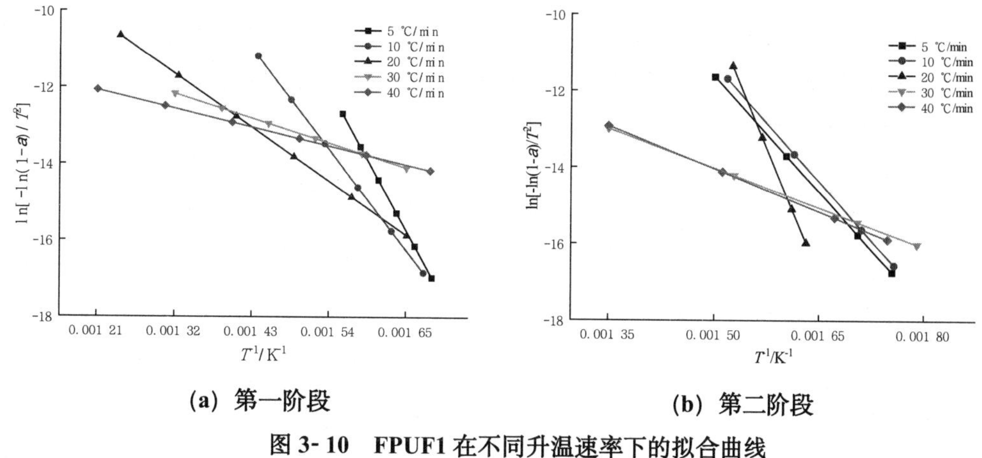

(a) 第一阶段　　　　**(b) 第二阶段**

图 3-10　FPUF1 在不同升温速率下的拟合曲线

通过对比表 3-7 中数据可以总结不同升温速率下活化能变化的规律。当升温速率为 5℃/min 时，软质聚氨酯泡沫复合材料的活化能为 270.42 kJ/mol，而升温速率高至 40℃/min 时，其反应活化能降低至 118.29 kJ/mol。结果表明，在 N_2 气氛中，随着升温速率的增加，FPUF 的活化能略有下降，归因于升温速率的加快导致中间产物没有完全分解；热解温度朝着高温方向移动，应该是由不同升温速率下存在的热滞后现象造成的

结果。并且可以发现指前因子与活化能的变化的趋势一致。

表 3-7 不同升温速率下改性后 FPUF 的热解动力学参数

升温速率 β/(℃/min)	温度范围/℃	活化能/(kJ/mol)	指前因子/s^{-1}	相关系数
5	290.01~338.94	270.42	9.1×10^{10}	-0.91
	338.94~433.99	23.50	2.37	-0.92
10	242.15~342.85	126.40	6.7×10^{7}	-0.95
	342.85~573.93	16.10	2×10^{-3}	-0.51
20	242.28~351.26	124.69	1.7×10^{7}	-0.93
	351.26~541.98	11.80	1×10^{-3}	-0.87
30	258.31~354.46	120.75	1.2×10^{7}	-0.94
	264.21~364.12	11.21	5.2×10^{-4}	-0.91
40	259.60~346.52	118.29	1.0×10^{7}	-0.96
	266.34~369.58	10.08	4.8×10^{-4}	-0.93

3.2.2.2 Flynn-Wall-Ozawa 法

Flynn-Wall-Ozawa 法也是通常被用来进行复合材料热解动力学分析的方法之一，故本文也运用此种方法对复合材料进行了活化能的计算，图 3-11 为依据 Flynn-Wall-Ozawa 法得出线性拟合曲线。

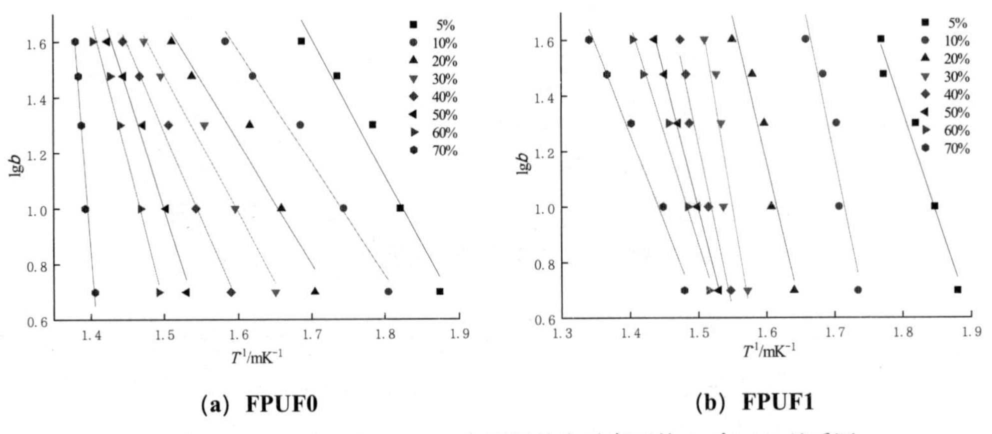

图 3-11 FPUF0 和 FPUF1 在不同的失重率下的 *lgβ* 与 *1/T* 关系图

升温速率为$\beta=\mathrm{d}\alpha/\mathrm{d}T$，单位为 K/min，结合公式(3-3)，Flynn-Wall-Ozawa 法非等温

动力学计算公式可表示为:

$$lg\beta=lg\frac{AE}{G(\alpha)R}-2.315-\frac{0.4567E}{RT} \tag{3-10}$$

式中:$G(\alpha)$ -$f(\alpha)$ 的积分形式; A- 指前因子; E- 活化能; R- 理想气体常数, 8.314J/(mol·K)。根据式 (3-10), 以 $lg\beta$对 $1/T$ 作图, 进而根据拟合出直线的斜率值求出反应活化能, β值分别为 5 K/min、10 K/min、20 K/min、30 K/min、40 K/min, 分别选取材料转化率为 5%、10%、20%、30%、40%、50%、60%、70%时所对应的温度。图 3.11 为依据 Flynn-Wall-Ozawa 法以 $lg\beta$对 $1/T$ 绘制所得拟合曲线。拟合后所得相关系数 R 与计算得出的活化能列于表 3-8 中。

结合图 3-11 与表 3-8, 我们可以看出无论是 FPUF 还是阻燃 FPUF 复合材料, 它们的活化能均经历一个先增大后减小的过程。FPUF 前期热解反应较快, 容易进行, 活化能数值低, 在转化率为 30%~50%时, 活化能升高, 是由于材料基体中具有较强能量的键不易断开。随后热解速度趋于平缓, 活化能数值随之降低。通过对比改性 FPUF 前后活化能数值, 磷酸二氢根插层改性后 FPUF 的活化能整体高于纯 FPUF, 说明改性后 FPUF 的热稳定性强于纯 FPUF。

表 3-8 采用 Flynn-Wall-Ozawa 法计算了 FPUF 及其阻燃复合材料的 *E* 和 *R* 值

α/%	FPUF		FPUF+5%LPO_4	
	E (kJ/mol)	R	E/ (kJ/mol)	R
5	90.29	- 0.97	137.08	-0.98
10	73.73	- 0.99	222.10	-0.95
20	80.28	- 0.97	192.60	-0.96
30	90.48	- 0.99	276.16	-0.94
40	112.86	- 0.99	219.91	-0.99
50	153.09	- 0.99	178.22	-0.99
60	189.32	- 0.99	145.27	-0.99
70	65.53	- 0.98	115.96	-0.99

3.2.2.3 Kissinger 法

文章同时还运用了 Kissinger 法进行了动力学分析, 因为它允许在不建立反应模型的情况下评价活化能, 所以用该方法研究热解动力学是有意义的。其公式如 (3-11):

$$ln(\frac{\beta}{T_p^2})=ln(\frac{A\times R}{E_a})-\frac{E_a}{R\times T_p} \tag{3-11}$$

式中，T_p- 热解反应速率最快时所对应的温度，β- 升温速率。通过数据拟合，得出一条直线，同样根据斜率可求出反应活化能。β值为 5 K/min、10 K/min、20 K/min、30 K/min、40 K/min。通过之前所做的 DTG 曲线选取所需数据，本文所研究的软质聚氨酯泡沫在热解过程中分为两个阶段，所以用 Kissinger 法分析时应分两阶段计算活化能。图 3-12 为 FPUF0 和 FPUF1 依据 Kissinger 法线性拟合图，STEP1、STEP2 分别对应第一、第二热解阶段。

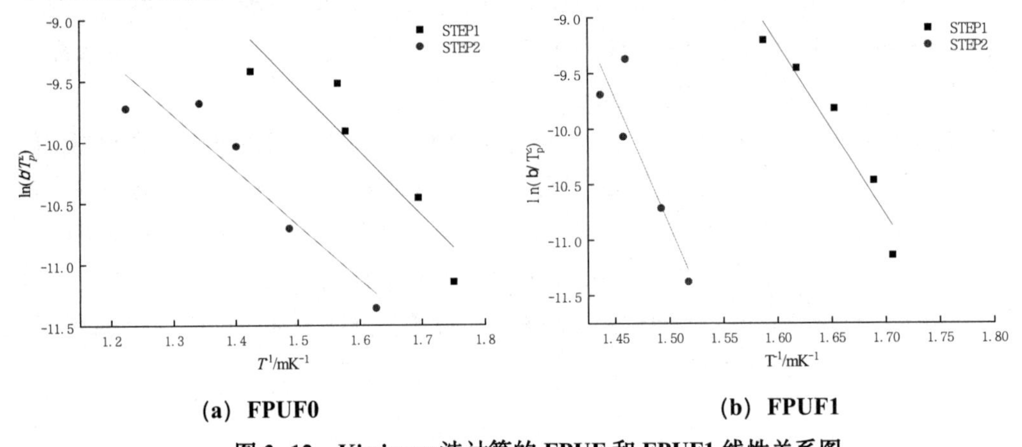

(a) FPUF0 **(b) FPUF1**

图 3-12 Kissinger 法计算的 FPUF 和 FPUF1 线性关系图

由 Kissinger 法分析所得出的相关热解动力学参数位于表 3-9。

表 3-9 用 Kissinger 法计算了 FPUF0 及其阻燃复合材料的 *E* 和 *R* 值

STEP	FPUF		FPUF+5%LPO_4	
	E/（kJ/mol）	*R*	*E*/（kJ/mol）	*R*
First	37.41	-0.95	128.04	-0.96
Second	43.23	-0.94	191.22	-0.91

用 Kissinger 法拟合相关系数大于 0.91，说明用该方法进行拟合具有一定的可靠性。第二阶段热解时活化能高于第一阶段，原因是第二阶段是泡沫材料的主要热解阶段，一些较强能量的化学键在该阶段发生断裂。添加了改性水滑石的软质聚氨酯泡沫的活化能高于纯聚氨酯泡沫，说明改性后 FPUF 热稳定性得到提高，可能是磷酸二氢根插层后的水滑石的加入促进了材料的成炭，隔绝了氧气和热量的传递，提升了材料的热稳定性。

通过比较 Coats-Redfern 法、Flynn-Wall-Ozawa 法与 Kissinger 法 3 种方法的拟合结果，发现计算所得活化能数值增大，材料不易热解，热稳定性得到提升。

3.3 软质聚氨酯泡沫复合材料阻燃性能研究

3.3.1 极限氧指数测试

极限氧指数测试用于测试材料极限氧指数数值，用于评估泡沫材料的阻燃效果。图3-13为插层前后水滑石添加量的变化对FPUF极限氧指数的影响。由图3-13，经测试，纯FPUF的LOI仅有17%，在添加了插层前后水滑石阻燃剂后，LOI均得到相应提升，并且相同添加量下，添加了插层后水滑石的FPUF的LOI要更高一些，说明磷酸根插层后的水滑石在一定程度上有效提升了FPUF的阻燃性能，这是因为水滑石层间含有结晶水，蒸发吸热降低温度，在燃烧过程中会分解出水蒸气与二氧化碳，稀释了可燃气体，插入层中的磷酸根会促进成炭反应，隔绝氧气并阻隔热量热传递，从而抑制燃烧进行。当插层改性水滑石添加量达到15%时，其LOI值为25.4%，但当添加量为20%时，LOI值仅提升了0.2%，即该阻燃剂添加量超过15%后，其LOI值趋于稳定，故改性后水滑石添加量为15%时对提升FPUF阻燃性能较为合适。

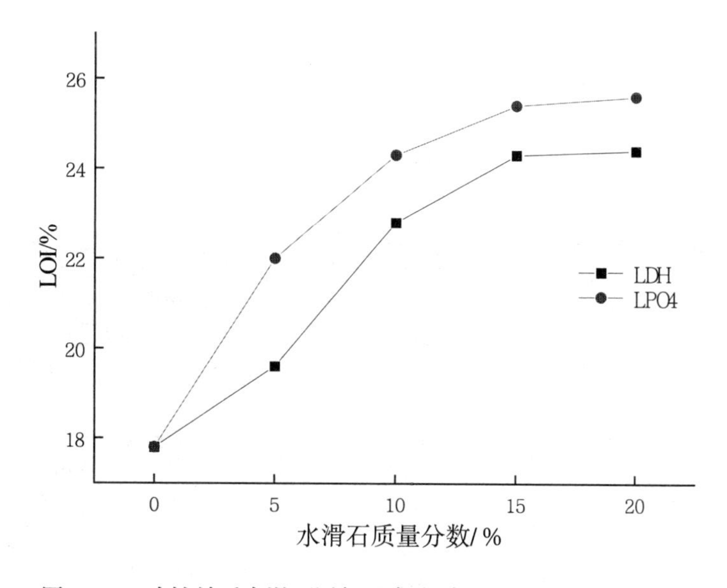

图3-13 改性前后水滑石添加量变化对FPUF极限氧指数的影响

3.3.2 锥形量热仪测试

对添加了改性前后LDH的FPUF分别在25 kW/m²、35 kW/m²、50 kW/m²辐射强度下进行了锥形量热仪测试，可以进一步证明改性后LDH对于提升FPUF阻燃性能的作用，同时对比在不同的辐射强度下，所产生的实验结果是否存在差异。共选取阻燃剂的添加量为5%、7.5%、10%、12.5%、15%的FPUF作为实验样品，将添加了改性前LDH

的泡沫样品分别命名为FPUF（1）、FPUF（2）、FPUF（3）、FPUF（4）、FPUF（5），将添加了改性后LDH的泡沫样品分别命名为FPUF1、FPUF2、FPUF3、FPUF4、FPUF5。泡沫材料试样和锥形测试过程如图3-14所示。

各试样在3种辐射强度下的热释放速率（HRR）和总释放热曲线（THR）如图3-15至图3-20所示，相关数据列于表3-10至表3-12。从图中可以看出，各试样在被点燃后，热释放速率迅速升高，这是由于软泡为开孔材料，与空气接触面积大，在较高温度下受到点火源点火时能够迅速被点燃，开始燃烧后材料内部进行热量相互传递，热量急剧升高，并在60 s左右达到峰值，此时泡沫充分燃烧。过了峰值之后，随着泡沫材料逐渐燃烧殆尽以及材料表面炭层的形成，热释放速率开始缓慢降低，最终趋近于平稳。对比相同阻燃剂添加量下改性前后FPUF的燃烧特性曲线，可以得到改性后FPUF普遍要比改性前FPUF的峰值热释放速率（PHRR）要低，同时THR也有不同程度降低，并且这个结论在三种辐射强度均保持一致。随着阻燃剂添加量增多，PHRR与THR值下降的越显著，以35 kW/m^{2}辐射强度下的实验结果为例，当改性后水滑石添加量为15%时，泡沫的PHRR值为35.3 kW/m^2，较纯FPUF低了74.9 kW/m^2，THR值也从纯FPUF的11.5降至1.9 MJ/m^2。这是磷酸二氢根插层LDH的加入促进成炭反应进行所导致的。这些研究结果表明，磷酸二氢根插层LDH可以显著抑制FPUF的燃烧，减缓火灾的蔓延，为火灾中遇难人员争取更多的求生时间。

（a）测试前试样

（b）锥形测试过程

图3-14　实验测试过程图

对比三种不同辐射强度下的数据可以得知，当热辐射强度为25 kW/m^{2}时，改性后FPUF的最大热释放速率值为37.2 kW/m^2，当热辐射强度为35 kW/m^{2}时，改性后FPUF

的热释放速率最大值为 35.7 kW/m²，在 50 kW/m² 辐射强度下，改性后 FPUF 的热释放速率最大值达到了 65.2 kW/m²。随着热辐射强度的增加，泡沫材料的 PHRR 值与 THR 值也随之增加。原因是辐射强度的增加，导致泡沫材料内部结构大分子链反应剧烈，燃烧速率增加且完全充分燃烧。以上研究结果表明，改性后 LDH 在 FPUF 中体现出良好的阻燃效果。

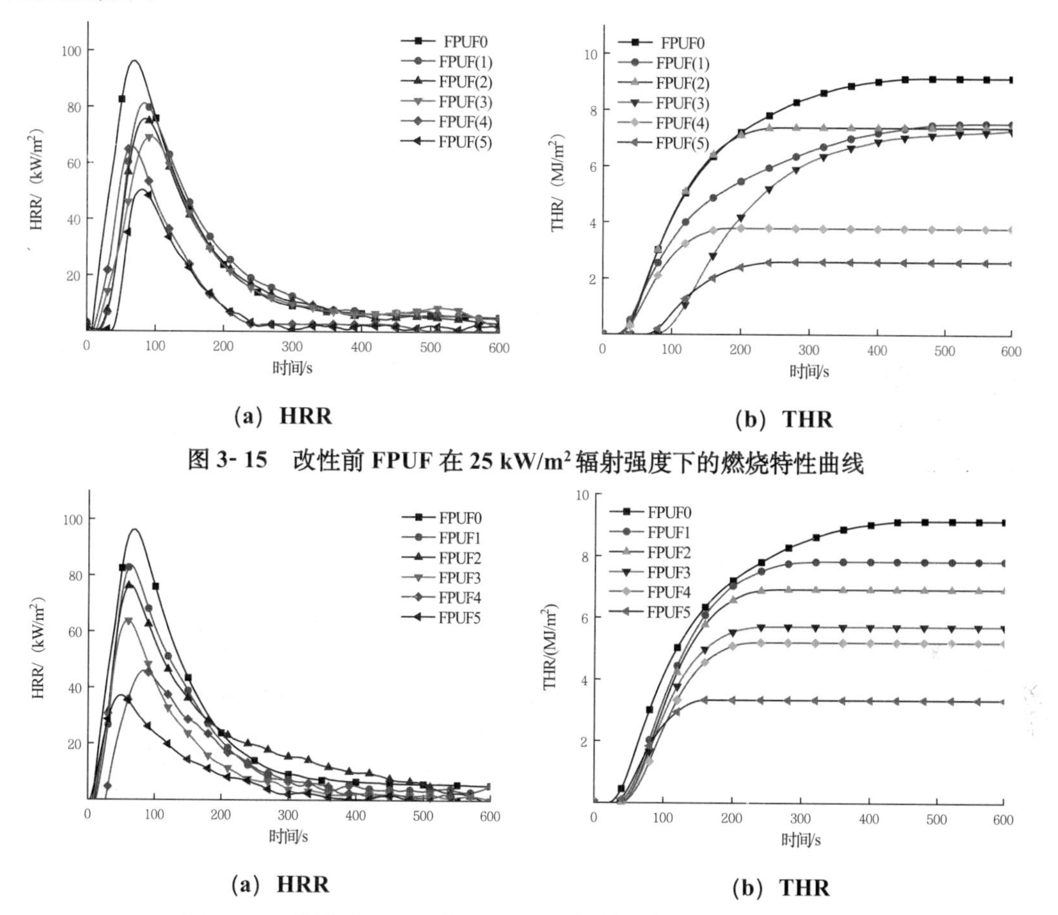

(a) HRR (b) THR

图 3-15 改性前 FPUF 在 25 kW/m² 辐射强度下的燃烧特性曲线

(a) HRR (b) THR

图 3-16 改性后 FPUF 在 25 kW/m² 辐射强度下的燃烧特性曲线

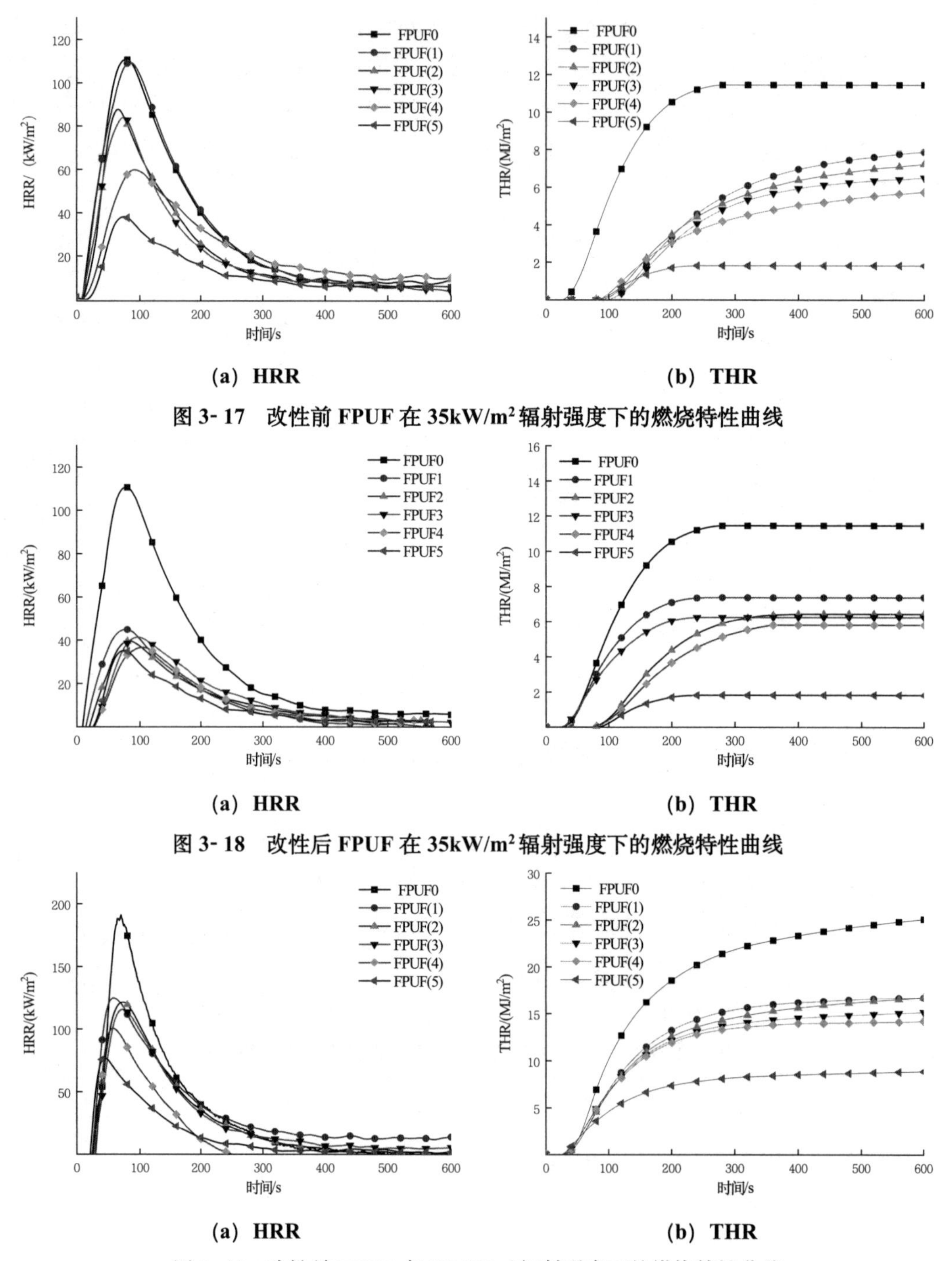

(a) HRR **(b) THR**

图 3-17 改性前 FPUF 在 35kW/m² 辐射强度下的燃烧特性曲线

(a) HRR **(b) THR**

图 3-18 改性后 FPUF 在 35kW/m² 辐射强度下的燃烧特性曲线

(a) HRR **(b) THR**

图 3-19 改性前 FPUF 在 50kW/m² 辐射强度下的燃烧特性曲线

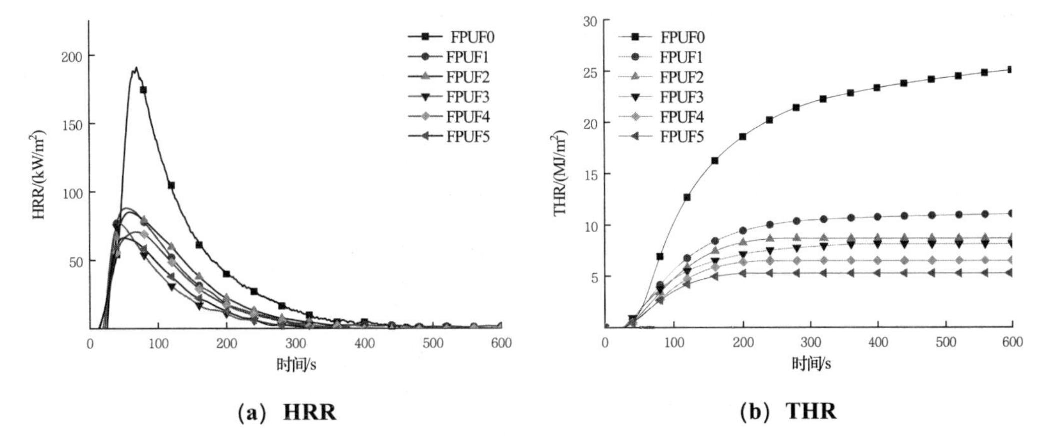

(a) HRR (b) THR

图 3-20 改性后 FPUF 在 50 kW/m² 辐射强度下的燃烧特性曲线

表 3-10 25 kW/m² 辐射强度下各试样部分燃烧参数

样品	点燃时间/s	PHRR/ (kW/m²)	THR/ (MJ/m²)
FPUF0	2	96.2	9.1
FPUF (1)	2	81.2	7.5
FPUF (2)	3	76.6	7.4
FPUF (3)	3	69.2	7.2
FPUF (4)	3	64.8	3.8
FPUF (5)	4	50.3	3.3
FPUF1	3	83.3	7.8
FPUF2	3	76.2	6.9
FPUF3	6	63.6	5.7
FPUF4	7	45.9	5.2
FPUF5	10	37.2	2.6

表 3-11 35 kW/m² 辐射强度下各试样部分燃烧参数

样品	点燃时间/s	PHRR/ (kW/m²)	THR/ (MJ/m²)
FPUF0	1	110.2	11.5
FPUF (1)	2	108.2	7.7
FPUF (2)	2	89.5	7.1
FPUF (3)	2	83.2	6.4
FPUF (4)	3	59.8	5.6
FPUF (5)	4	38.4	1.9
FPUF1	3	44.3	7.4

FPUF2	4	41.6	6.4
FPUF3	5	39.6	6.3
FPUF4	6	36.1	5.8
FPUF5	9	35.7	1.8

表 3- 12　50 kW/m² 辐射强度下各试样部分燃烧参数

样品	点燃时间/s	PHRR/（kW/m²）	THR/（MJ/m²）
FPUF0	1	189.2	24.8
FPUF（1）	2	124.2	16.6
FPUF（2）	2	120.6	16.3
FPUF（3）	3	114.2	14.9

续表 3- 12　50kW/m² 辐射强度下各试样部分燃烧参数

样品	点燃时间/s	PHRR/（kW/m²）	THR/（MJ/m²）
FPUF（4）	3	100.2	14.1
FPUF（5）	3	78.3	8.7
FPUF1	3	88.3	11.0
FPUF2	3	84.2	8.7
FPUF3	3	75.6	8.1
FPUF4	4	70.9	6.5
FPUF5	6	65.2	5.3

3.3.3　炭渣形貌

为更进一步研究插层改性后 LDH 在阻燃 FPUF 中起到的作用，同时从宏观和微观两个角度分析了 FPUF 在锥形测试后的残留。选取 35 kW/m² 辐射强度下锥形量热仪测试后残渣进行分析，残渣的照片如图 3- 21 所示，

(a) FPUF0　　(b) FPUF1　　(c) FPUF2

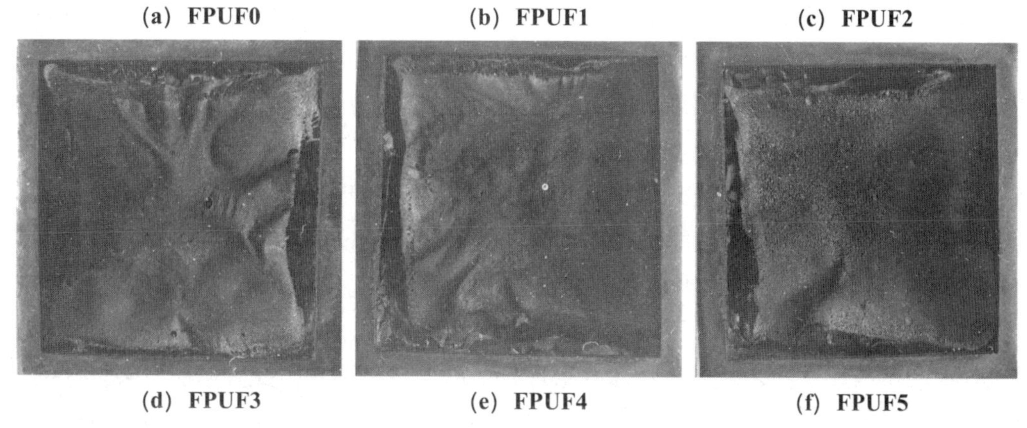

(d) FPUF3　　(e) FPUF4　　(f) FPUF5

图 3- 21　锥形测试后残炭宏观形貌

从图 3- 21（a）中可以看出，纯 FPUF 残渣上中间有很大一部分裂开，形成的残炭较少，成炭能力较差。图 3- 21（b）和图 3- 21（c）展示出 FPUF1 和 FPUF2 的残炭上也有少量裂纹。而 FPUF4 与 FPUF5 的残炭量要高于其他测试样品，且表面无裂缝，比较致密，与前面做的热重分析结果相吻合。这样结果表明，插层改性后 LDH 能够有效增加 FPUF 复合材料的残炭量，提高 FPUF 复合材料的成炭能力，进而形成致密的保护层，起到良好抑制材料燃烧的作用。

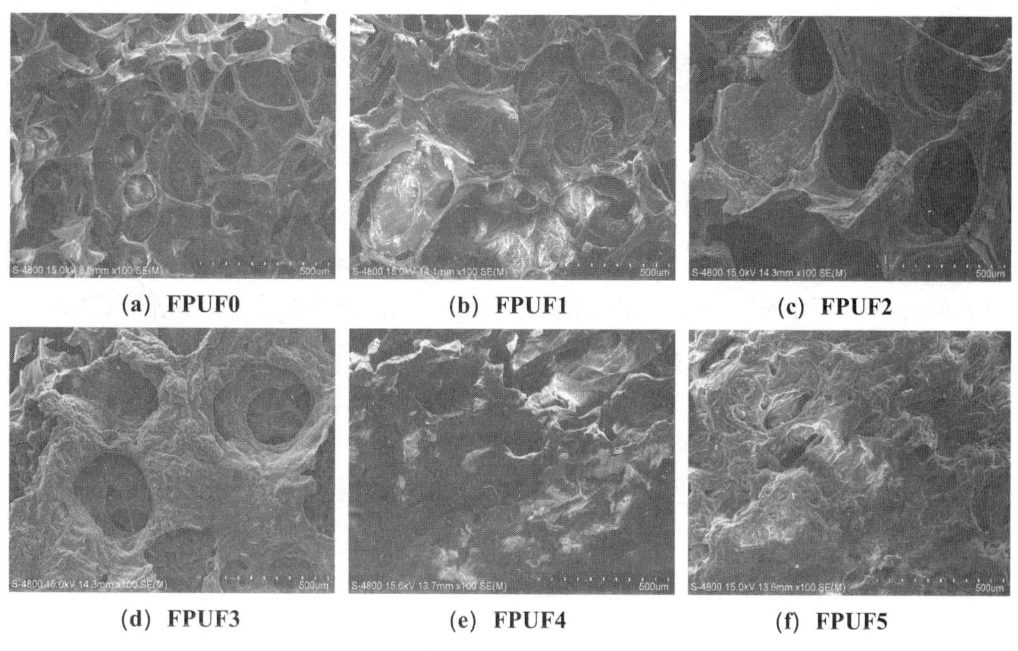

(a) FPUF0　　(b) FPUF1　　(c) FPUF2

(d) FPUF3　　(e) FPUF4　　(f) FPUF5

图 3- 22　锥形测试后残炭的 SEM 图片

锥形测试后残炭的SEM图片如图3-22所示。对比图3-22中6个图像，可以发现纯FPUF与添加了改性后LDH的FPUF炭渣的微观形貌存在显著的差别。FPUF0和FPUF1样品炭层上均有多个孔洞，且结构十分疏松，在燃烧过程中，炭层表面的孔洞会导致由热分解产生的可燃性挥发物的持续释放，这样的炭层根本不能避免泡沫材料受到外部火焰烧灼。这表明纯FPUF和加入少量阻燃剂的FPUF不能形成致密的炭层结构。虽然FPUF2与FPUF3炭层表面仍存在空洞，但空洞数量较小且炭层结构相对致密和坚固，FPUF4与FPUF5试样均形成致密的炭层，尤其是改性LDH添加量15%的FPUF5，其炭层结构均匀致密且坚固，原因是层间的磷酸二氢根以水和磷酸的形式释放出，磷酸受热脱水产生焦磷酸，之后进一步脱水形成偏磷酸与聚磷酸。由此，形成不会发磷酸层覆盖于泡沫材料，进而达到阻隔空气和热量传递的目的。除此之外，聚磷酸是较强的脱水剂，与聚氨酯泡沫发生脱水反应，使聚合物炭化，促进单质炭的形成。这些现象表明，磷酸二氢根插层改性后的LDH有助于FPUF燃烧过程中致密炭层的形成，说明磷酸二氢根插层改性后的LDH在FPUF燃烧过程中起到出色的凝聚相阻燃效果。

3.4 软质聚氨酯泡沫复合材料发烟特性

本节主要分析FPUF材料发烟特性。FPUF属于高分子聚合物，同时在制备FPUF过程中，需要加入一些小分子助剂，所以在燃烧过程中会出现不完全燃烧的情况，在产生大量热量的同时，还会释放出较多有毒有害气体，例如二氧化碳、一氧化碳和氮氧化合物等，这些烟气的产生容易导致受困人员中毒窒息死亡，材料燃烧烟气浓度越大导致，因此对于泡沫材料热分解和燃烧过程中烟气释放的研究显得尤为重要。本次实验研究采用锥形量热仪、烟密度箱、烟毒性测试箱和烟气分析仪研究FPUF发烟浓度、烟气成分及毒性。

3.4.1 释烟速率和烟气释放总量

释烟速率（RSR）与烟气释放总量（TSR）可以说明试样材料热解以及燃烧过程烟气释放量的多少。图3-23与图3-24分别为25kW/m^{2}辐射强度下，改性前后LDH不同添加量FPUF烟气释放速率曲线，由于各试样烟气生成速率在100 s之后逐渐降低为0，所以在作图时仅选取0~100 s的数据，同时也是为了能够更清晰的对比出不同试样之间烟气生成速率峰值之间的差别。图3-25与图3-26分别为25 kW/m^{2}辐射强度下，改性前后LDH不同添加量FPUF烟气释放总量曲线，相关数据列于表3-13中。

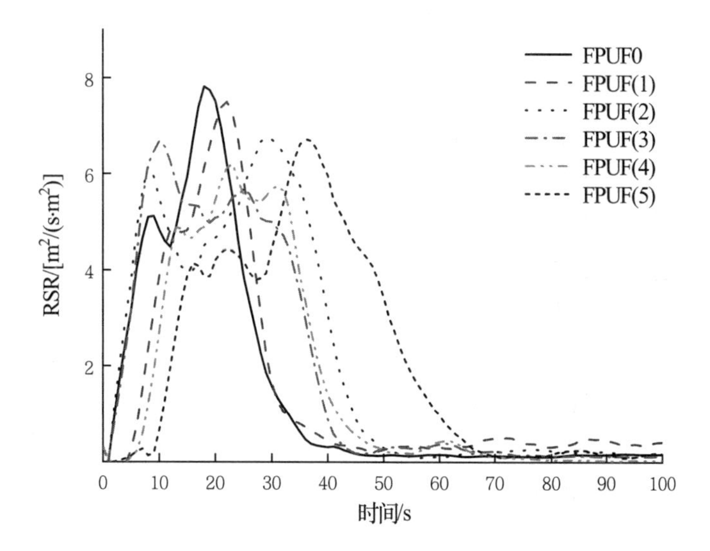

图 3-23　改性前 LDH 泡沫试样的烟气释放速率

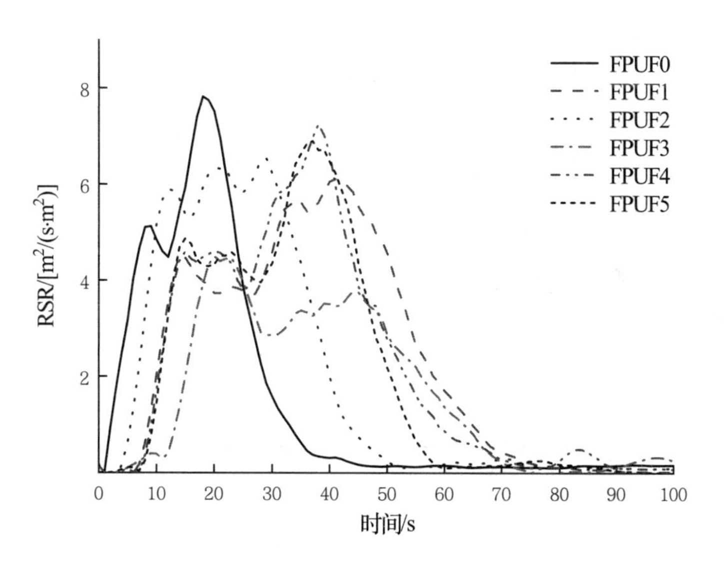

图 3-24　改性后 LDH 泡沫试样的烟气释放速率

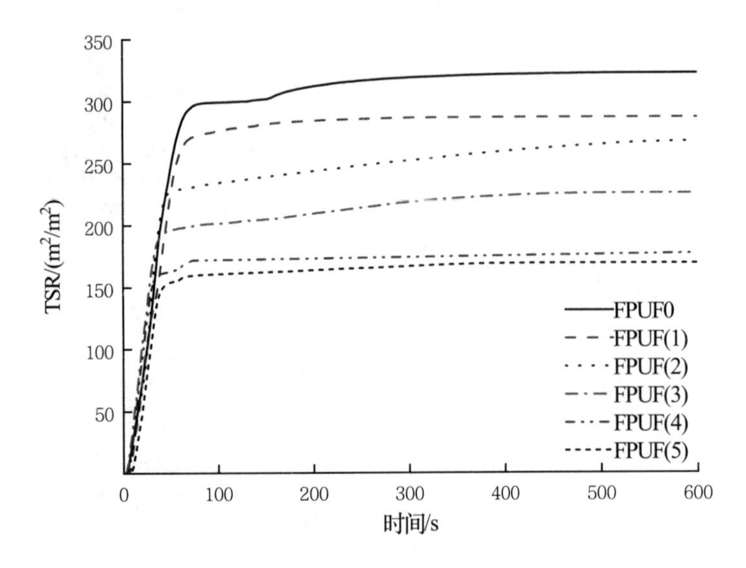

图 3-25　改性前 LDH 泡沫试样的烟气释放总量

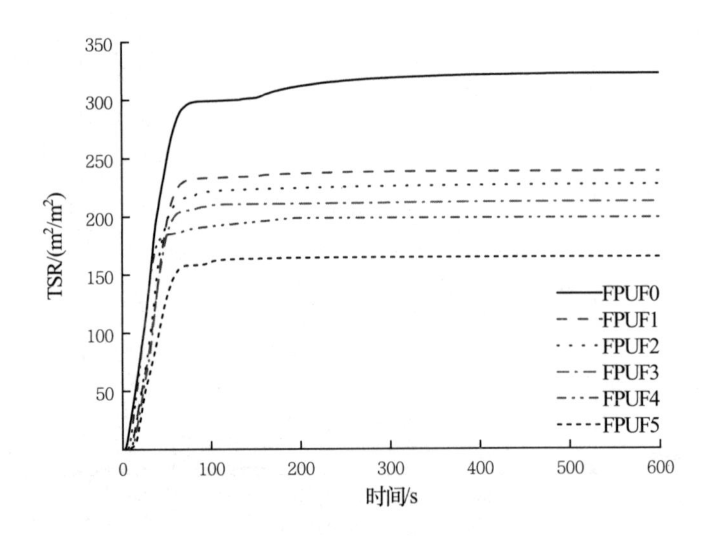

图 3-26　改性后 LDH 泡沫试样的烟气释放总量

表 3-13　各试样发烟特性相关数据

样品	释烟速率最大值/ [m^2/（$s \cdot m^2$）]	到达释烟速率最大值/s	烟气释放总量/ (m^2/m^2)
FPUF0	7.8	18	322.2
FPUF（1）	7.5	22	286.8
FPUF（2）	6.8	29	267.6
FPUF（3）	6.7	11	225.5

FPUF（4）	6.2	22	176.3
FPUF（5）	6.6	36	169.1
FPUF1	7.7	19	238.4
FPUF2	5.9	41	227.0
FPUF3	4.5	21	212.4
FPUF4	7.2	38	198.7
FPUF5	6.8	36	164.5

从图 3-23 与图 3-24 中可以看出，泡沫试样从刚开始热解时，烟气就得到迅速释放，释放速率持续升高，纯 FPUF 大约在 9 s 达到第一个烟气释放速率峰值，试样在开始燃烧后，热解生成可燃气体进行燃烧反应，但燃烧过程仍持续释放烟气，在 18 s 左右达到第二个烟气释放速率峰值。而 15%改性 LDH 添加量的 FPUF 试样到达第一个烟气释放速率峰值的时间延后了将近 20 s，并且烟气释放速率峰值也有所降低，在 36 s 左右达到第二个峰值。但是 15%改性 LDH 添加量的 FPUF 试样存在第三个峰值，原因是燃烧反应受到抑制作用时，火焰临近熄灭时，产生了更多的烟气粒子。对比改性前后 LDH 对于 FPUF 材料的是烟速率，可以发现两者并没有较大差异，证明用磷酸二氢根插层改性 LDH 对于降低烟气释放速率并没有明显的提升作用，LDH 本身就有一定的抑烟功能。对比图 3-25 与图 3-26，并结合表 3-13 中数据，可以看出各个试样的总的烟释放量趋势相同，都是仅有一个烟气释放阶段，达到一定时间后烟气总量不再变化。随着阻燃剂添加量的增加，烟气释放总量也随之减少。同时，相同阻燃剂添加量的情况下，添加了改性 LDH 的 FPUF 所产生的烟气释放总量均少于添加了 LDH 的 FPUF，表明磷酸二氢根插层的 LDH 一定程度减少了材料的烟气释放总量。

3.4.2　一氧化碳生成速率

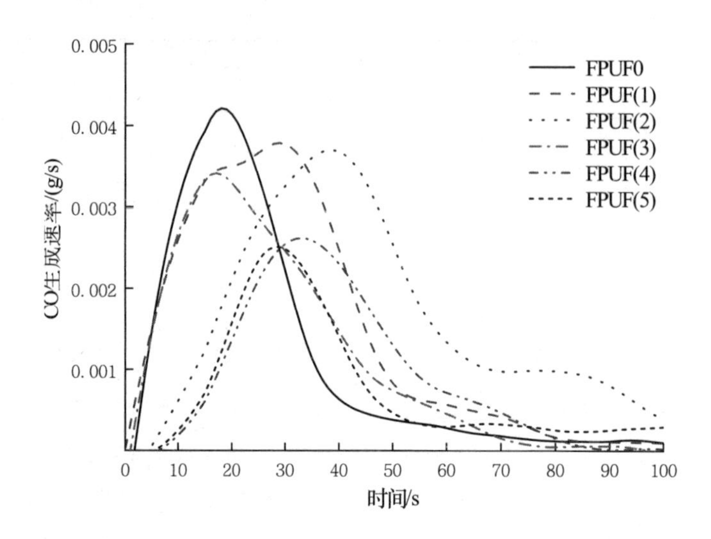

图 3-27　25 kW/m² 下改性前各泡沫试样 CO 生成速率

高分子材料在较高辐射强度持续作用下，经热分解产生烟气粒子和挥发性的可燃气体。由于材料的不完全燃烧会导致 CO 的生成，而在火灾事故中 CO 中毒是致人死亡的重要因素，所以减少有毒烟气中 CO 含量或降低 CO 生成速率能为火灾救援争取更多的时间。

图 3-27 和图 3-28 分别表示了 25kW/m² 辐射强度下改性前后各泡沫试样 CO 生成速率曲线，CO 属于有毒气体，其产生速率同样也是表征泡沫材料燃烧危险性的参数，从图中可以看出，各泡沫试样经锥形量热仪测试后得出的曲线趋势大概一致，均是 CO 生成速率快速升高，在到达峰值后，开始快速降低，之后逐步趋近于零。但是，添加了阻燃剂的 FPUF 到达峰值的时间要比纯 FPUF 晚，即阻燃剂的添加延迟了 CO 生成速率达到峰值的时间，峰值大小也有所降低。由于材料受到高温作用，材料发生热解，产生大量 CO，随着燃烧反应的进行，阻燃剂开始发挥气相阻燃作用，产生了不燃、难燃气体，抑制了 CO 气体的产生，故 CO 生成速率发生了急剧下降。随后，阻燃剂发挥凝聚相阻燃作用，所产生的炭层将试样覆盖阻碍了 CO 的产生，火焰趋于熄灭。由此可以说明，改性 FPUF 样品在开始燃烧后的一系列过程中可以一定程度上由自身抑制 CO 生成，从而可以减少因火灾产生的毒气对人员造成的伤亡。

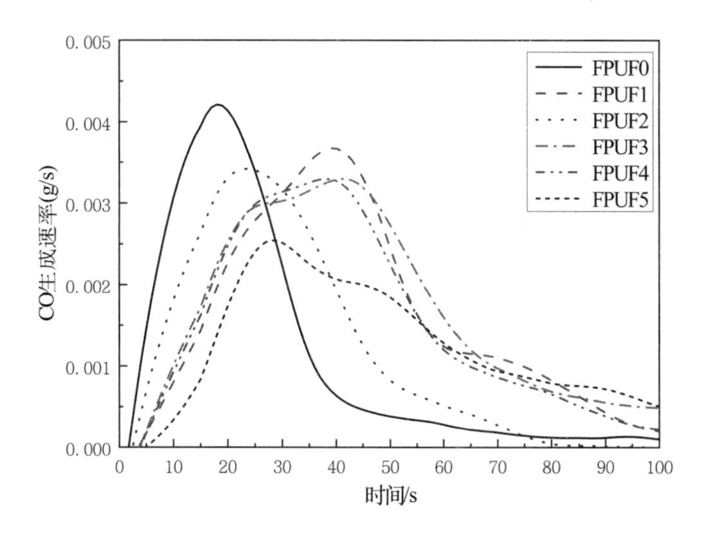

图 3-28　25 kW/m² 下改性后各泡沫试样 CO 生成速率

3.4.3　发烟指数与毒性气体生成速率指数

高分子材料在火灾发展过程中，首先受到高温影响，材料表面开始热解，随后热解产物发生燃烧反应，烟气粒了与毒性气体来自材料初期热解以及材料的不充分燃烧，根据火灾事故后调查，CO 是火灾事故中致死率最高的毒性气体之一，所以对于 CO 的生成速率以及生成量的研究是十分必要的。为了更直观表现出发烟危害的严重程度，通常采用发烟指数和毒性气体的生成速率指数来表征。发烟指数、毒性气体生成速率指数越大，表明燃烧过程中，烟气释放速率较快、毒性较强，火场中遇难人员生存概率越小。

一般来讲，发烟指数是指材料试验时前 6 分钟内总的发烟量，发烟指数（$TSPI_{6min}$）的见表达式（3-12）：

$$TSPI_{6min} = log\ (SEA \times MLR \times 36) \tag{3-12}$$

式中：*SEA*- 比消光面积；*MLR*- 质量损失速率。

由于锥形量热仪试验中测出的有毒气体仅有 CO 一种，因此烟气中毒性气体生成速率指数用 CO 产率与质量损失速率乘积的对数值代替。计算见公式（3-13）：

$$T_{ox}PI_{6min} = log\ (CO_{yield} \times MLR \times 10^3) \tag{3-13}$$

式中：CO_{yield}- CO 的平均生成速率。

25 kW/m² 下各泡沫试样的发烟指数以及毒性气体生成速率指数如表 3-14 所示。由表中数据可知，改性 LDH 软质聚氨酯泡沫的发烟指数较改性前聚氨酯泡沫小，且随着阻燃剂添加量增多，发烟指数减小，但是毒性气体生成指数并没有随着阻燃剂添加量增加而明显增加，说明改性 LDH 的添加能够抑制聚氨酯泡沫烟气产生，但是并不能有效减少 CO 的生成量，这也是由于阻燃剂在发挥阻燃作用的同时，导致了泡沫材料的不完全燃烧现象的产生，从而生成更多的 CO。

表 3-14　25 kW/m² 下各泡沫试样的发烟指数以及毒性气体生成速率指数

样品	$I_{TSP,6min}$	$I_{P,6min}$
FPUF0	3.036	0.465
FPUF（1）	2.960	0.241
FPUF（2）	2.750	0.409
FPUF（3）	2.662	0.309
FPUF（4）	2.625	0.311
FPUF（5）	2.511	0.506
FPUF1	2.379	0.534
FPUF2	2.077	0.281
FPUF3	1.844	0.430
FPUF4	1.630	0.616
FPUF5	1.600	0.416

3.4.4　比光密度（D_s）、透光率（T）

锥形量热仪测试是用于表明目标试样的动态发烟特性，而烟密度箱测试能测试其静态发烟特性，并且烟密度箱测试可分为无焰与有焰两种情况进行测试。

图 3-29 为纯 FPUF 在无焰测试条件下的透光率与烟密度曲线，图 3-30 至图 3-34 分别为 5.0%、7.5%、10.0%、12.5%、15.0%改性前后水滑石添加量的软质聚氨酯泡沫在无焰测试条件下的透光率与烟密度曲线。相关烟密度参数列于表 3-15。根据图中曲线并结合表 3-15 可知，添加未改性水滑石的 FPUF 烟密度增加迅速，直至 250 s 烟密度增加缓慢，曲线趋于平缓，最大烟密度分别为 605.92、406.35、661.85、473.32 和 470.44，并且最终透光率趋近于零。当添加改性水滑石后，烟密度下降十分明显（39.23、40.05、41.22、38.21 和 42.05）。对比添加了改性前后水滑石的软质聚氨酯泡沫材料，改性后的 FPUF 到达最大烟密度的时间均迟于改性前的 FPUF，这表明在无焰条件下，改性后水滑石在一定程度上抑制了火焰的燃烧，火灾危险性小，并且对于 FPUF 烟气的抑制效果要优于改性前。当水滑石阻燃剂添加到软质聚氨酯泡沫中时，降低烟密度最大值的原因主要有两个方面，一方面水滑石的分解产物氧化镁、氧化铝覆盖在材料表面，促使致密炭层的形成，起到抑制烟气扩散的效果；另一方面，由 LDHs 层状结构具有较高的比表面积，能够吸附泡沫材料燃烧过程生成的烟。

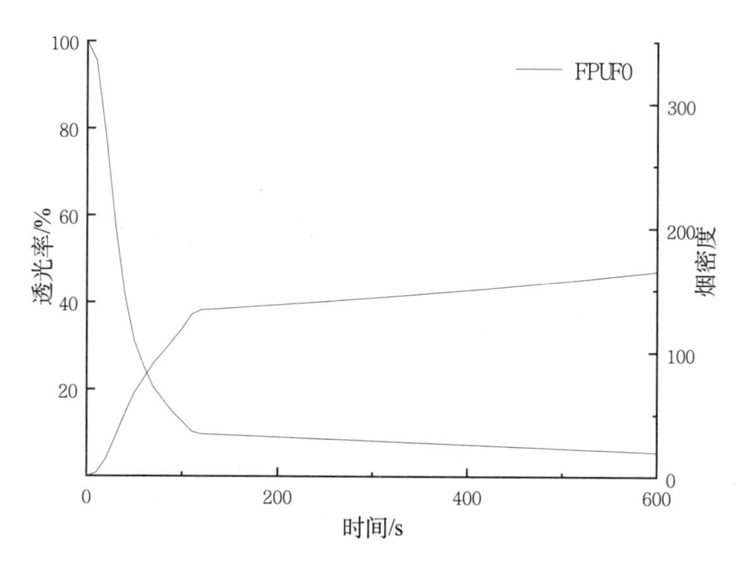

图 3-29　纯 FPUF 在无焰测试条件下的透光率与烟密度曲线

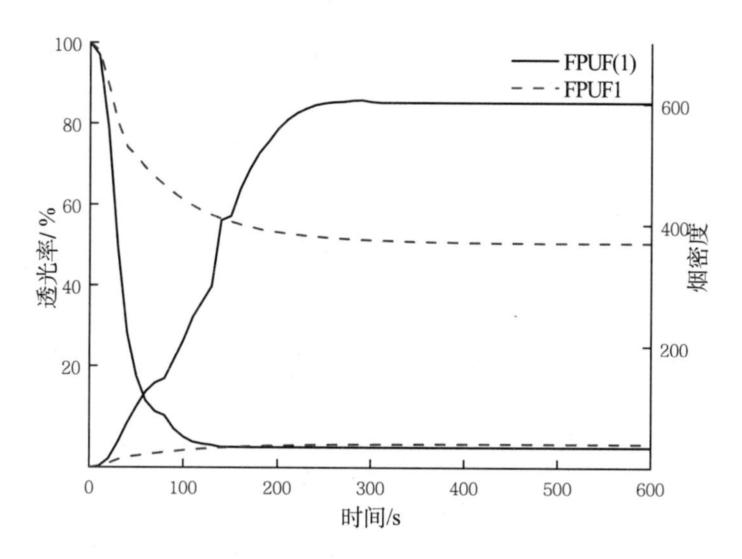

图 3-30　FPUF（1）与 FPUF1 在无焰测试条件下的透光率与烟密度曲线

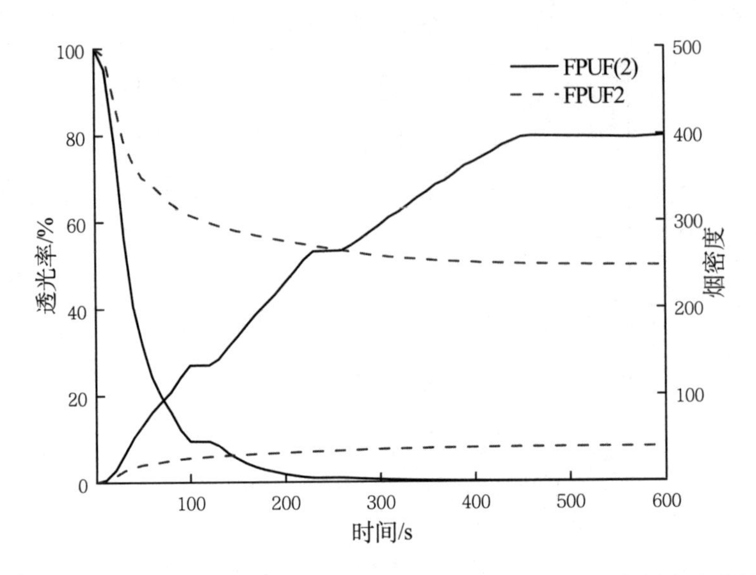

图 3-31　FPUF（2）与 FPUF2 在无焰测试条件下的透光率与烟密度曲线

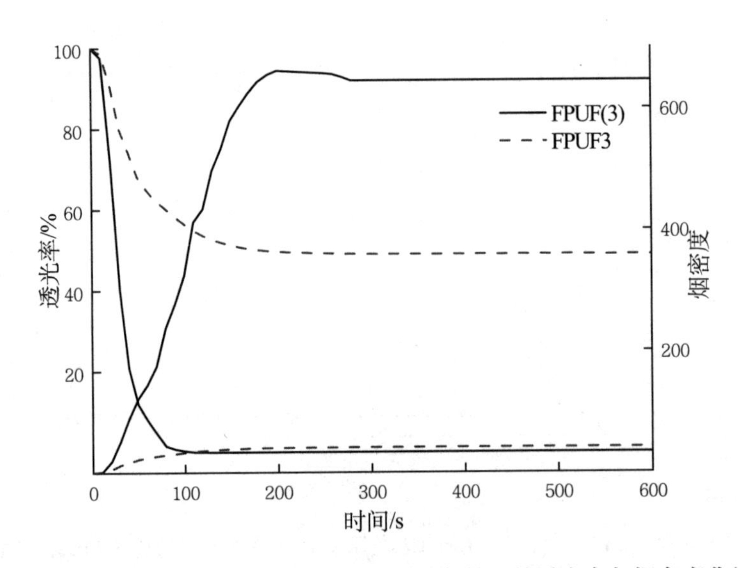

图 3-32　FPUF（3）与 FPUF3 在无焰测试条件下的透光率与烟密度曲线

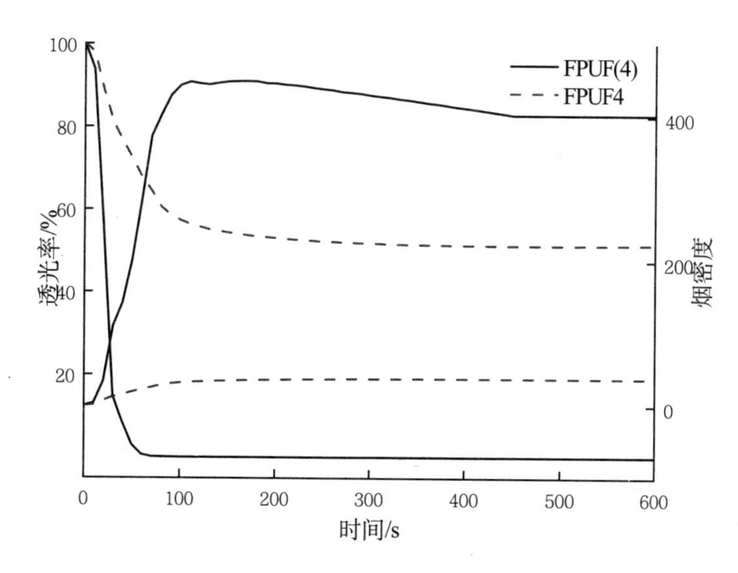

图 3-33 FPUF (4) 与 FPUF4 在无焰测试条件下的透光率与烟密度曲线

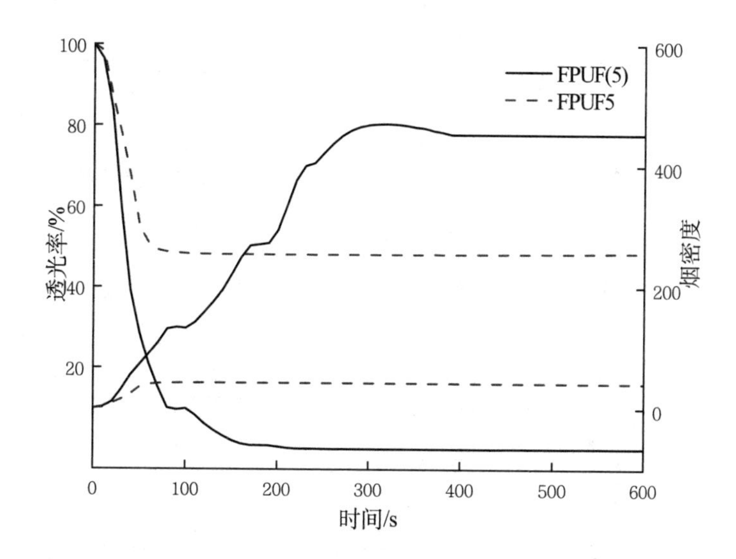

图 3-34 FPUF (5) 与 FPUF5 在无焰测试条件下的透光率与烟密度曲线

表 3-15　无焰条件下各试样烟密度测试参数

样品	最大烟密度	到最大烟密度时间/s	质量损失率/%
FPUF0	164.49	593	65.8
FPUF（1）	605.92	277	85.1
FPUF（2）	406.35	188	67.8
FPUF（3）	661.85	196	74.1
FPUF（4）	473.32	131	70.7
FPUF（5）	470.44	317	77.8
FPUF1	39.23	476	72.6
FPUF2	40.05	593	81.0
FPUF3	41.22	550	85.9
FPUF4	38.21	469	66.0
FPUF5	42.05	367	77.3

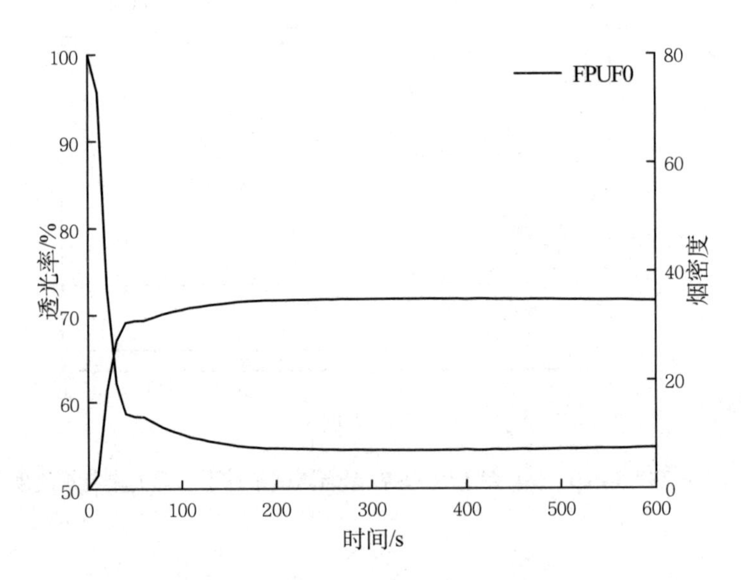

图 3-35　纯 FPUF 在有焰测试条件下的透光率与烟密度曲线

图 3.35 为纯 FPUF 在有焰条件下的透光率与烟密度曲线，图 3.36~3.40 分别为 5.0%、7.5%、10.0%、12.5%、15.0%改性前后水滑石添加量的软质聚氨酯泡沫在有焰测试条件下的透光率与烟密度曲线。结合图 3-35 至 3-40 与表 3-16 可知，在有焰条件下，改性前后的软质聚氨酯泡沫烟密度最大值相差不大，但改性前泡沫的最大烟密度稍高一些。

有焰条件下，泡沫试样接触火焰就开始燃烧同时释放烟气。在 10 ~60 s，烟密度增加比较迅速，在过了 60 s 后烟密度变化趋于平稳，最终达到峰值。纯 FPUF 的烟密度最大值为 34.96，而改性前与改性后 FPUF 的烟密度最大值分别为 35.87、37.56，烟密度最大值并没有随着阻燃剂的加入而降低，反而略有增加。这表明，阻燃剂在泡沫材料燃烧过程中发生了阻燃作用，抑制了燃烧，导致了泡沫材料的不完全燃烧，同时增大了烟密度。

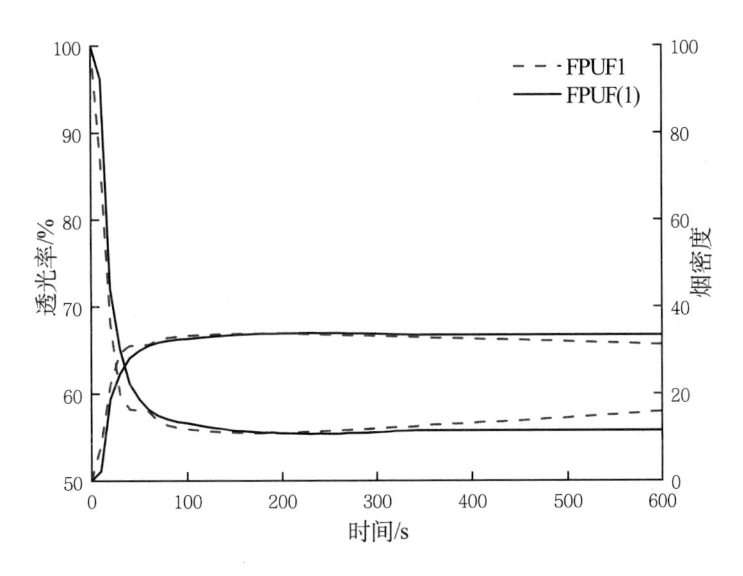

图 3- 36　FPUF（1）与 FPUF1 在有焰测试条件下的透光率与烟密度曲线

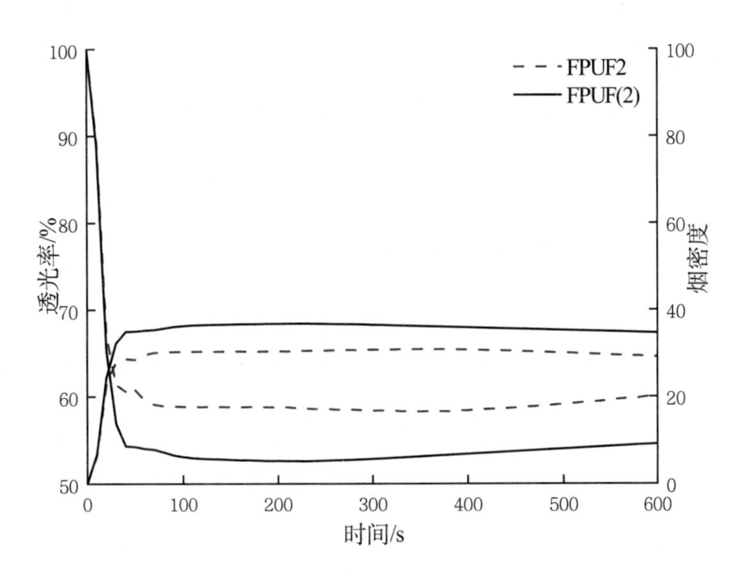

图 3- 37　FPUF（2）与 FPUF2 在有焰测试条件下的透光率与烟密度曲线

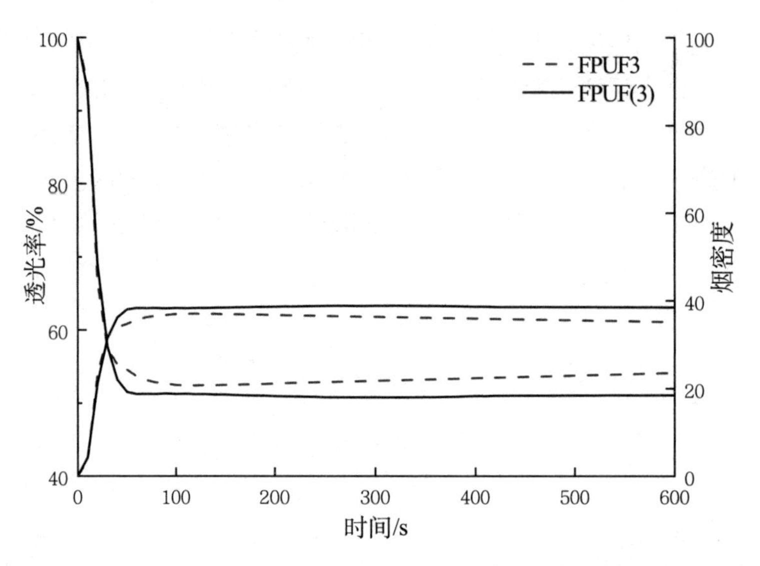

图 3-38　FPUF（3）与 FPUF3 在有焰测试条件下的透光率与烟密度曲线

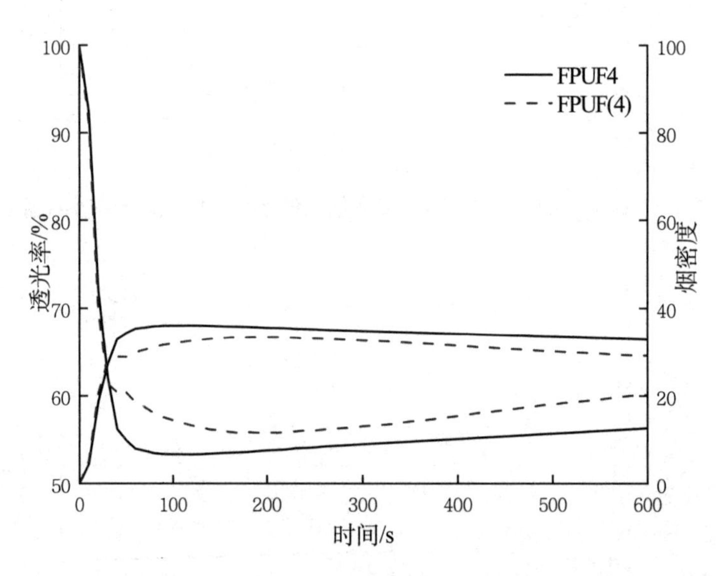

图 3-39　FPUF（4）与 FPUF4 在有焰测试条件下的透光率与烟密度曲线

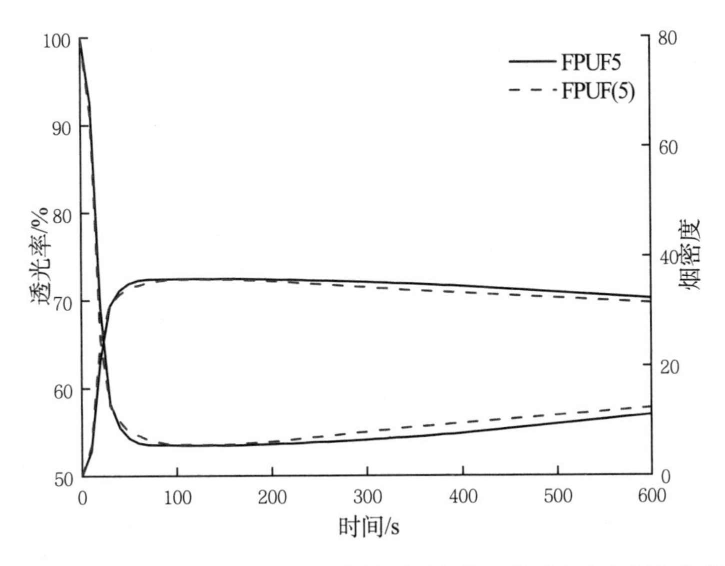

图 3-40　FPUF（5）与 FPUF5 在有焰测试条件下的透光率与烟密度曲线

表 3-16　有焰条件下各试样烟密度测试参数

样品	最大烟密度	达到最大烟密度时间/s	质量损失率/%
FPUF0	34.96	397	84.7
FPUF（1）	33.92	165	77.5
FPUF（2）	36.88	368	75.2
FPUF（3）	38.86	119	75.0
FPUF（4）	36.09	105	77.1
FPUF（5）	37.56	132	71.1
FPUF1	33.83	236	87.2
FPUF2	35.84	233	76.0
FPUF3	37.04	324	73.5
FPUF4	33.46	179	72.1
FPUF5	35.87	136	68.2

3.4.5　烟气成分及浓度分析

本文利用烟毒性测试箱以及烟气分析仪，测试了 FPUF 在燃烧过程中释放出烟气的成分，以及在充分燃烧时间范围内各类烟气浓度的最大值，以此来衡量由软质聚氨酯泡沫引发的火灾事故中产生的烟气对人们造成的危险性大小。表 3-17 表示各泡沫试样燃烧过程中的气体的种类以及气体质量浓度最大值。

表 3-17　各泡沫试样燃烧过程中各种气体的浓度最大值

样品	CO /（mg/m³）	NO /（mg/m³）	NO_2 /（mg/m³）	NO_x/（mg/m³）
FPUF0	51.3	14.7	0.4	23.0
FPUF（1）	32.5	13.4	0.4	20.9
FPUF1	38.8	13.4	0.4	20.9
FPUF（2）	31.3	14.7	0.6	23.2
FPUF2	31.3	12.1	0.6	19.1
FPUF（3）	35.0	12.1	0.4	18.9
FPUF3	21.3	13.4	0.4	20.9
FPUF（4）	32.5	13.4	0.6	21.1
FPUF4	22.5	13.4	0.4	20.9
FPUF（5）	27.5	8.0	0.6	20.9
FPUF5	23.8	13.4	0.2	12.5

通过测试得出的数据，可以得知 FPUF 在燃烧过程中产生的有毒有害气体包括 CO、NO、NO_2和 NO_x。由表 3-17 中数据可以得出，空白泡沫试样的 CO 浓度最大值最高，为 51.3 mg/m³，在添加了水滑石阻燃剂后，CO 浓度最大值减小，表明水滑石阻燃剂的添加抑制了 CO 的产生。当改性后水滑石阻燃剂添加量为 10%时，CO 浓度最大值降到最低。添加水滑石阻燃剂前后的各泡沫试样生成的 NO 浓度最大值相差并不明显，说明水滑石阻燃剂的添加并不会影响泡沫燃烧过程中 NO 浓度的变化。FPUF 试样燃烧过程中产生的 NO_2、NO_x 质量浓度最大值分别为 0.4 mg/m³、23 mg/m³，只有当改性后水滑石阻燃剂添加量达到 15.0%时，NO_2 质量浓度最大值降为 0.2 mg/m³，NO_x 质量浓度最大值降为 12.5 mg/m³，而其他阻燃剂添加量下的泡沫试样两种气体浓度最大值变化不大。最终，可以得出改性后水滑石对 CO 抑制的效果比较显著，同时也对氮氧混合物有一定的抑制作用。

3.5　结论

采用磷酸二氢根插层改性后的水滑石作为一种环保无污染型无机阻燃剂，对比研究改性前后水滑石对软质聚氨酯泡沫在热稳定性能、阻燃性能和抑烟性能方面的影响，获得一种较优的阻燃剂添加量，在保证有较好阻燃效果的同时不会对材料本身造成过多影响。最终研究结论如下：

（1）通过对改性前与改性后的水滑石进行 XRD 表征，证明磷酸二氢根成功插入碳酸根型水滑石层间。此外，在 5 ℃/min、10 ℃/min、20 ℃/min、30 ℃/min 和 40 ℃/min 这 5 种不同的升温速率下对泡沫材料进行热重试验，并运用 3 种方法进行热解动力学分析。结果表明，当阻燃剂添加量为 15%时，泡沫材料 $T_{5\%}$升高了 25℃，残炭量增加了 9%。随着升温速率的增加，整个热解反应向高温区移动，最大失重率也升高。通过比较 Coats-Redfern 积分法、Flynn-Wall-Ozawa 法与 Kissinger 法这 3 种方法的拟合结果，发现计算得出活化能结果基本一致，活化能增大，材料不易热解，磷酸二氢根插层 LDH 对 FPUF 的热稳定性有显著改善。

（2）通过 LOI 测试，发现空白试样的 LOI 仅有 17 .0%，当改性后水滑石添加量达到 15%时，其 LOI 提升到 25.4%。当热辐射强度为 35 kW/m^{2}时，空白试样的 PHRR 为 110.2 kW/m^2，但是当改性后水滑石添加量为 15%时，试样的 PHRR 降低至 35.7 kW/m^2，THR 由 11.5 MJ/m^{2}降低到 1.8 MJ/m^2，得出改性后水滑石添加量为 15%时最为合适。磷酸二氢根插层后的水滑石在一定程度上有效提升了 FPUF 的阻燃性能，这是因为水滑石层间含有结晶水，蒸发吸热降低温度，在燃烧过程中会分解出水蒸气与二氧化碳，稀释了可燃气体，插入层中的磷元素会促进成炭反应进行，有助于 FPUF 燃烧过程中致密炭层的形成，隔绝空气并阻隔热量热传递，从而抑制燃烧反应进行。说明磷酸二氢根插层改性后的水滑石在软质聚氨酯泡沫燃烧过程中起到出色的凝聚相阻燃效果。并且通过对比不同阻燃剂添加量对泡沫的影响，可以得知改性后 LDH 添加量为 15%时对提升其阻燃性能最为合适。

(3) 软质聚氨酯泡沫在燃烧过程中产生的有毒有害气体包括 CO、NO、NO_2和 NO_x。经测试，改性后试样燃烧后烟气释放总量降低了 157.7 m^2/m^2，CO 质量浓度最大值由 51.3 mg/m^{3}降低至 23.8 mg/m^3，NO_x质量浓度最大值由 23.0 mg/m^{3}降至 12.5 mg/m^3。降低烟密度的原因主要有两个方面，一方面水滑石的分解产物氧化镁、氧化铝等固体不燃物覆盖在材料表面，促使致密炭层的形成，起到抑制烟气扩散的效果；另一方面，由 LDH 层状结构具有较高的比表面积，能够吸附泡沫材料燃烧过程生成的烟气。

综上所述，磷酸二氢根插层水滑石相比于改性前水滑石对于 FPUF 有更佳的阻燃效果，提升了 FPUF 的热稳定性，在火灾中能够减缓火势的蔓延，抑制了大量烟气的产生。目前的试验结果可以为后续聚氨酯泡沫绿色阻燃改性研究提供指导。

参考文献

[1] 朱玉刚.基于类水滑石的环境友好阻燃剂的研究与应用[D].苏州,苏州科技学院,2012.

[2] ZHANG X, LI S, WANG Z, et al. Study on thermal stability of typical carbon fiber epoxy composites after airworthiness fire protection test. Fire and Materials .2020,44（2）:202-210.

[3] HU S Q, YOU F. The effects of oxygen contents and heating rates on characteristics of pyrolysis prior to smoldering of flexible PU foam [J]. Procedia Engineering, 2013, 52（2）:145-151.

[4] RAO W H, XU H X, XU Y J, et al. Persistently flame-retardant flexible PU foams by a novel

phosphorus-containing polyol [J]. Chemical Engineering, 2018, 343（7）:198-206.
[5] MOHAMMADI A, BARIKANI M, SAFAEI A H, et al. Aqueous dispersion of PU nanocomposites based on calix[4] arenas modified graphene oxide nanosheets: preparation, characterization, and anti-corrosion properties [J]. Chemical Engineering. 2018, 349（10）:466-480.
[6] KOTAL M, KUILA T, SRIVASTAVA SK, et al. Synthesis and characterization of PU/Mg-Al layered double hydroxide nanocomposites [J]. Journal of Applied Polymer Science, 2009, 114（1）:2691-2699.
[7] MENG X L, Huang Y D, Yu H, et al. Thermal degradation kinetics of polyimide containing 2,6-benzobisoxazole units [J]. Polymer Degradation and Stability, 2007, 92（6）:962-967.
[8] WANG H, WANG Q S, HE J J, et al. Study on the pyrolytic behaviors and kinetics of rigid PU foams [J]. Procedia Engineering, 2013, 52（2）:377-385.
[9] ZHANG X, LI S, WANG Z, et al. Thermal stability of flexible polyurethane foams containing modified layered double hydroxides and zinc borate[J]. International Journal of Polymer Analysis and Characterization, 2020, 25（7）:499-516.
[10] VYAZOVKIN S, CHRISSAFIS K, et al. ICTAC Kinetics Committee recommendations for collecting experimental thermal analysis data for kinetic computations [J]. Thermochimica Acta, 2014, 590:1-23.
[11] KONG K., CHEEDARALA R K, KIM M, et al. Electrical thermal heating and piezoresistive characteristics of hybrid Cu O–woven carbon fiber/vinyl ester composite laminates [J]. Composites Part A Applied Science and Manufacturing, 2016, 85:103-112.
[12] MUSTATA F, TUDORACHI N, BICU I. The kinetic study and thermal characterization of epoxy resins crosslinked with amino carboxylic acids [J]. Journal of Analytical and Applied Pyrolysis, 2015, 112（Supp.1/2）:180-191.
[13] 刘晓东.壳聚糖衍生物阻燃聚氨酯复合材料的研究[D].北京：北京化工大学,2019.
[14] 蔡昌辰,张凯,孙茜,等.次磷酸铝/聚磷酸铵阻燃聚氨酯泡沫塑料的性能研究[J].塑料科技,2020,48（8）:11-14.
[15] Babrauskas, Vytenis. Estimating room flashover potential[J]. Fire Technology, 1980, 16（2）:94-103.
[16] 舒中俊,徐晓楠,杨守生,等.基于锥形量热仪试验的聚合物材料火灾危险评价研究[J].高分子通报,2006（5）:37-44.
[17] 王少卿.镁铝、锌铝层状双氢氧化物的改性及其在聚合物中的应用[D].合肥：安徽建筑大学,2016.
[18] 李森.水滑石类化合物改性聚氨酯泡沫阻燃性能研究[D].沈阳：沈阳航空航天大学,2020.

第4章　锡酸锶/聚磷酸铵协效改性聚氨酯泡沫

4.1　材料制备及锡酸锶/聚磷酸铵协效对泡沫泡孔形态的影响

4.1.1 实验原料

聚氨酯泡沫及其阻燃剂的制作主要所需原料如表4-1给出：

表 4-1　实验所需原料

药品名称	型号	生产厂家
聚醚多元醇3630	分析纯	常州卓联志创高分子材料有限公司
多亚甲基异氰酸酯PM200	分析纯	烟台万华聚氨酯有限公司
辛酸亚锡T9	分析纯	常州卓联志创高分子材料有限公司
硅油L-580	分析纯	常州卓联志创高分子材料有限公司
三乙醇胺	分析纯	常州卓联志创高分子材料有限公司
氯化锶	分析纯	天津致远化学试剂有限公司
锡酸钠	分析纯	无锡展望化工试剂有限公司
聚磷酸铵	分析纯	广东翁江化学试剂有限公司
去离子水	-	实验室自制

4.1.2　锡酸锶/聚氨酯泡沫材料的制备

锡酸钠和氯化锶按1:1比例在两个烧杯中以35 mL蒸馏水溶解。锡酸钠溶液处于搅拌环境中加入氯化锶溶液，两种溶液迅速发生初步反应，形成一种白色可溶于水的絮状物，将前驱产物放入200 mL的聚四氟乙烯内衬中，装入高压釜待用，将高压釜转移至恒温烘干箱内，使得前驱物在180℃环境下水热处理6 h，取出高压釜，待冷却至室温，用蒸馏水洗涤数次，即得到白色沉淀物SrSn（OH）$_6$。放入恒温箱烘干后，将干燥的白色粉末转移至马弗炉并在1 100 ℃的空气环境中高温煅烧6 h。本文通过在锡酸溶液中加入氯化锶溶液，搅拌离子化，使得Sr^{2+}与$S_nO_3^{2-}$快速结合，在微观上形成无定形颗粒。在转移进高压釜后，随着温度和压力的升高，无定形颗粒再度结晶形成SrSn（OH）$_6$晶粒。根据吉布斯自由能定律，在高压釜中的两种颗粒，较大的颗粒会缓慢变大，而较小的颗粒则会逐渐溶于水中。在非平衡动态生长条件下，经过长时间的化学反应，大颗粒逐渐形成了球状的SrSn（OH）$_6$。紧接着形成长棒状结构并以中线为基准呈放射状生长最终使得SrSn（OH）$_6$形成类花树状结构。在马弗炉中高温煅烧6 h，物质的形貌未发生较大的改变，但高温环境使得SrSn（OH）$_6$脱水转变为$SrSnO_3$。最终得到了类花簇状球形形貌的纳米级别的锡酸锶。并将纳米级$SrSnO_3$与APP相混合得到一种APP/$SrSnO_3$混合型无机阻燃剂。进行XRD检测，实验数据如图4-1所示，与过往文献所记载一致，证明制得纳米级锡酸锶。

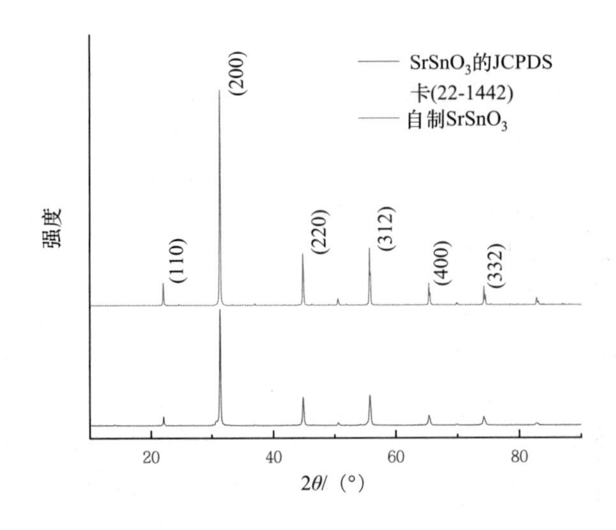

图4-1　锡酸锶与JCPDS标准卡的XRD对比

采用“一步法”和自由上升法制备了FPUF。先据表4-1中配方准确称量所有原材料，取500 mL烧杯，依次加入聚醚多元醇、硅油L-580、去离子水、三乙醇胺、辛酸亚锡，用电动搅拌器以700 r/min搅拌10 s。然后加入不同比例的APP和$SrSnO_3$阻燃剂（空白实验组无须加入）。值得注意的是，APP具有吸湿性，由于水作为发泡剂与环戊烷等微毒性发泡剂相比具有绝对的环保优势。为保留这一环保性，添加锡酸锶可以有效改善APP的这种吸湿性。加入不同比例的APP/$SrSnO_3$，以700 r/min以上的速度搅拌1 min，直至混合物均匀，标记为白色。用另一个烧杯称取多亚甲基多苯基多异氰酸酯（PAPI），加入白色物料，以1 200 r/min以上的速度高速搅拌10 s，直至混合物开始快速膨胀，颜色由黄色逐渐变淡，将未完全膨胀的混合物转移至事先备好的开口模具之中（自由上升法不使用密闭模具可以很好保证泡沫完全熟化后的收缩问题），混合物自主上升并起泡膨胀。待发泡基本完毕后，将未熟化的聚氨酯泡沫在室温环境下置于实验箱内，并调节锡酸锶与聚磷酸铵的剂量制备多种改性聚氨酯阻燃泡沫，各个泡沫原料及助剂成分如表4-2所示。

表 4-2　各软质聚氨酯泡沫的样品成分

样品	聚醚多元醇/ %	异氰酸酯/ %	去离子水 / %	辛酸亚锡/ %	硅油 / %	三乙醇胺/ %	聚磷酸铵/ %	锡酸锶 / %
FPUF-0	45	50	2	0.2	1.0	1.8	-	-
FPUF-APP20	45	50	2	0.2	1.0	1.8	20	-
FPUF-Sr20	45	50	2	0.2	1.0	1.8	-	20.0
FPUF-A/S2.5	45	50	2	0.2	1.0	1.8	20	2.5
FPUF-A/S5	45	50	2	0.2	1.0	1.8	20	5.0
FPUF-A/S10	45	50	2	0.2	1.0	1.8	20	10.0
FPUF-A/S15	45	50	2	0.2	1.0	1.8	20	15.0
FPUF-A/S20	45	50	2	0.2	1.0	1.8	20	20.0
FPUF-A/Smax	45	50	2	0.2	1.0	1.8	30	30.0

4.1.3　锡酸锶/聚磷酸铵协同体系对聚氨酯泡沫材料表观及泡孔结构影响

4.1.3.1　锡酸锶/聚磷酸铵协同体系对聚氨酯泡沫材料表观影响

图4-2为完全熟化后的各类聚氨酯泡沫表观形貌。依次对应FPUF-0、FPUF-A/S2.5、FPUF-A/S5、FPUF-A/S10、FPUF-A/S15、FPUF-A/S20、FPUF-A/Smax、FPUF-APP20、FPUF-Sr20九组样品。其中发泡最好的是空白聚氨酯泡沫以及单独添加锡酸锶改性的聚氨酯泡沫，两种泡沫颜色相近均为乳白色。由此可见，锡酸锶的添加对于聚氨酯泡沫这一类聚合物的发泡能力没有影响。而在添加聚磷酸铵后，泡沫颜色由白变黄，且在单独添加聚磷酸铵时泡沫发泡困难，外观褶皱，直接影响泡沫发泡倍率，这是因为聚磷酸铵对发泡剂有着很好的吸收作用，使得泡沫在发泡膨胀过程中无法充分发泡。而综合阻燃剂的添加量认为锡酸锶/聚磷酸铵的二元协效体系能够很好地避免聚氨酯泡沫由于聚磷酸铵存在导致难以发泡这一问题。当然，过量添加依旧导致聚氨酯泡沫的体积下降。

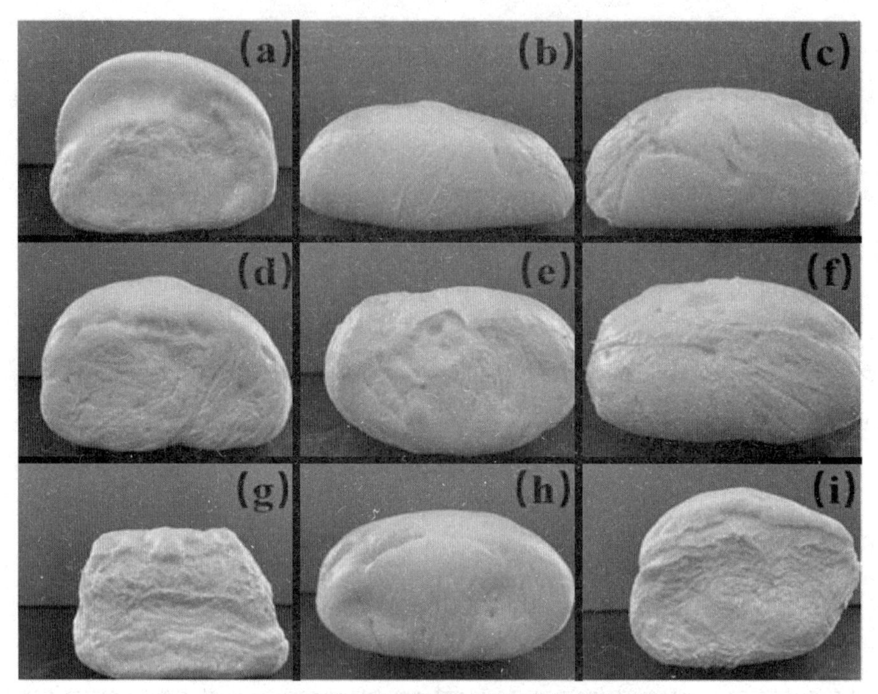

图4- 2　不同剂量改性聚氨酯泡沫的外观形貌

(a) FPUF-0 ; (b) FPUF-A/S2.5 ; (c) FPUF-A/S5 ; (d) FPUF-A/S10 ; (e) FPUF-A/S15 ; (f) FPUF-A/S20 ; (g) FPUF-A/Smax ; (h) FPUF-APP20 ; (i) FPUF-Sr20。

4.1.3.2　锡酸锶/聚磷酸铵协同体系对聚氨酯泡沫材料泡孔结构影响

聚氨酯泡沫泡孔的结构是其保温效能的一个重要因素。泡孔越密，材料的柔软性越好，保温效果也更好。阻燃及抑烟功能应在保障材料基本使用的前提下进行讨论，不应该通过大量添加阻燃剂导致聚氨酯泡沫各项优良物化性能破坏。泡孔结构是反映保温性和成品检查的重要指标。图4- 3为添加不同锡酸锶/聚磷酸铵剂量的改性聚氨酯泡沫的截面。空白聚氨酯泡沫的泡孔均匀且细密，质地柔韧且具有较好的弹性。如图4- 3 (h) 所示，单一添加聚磷酸铵对材料孔隙的影响不大，但质地却硬了很多，聚氨酯泡沫缺乏弹性。如图4- 3 (i) 所示，单一添加锡酸锶阻燃剂会使得泡沫孔隙变得更加致密，但泡沫会偶尔出现不均匀的泡孔，同时聚氨酯泡沫失去部分韧性。在添加二元锡酸锶/聚磷酸铵协效体系阻燃剂后，随着锡酸锶添加剂量的增加，不规则大泡孔逐渐增多。在大量添加阻燃剂后，泡沫质感明显变化，部分区域易出现断裂。这是由于过量的协效阻燃剂添加使得原料聚合困难，高速搅拌无法使得阻燃剂均匀分布，聚磷酸铵出现团聚现象使得发泡剂失去作用。所以大量添加锡酸锶/聚磷酸铵阻燃剂，势必导致聚氨酯泡沫以及同类材料原有保温性受到损失。当添加量超过FPUF-A/Smax时，泡沫在发泡阶段很难发生化学反应，导致无法形成聚氨酯泡沫，故本实验样品最大添加量为30 %锡酸锶和30 %聚磷酸铵。

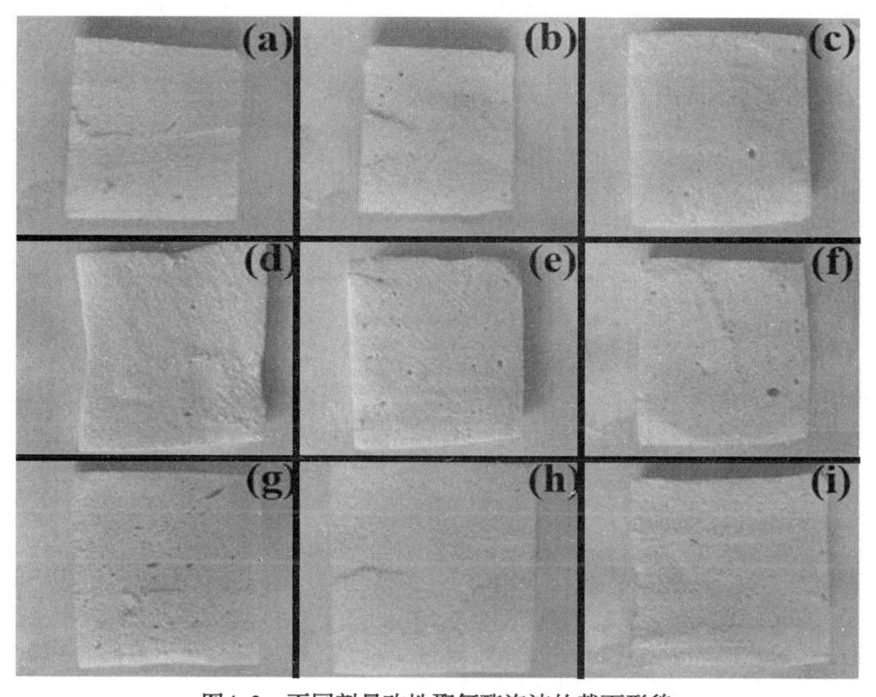

图4-3　不同剂量改性聚氨酯泡沫的截面形貌

(a) FPUF-0；(b) FPUF-A/S2.5；(c) FPUF-A/S5；(d) FPUF-A/S10；(e) FPUF-A/S15；(f) FPUF-A/S20；(g) FPUF-A/Smax；(h) FPUF-APP20；(i) FPUF-Sr20。

4.1.4　锡酸锶/聚磷酸铵协同体系对聚氨酯泡沫材料密度影响

表 4-3　各软质聚氨酯泡沫的密度

样品	平均质量/g	密度/（kg/m^3）
FPUF-0	9.72	48.6
FPUF-APP20	11.90	59.5
FPUF-Sr20	9.96	49.8
FPUF-A/S2.5	11.22	56.1
FPUF-A/S5	12.70	63.5
FPUF-A/S10	13.30	66.5
FPUF-A/S15	13.64	68.2
FPUF-A/S20	14.14	70.6

FPUF-A/Smax	17.00	85.0

依据表观密度法测定聚氨酯泡沫的密度，按照国家标准将熟化后超过48 h的泡沫切割成体积200 cm^3的长方体，同一样品重复6次称量最终取得平均值，如表4- 3所示。根据相关标准，对所制备的泡沫类别进行分类，发现该类聚氨酯泡沫均为低发泡泡沫材料。空白聚氨酯泡沫的密度为48.6 kg/m^3，添加锡酸锶后对聚氨酯泡沫密度的影响较低，几乎没有改变。添加聚磷酸铵对于泡沫密度有较大的影响，当添加20 %锡酸锶和20 %聚磷酸铵时对于泡沫密度影响较大。大量的二元协效体系阻燃剂的添加会使得基体材料黏度过大，同时聚磷酸铵的大量团聚使得发泡过程困难，对于泡沫材料而言，保持一定的密度是无论从弹性、力学性能等物理性能还是燃烧性能、热解性能等化学性质都是必要的。

4.1.5 小结

本节阐述了二元锡酸锶/阻燃剂的制备过程及验证方法和聚氨酯改性泡沫的制备。并对熟化后的聚氨酯泡沫复合材料的表面及内部结构依照相关规定进行了分析，从实验结果来看，锡酸锶对于聚氨酯泡沫的颜色、密度、泡孔结构的影响都远小于聚磷酸铵，二元锡酸锶/聚磷酸铵协效阻燃剂添加后，其影响优于单一添加聚磷酸铵。大量锡酸锶/聚磷酸铵协效阻燃剂的添加使得泡沫密度骤增，对泡孔结构的影响较大，其添加总量不应超过60 %，否则将导致聚氨酯泡沫聚合困难，无法发生化学反应，同时失去其保温、弹性等多项物化性能。

4.2 锡酸锶/聚磷酸铵协效对聚氨酯泡沫材料阻燃性能的影响

4.2.1 锡酸锶/聚磷酸铵协同体系对聚氨酯泡沫氧指数的影响

表 4- 4 不同剂量改性聚氨酯泡沫的氧指数值

样品	LOI/ %
FPUF-0	19.4
FPUF-APP20	21.4
FPUF-Sr20	20.3
FPUF-A/S2.5	21.7
FPUF-A/S5	23.2
FPUF-A/S10	23.4
FPUF-A/S15	23.6
FPUF-A/S20	23.8
FPUF-A/Smax	25.6

表4- 4是不同含量的锡酸锶/聚磷酸铵对聚氨酯泡沫的极限氧指数表。本文所用空白聚氨酯泡沫的氧指数经计算为19.4%。对比其他基材制备的聚氨酯泡沫略高。由FPUF-Sr20样品所得试验结果可知，锡酸锶对聚氨酯泡沫的氧指数有一定提升，升高至21.4%，上升效果较为明显。单独添加20%的锡酸锶后，氧指数数值上升至20.3%，有所提升，但效果低于单独添加APP。同时添加锡酸锶和聚磷酸铵后，氧指数数值上升至21.7%，上升效果较为明显。不难看出二者存在相辅相成的效果。继续提高添加锡酸锶的量，氧指数数值最高上升至25.6%，与空白聚氨酯泡沫相比提升了6.2%，效果显著，有效提升了聚氨酯泡沫在空气中的燃点。根据图4- 4所示，在聚磷酸铵添加量不变的情况下，当锡酸锶的添加量来到10%时，提升的幅度显著变缓且上升趋势逐渐减弱。

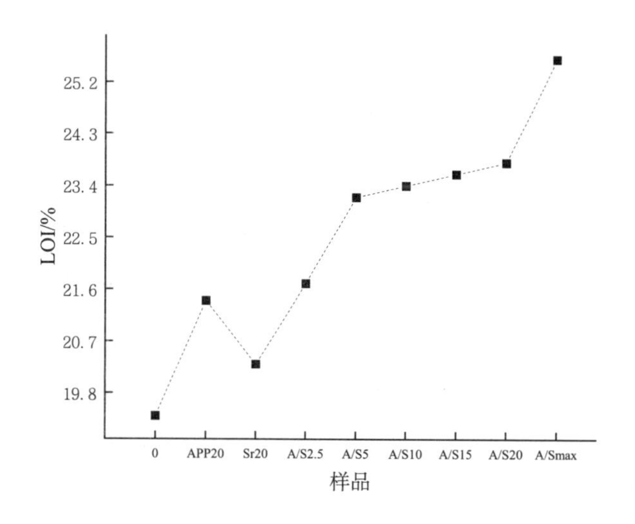

图4- 4　不同改性剂掺加量的聚氨酯泡沫极限氧指数曲线

4.2.2　锡酸锶/聚磷酸铵协同体系对聚氨酯泡沫水平燃烧的影响

水平燃烧试验可以反映火焰水平方向上的蔓延程度，本文对FPUF-0、FPUF-APP20、FPUF-Sr20、FPUF-A/S2.5、FPUF-A/S5、FPUF-A/S10、FPUF-A/S15、FPUF-A/S20、FPUF-A/Smax 9组样品中，分别进行了水平和垂直燃烧的测试，其中垂直测试时由于泡沫泡孔特点，使得泡沫内部含有大量空气接触火源，故该方法不适用于聚氨酯泡沫，所得数据也无法判断聚氨酯泡沫燃烧等级。如表4- 5所示，FPUF-0、FPUF-Sr20燃烧时间分别为10 s和13 s。通过计算，材料分级为FH-4级。其余改性后的锡酸锶/聚磷酸铵聚氨酯泡沫均可轻松达到FH-1级别。可以看出，一元锡酸锶阻燃剂的添加对于聚氨酯泡沫材料的阻燃性能提升有限，而一元聚磷酸铵对聚氨酯泡沫有一定的阻燃性。由此可见，二元锡酸锶/聚磷酸铵阻燃剂可以有效提升聚氨酯泡沫的阻燃性能,并非由于添加量变大的简单原因，而是锡酸锶对聚磷酸铵具有协效作用，使得聚氨酯泡沫的内部结构及各个官能团发生变化，使得阻燃效果得到大幅提升。但改性后的样品对于垂直燃烧的阻燃效果的测试始终不够理想。水平燃烧后的剩余物中，各类泡沫均未产生熔滴物。综合分析，添加二元锡酸锶/聚磷酸铵协效阻燃剂后对聚氨酯泡沫复合材料的阻燃性能无相反作用。

表 4-5　不同剂量改性聚氨酯泡沫的水平燃烧级别

样品	UL-94水平燃烧级别
FPUF-0	FH-4-150mm/min
FPUF-APP20	FH-1
FPUF-Sr20	FH-4-180mm/min
FPUF-A/S2.5	FH-1
FPUF-A/S5	FH-1
FPUF-A/S10	FH-1
FPUF-A/S15	FH-1
FPUF-A/S20	FH-1
FPUF-A/Smax	FH-1

4.2.3　锡酸锶/聚磷酸铵协同体系对聚氨酯泡沫的锥形量热分析

4.2.3.1　热释放分析

HRR在火灾科学探究中是十分重要的参数之一，利用HRR可对火灾蔓延的发生以及发展进行一定的分析和预测。本文对添加二元锡酸锶/聚磷酸铵协效阻燃剂的改性泡沫分别在25 kW/m^2、35 kW/m^2、50 kW/m^{2}热辐射强度下进行了锥形量热仪测试，由于锥形量热实验在300 s后已无燃烧行为、无参考价值，故本文未给出300~600 s的燃烧特性曲线。如图4- 5至图4- 7所示，为改性前后聚氨酯泡沫在前300s内的HRR与THR曲线，表4- 6至表4- 8为聚氨酯泡沫在不同辐射强度下的燃烧参数。

聚氨酯泡沫在热辐射强度为25 kW/m^{2}进行试验时，如图4- 5所示与表4- 6所示，FPUF-0在第95秒时达到热释放速率峰值（PHRR）为191 kW/m^2，其总热释放量为21.0 MJ/m^2，空白聚氨酯泡沫在点燃3 s后快速燃烧，持续燃烧181 s。在此期间热释放速率快速提升并在第30~50秒时出现一个短暂肩峰，由于空白聚氨酯泡沫不具备阻燃效果，紧接着剧烈燃烧达到PHRR峰后迅速下降，此时在量热锥下的只有少量样品残余物。在添加20 wt%的一元锡酸锶阻燃剂后，在第74.5秒时达到PHRR，为163.9 kW/m^2，其总热释放量为17.2 MJ/m^2，FPUF-Sr20在点燃3 s后开始燃烧，持续燃烧192 s。同样在第30~40s

时出现一个短暂突出峰后快速达到PHRR，对比FPUF-0不难发现，一元锡酸锶的添加导致聚氨酯泡沫燃烧时间提前并延长，同时残余物中存在部分无机盐。在添加20%的一元聚磷酸铵阻燃剂后，在第30.2秒时达到PHRR，为169.0 kW/m^2，其总热释放量为18.2 MJ/m^2，FPUF-APP20在点燃6 s后开始燃烧，持续燃烧137 s，此时HRR仅有一个单峰。由于聚磷酸铵的加入，材料持续性受到辐射热源的作用，聚磷酸铵剧烈热解而产生炭层，此炭层具有一定的阻燃作用，可以有效防止火焰的继续蔓延和燃烧，聚氨酯泡沫的阻燃性能得到一定提升。在各个添加二元锡酸锶/聚磷酸铵协效阻燃剂的改性泡沫中FPUF-A/S5的阻燃效果最佳，FPUF-A/S5在第114.8秒时达到PHRR，为158.2 kW/m^2，其总热释放量为18.5 MJ/m^2，样品点燃7 s后开始燃烧，持续燃烧117 s。在第50s与第114.8s时出现两个等高峰的同时有效降低了PHRR峰值，在聚氨酯泡沫点燃后锡酸锶与聚磷酸铵的协同作用使得聚氨酯泡沫形成一种"绒状"致密炭层，相比两种一元阻燃剂产生了泡沫内外部的温度梯度，从而有效阻止火焰的蔓延，同时密度足够的炭层在一定程度上可以阻隔可燃气体及聚氨酯内部本身存在的助燃气体，从而缩短了燃烧时间，使得泡沫无法完全燃烧，但长时间的燃烧最终使得聚氨酯泡沫炭层随之逐渐变薄，最终热流冲破炭层进一步燃烧出现第二峰值。

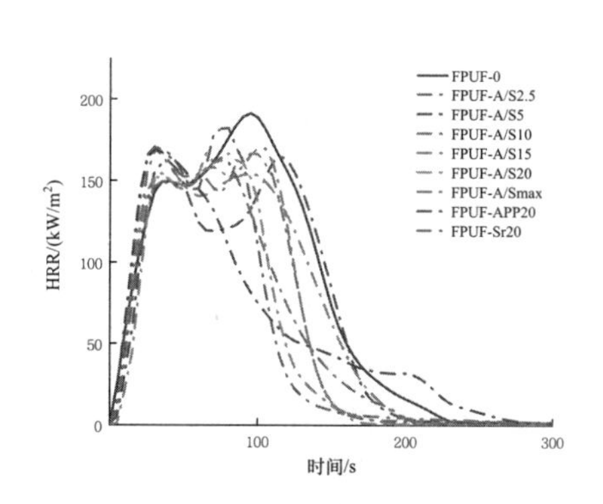

(a) 热释放速率曲线

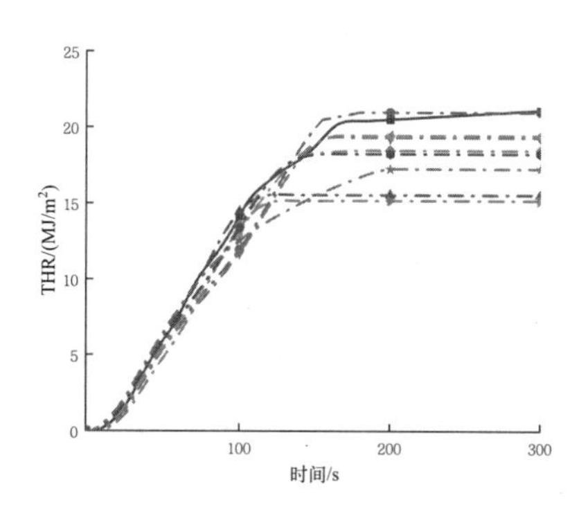

(b) 总释热量曲线

图4-5 FPUF在25kW/m^{2}辐射强度下的燃烧特性曲线

表 4-6 聚氨酯泡沫在25kW/m^{2}辐射强度下的部分燃烧参数

样品	点燃时间/s	熄灭时间/s	燃烧持续时间/s	PHRR/(kW/m^2)	THR/ (MJ/m^2)
FPUF-0	3	184	181	191.2	21.0
FPUF-A/S2.5	8	218	210	182.2	23.7
FPUF-A/S5	7	117	110	165.2	15.5
FPUF-A/S10	8	162	154	168.1	19.3

续表

样品	点燃时间/s	熄灭时间/s	燃烧持续时间/s	PHRR/ (kW/m^2)	THR/ (MJ/m^2)
FPUF-A/S15	8	144	136	158.2	18.5
FPUF-A/S20	7	164	157	166.9	19.4
FPUF-A/Smax	10	138	128	169.9	15.2
FPUF-APP20	6	143	137	169.0	18.2
FPUF-Sr20	3	195	192	163.9	17.2

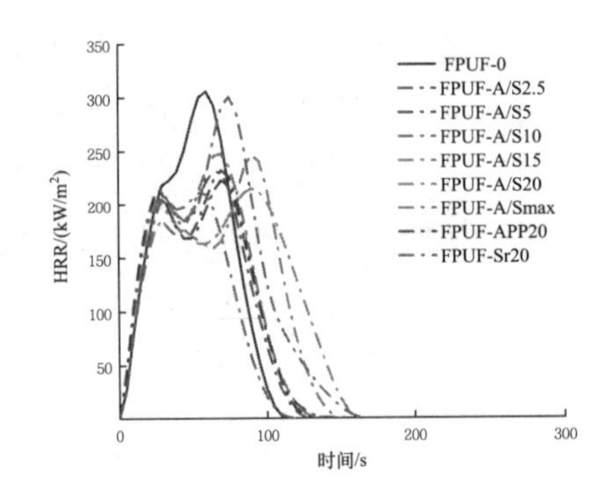

(a) 热释放速率曲线

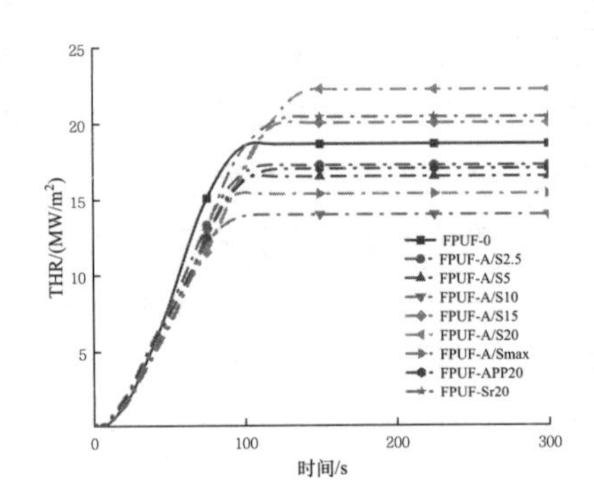

(b) 总释热量曲线

图4- 6 FPUF在35 kW/m²辐射强度下的燃烧特性曲线

聚氨酯泡沫在热辐射强度为35 kW/m²进行试验时，如图4- 6所示与表4- 7所示，空白泡沫在60.0 s 时达到PHRR为305.6 kW/m²，其总热释放量为18.6 MJ/m²，FPUF-0在点燃2.0 s 后急速燃烧，持续93 s。在此期间HRR快速提升，在46 s时增长速率达到最大。FPUF-Sr20在75.2 s时达到PHRR为299.8 kW/m²，其总热释放量为20.4 MJ/m²，该样品在点燃4.0 s后开始燃烧，持续燃烧128.0 s。虽然较空白样品更耐烧一些，且在燃烧前期的热释放速率几乎为零，但总体对于聚氨酯泡沫的阻燃性能提升不大。FPUF-APP20在70.3s时达到PHRR为222.3 kW/m²，其总热释放量为17.0 MJ/m²，该样品在点燃3.0 s后开始燃烧，持续燃烧102.0 s，与其在25 kW/m²热辐射条件下对比，此时已无法保持HRR单一峰，在70.0 s时出现第二峰。这是由于更高温度的火焰环境下，所生产的炭层较薄，无法有效阻隔热流的侵蚀，导致炭层的隔热作用下降。在协效改性泡沫中FPUF-A/S20的阻燃效果最佳，FPUF-A/S20在第90.3s 时达到PHRR为214.9 kW/m²，其总热释放量为22.2 MJ/m²样品点燃2s后开始燃烧，持续燃烧146.0 s。该样品存在的两个HRR峰值均低于所有其他聚氨酯泡沫，锡酸锶/聚磷酸铵体系在更恶劣的火场环境下，依然能对聚氨酯泡沫进行有效阻燃提升。

表 4- 7　聚氨酯泡沫在35 kW/m²辐射强度下的部分燃烧参数

样品	点燃时间/s	熄灭时间/s	燃烧持续时间/s	PHRR/(kW/m²)	THR/ (MJ/m²)
FPUF-0	2	95	93	305.6	18.6
FPUF-A/S2.5	2	104	102	231.3	17.3
FPUF-A/S5	3	101	98	231.9	16.5
FPUF-A/S10	6	99	93	221.3	14.0
FPUF-A/S15	3	120	117	245.1	20.0
FPUF-A/S20	2	146	142	214.9	22.2
FPUF-A/Smax	4	98	94	247.3	15.4
FPUF-APP20	3	105	102	222.3	17.0
FPUF-Sr20	4	132	128	299.8	20.4

聚氨酯泡沫在热辐射强度为50 kW/m²进行试验时，如图4- 7所示与表4- 8所示，空白泡沫在59.7 s 时达到PHRR为355.9 kW/m²，其总热释放量为21.6 MJ/m²，FPUF-0在点燃1.0 s后就开始燃烧，持续102.0 s，与其余两个升温速率比照可以得出更高温度火焰环境对于空白样品的燃烧行为变化不大。FPUF-Sr20在39.7 s时达到PHRR为331.9 kW/m²，其总热释放量为20.17 MJ/m²，该样品在点燃5.0 s后开始燃烧，持续燃烧118.0 s。由于过快的燃烧导致其燃烧特性曲线出现单峰，不难看出在该热辐射环境下一元锡酸锶阻燃剂对于聚氨酯泡沫的阻燃提升已近乎没有。FPUF-APP20在75.0 s时达到PHRR为279.6 kW/m²其总热释放量为19.6 MJ/m²，该样品在点燃1.0 s后开始燃烧，持续燃烧105.0 s，同材料在35 kW/m²的燃烧行为基本一致。在协效改性泡沫中FPUF-A/S20的阻燃效果最佳，FPUF-A/S20在第30.2s 时达到PHRR，为257.2 kW/m²，其总热释放量为19.6 MJ/m²，样品点燃1.0 s后开始燃烧，持续燃烧112.0 s。在高热辐射通量照射环境下，此种泡沫迅速炭化并有效保护聚氨酯泡沫进一步燃烧，所以在30.0 s时出现唯一单峰后HRR逐渐降低，同时PHRR相对于其他泡沫较低，与空白聚氨酯泡沫相比PHRR值降低了28%。

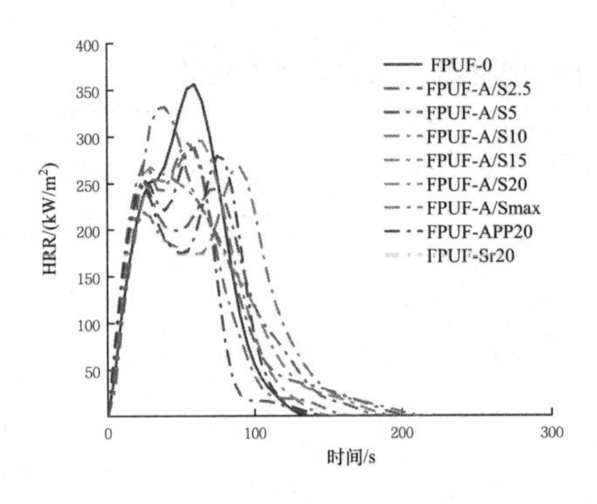

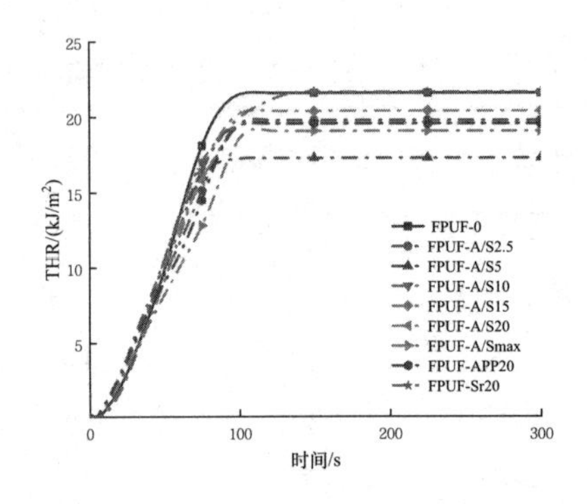

(a) 热释放速率曲线 **(b) 总释热量曲线**

图4-7 FPUF在50 kW/m²辐射强度下的燃烧特性曲线

表 4-8 聚氨酯泡沫在50 kW/m²辐射强度下的部分燃烧参数

样品	点燃时间/s	熄灭时间/s	燃烧持续时间/s	PHRR/ (kW/m²)	THR/ (MJ/m²)
FPUF-0	1	102	101	355.9	21.6
FPUF- A/S2.5	1	150	149	254.3	19.8
FPUF-A/S5	1	77	76	288.5	17.3
FPUF-A/S10	1	102	101	293.4	19.6
FPUF-A/S15	5	120	155	296.3	20.4
FPUF-A/S20	1	113	112	257.2	19.6
FPUF-A/Smax	1	150	149	268.0	19.1
FPUF-APP20	1	106	105	279.6	19.6
FPUF-Sr20	5	123	118	331.9	21.7

4.2.3.2 燃烧过程及燃烧后的残余物分析

本文通过不同热辐射强度下的燃烧实验，测得聚氨酯泡沫在量热锥照辐下质量随时间的变化，即MLR，MLR在一定程度上可以表示材料受热时复合材料本身质量损失情况，通常来说，MLR曲线斜率越大材料质量流失速率越大，趋势越高同时在实际火场中所带来的火灾威胁也就越大。如图4-8（a）（b）（c）所示，为锡酸锶/聚磷酸铵改性前后泡沫在25 kW/m²、35 kW/m²、50 kW/m²热辐射强度下的质量损失曲线。

聚氨酯在25 kW/m²下的质量损失情况如图4-8（a）所示，改性前的聚氨酯泡沫在遇到火焰后立刻燃烧，此时聚氨酯泡沫中P-O-C与P-O键大量断裂持续释放可燃物质和气体。在195 s时质量损失速率达到0.87 g/s，此时聚氨酯燃烧反应内部存在大量活性H•和

HO•游离基，使得燃烧的链式反应加剧，质量大量损失使得空白聚氨酯泡沫燃烧殆尽。一元锡酸锶阻燃剂添加后，聚氨酯整体失重较低时不超过0.11 g/s并在第44s后整体质量损失趋势开始向下，这是由于锡酸锶在590℃条件下不易降解，同时在聚氨酯泡沫热解的第一阶段吸收了部分热量，从而使得聚氨酯泡沫所受火焰温度有一定降低。聚磷酸铵单独添加后的泡沫在初期与空白泡沫燃烧质量流失行为相似，但在点燃后促使聚氨酯泡沫快速炭化，同时分解成聚磷酸和偏磷酸，降低了燃烧反应温度从而避免了FPUF泡沫进一步燃烧。在各个锡酸锶/聚磷酸铵协效改性泡沫中FPUF-A/S20的MLR曲线较佳，即锡酸锶与聚磷酸铵复配阻燃剂对聚氨酯泡沫质量损失有一定帮助，使得聚氨酯泡沫避免出现第二阶段大量的质量损失，同比降低80%以上。

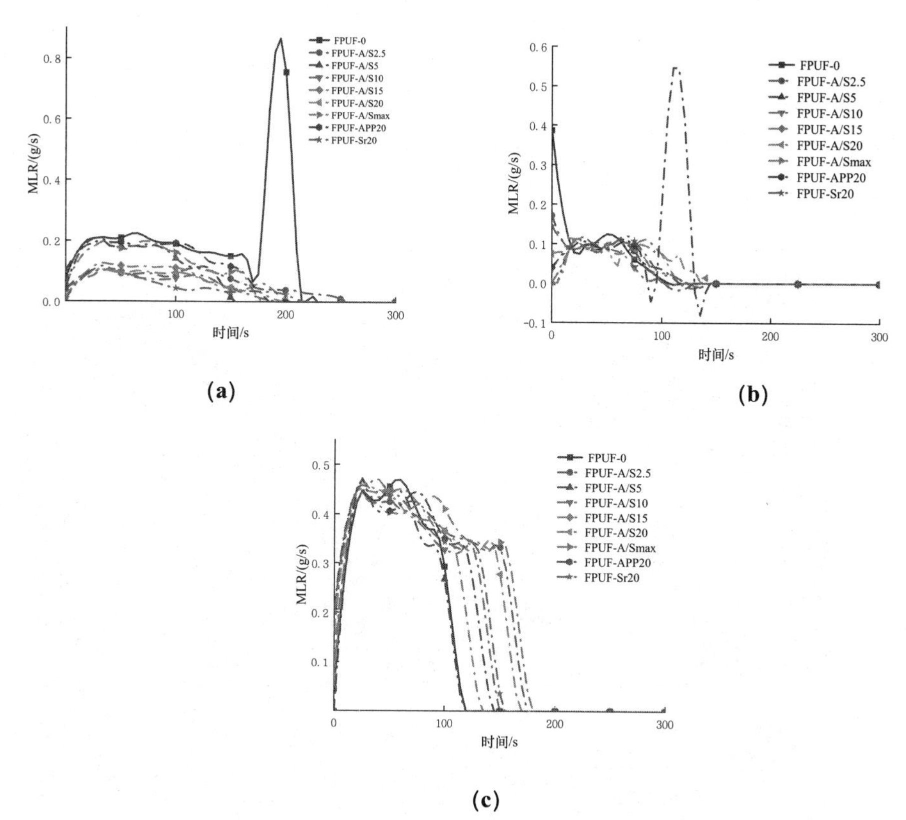

图4-5　FPUF在（a）25 kW/m²，（b）35 kW/m²，（c）50 kW/m²辐射强度下的质量损失速率曲线

聚氨酯在35 kW/m²下的质量损失情况如图4-8（b）所示，空白聚氨酯泡沫在遇到更高热辐射强度后迅速燃烧直至烧为灰烬，在点燃后便达到MLR最大值0.38 g/s。由于锡酸锶可耐1 100℃以上高温，所以FPUF-Sr20的质量损失行为与其他热辐射条件下基本一致。对比25 kW/m²下的FPUF-APP20易得在110 s时该泡沫出现剧烈燃烧且远大于空白样品，这是由生成炭层不够致密造成的。在同时添加2.5 %锡酸锶后两者的协同效果使得质量损失较一元阻燃剂得到改善。

聚氨酯在50 kW/m^{2}下的质量损失情况如图4- 8（c）所示，由于更为恶劣的火场环境（达到767℃）此时所有样品的质量损失行为趋势除去空白样品均相近，但依然是空白聚氨酯质量损失速率最大，说明添加阻燃剂后仍有较低的阻燃效果。综合看来FPUF-A/Smax的曲线相对较好，大量二元阻燃剂添加使得该样品的质量流失率低于其余样品，且出现两个质量损失肩峰。

综合来看，聚氨酯泡沫复合材料无论在何种热辐射强度下，空白FPUF在遇到火焰后的MLR都是偏大的，这是由于聚氨酯泡沫本身不具备阻燃作用，且泡沫材料由于其疏松特性的泡沫结构中存在大量孔隙，使得泡沫在燃烧时接触火焰面积较其他材料更大，导致聚氨酯泡沫遇火易燃。通过添加锡酸锶或聚磷酸铵可以很好地解决这一问题，而二元锡酸锶/聚磷酸铵阻燃剂的添加可以进一步地减小聚氨酯泡沫燃烧中的火焰直接接触面积，同时可以极大提升材料的残余量。但在遇到过高温度持续燃烧时，该类阻燃剂对聚氨酯泡沫阻燃性能的提升则有一定限度。

图4- 9 烟密度箱测试后残炭的数码照片

(a) FPUF-0; (b) FPUF-A/S2.5; (c) FPUF-A/S5; (d) FPUF-A/S10; (e) FPUF-A/S15; (f) FPUF-A/S20; (g) FPUF-A/Smax; (h) FPUF-APP20; (i) FPUF-Sr20.

图4-9、图4-10为聚氨酯泡沫在902℃条件下燃烧所剩残余物的宏观与微观SEM图片。从宏观角度看，纯FPUF的残余物如棉絮一般极易飘去，炭渣燃烧殆尽。锡酸锶加入后出现无机盐残余，但聚氨酯泡沫本身依旧燃烧殆尽，没有完整炭层保留。如图4-9（h）所示，APP的加入使得泡沫残炭量增大，但炭层基本杂乱无章有许多大裂痕，无法在燃烧中很好地保护聚氨酯泡沫阻隔热流。添加二元$SrSnO_3$/APP的FPUF复合材料后，炭层整体分布均匀且完整、致密，如图4-9（g）所示，此时的炭层已经是完整无裂痕的，聚氨酯泡沫复合材料在燃烧后整体结构未发生大幅变化，仍能保持良好的完整性。该阻燃剂可以有效提高FPUF复合材料的成炭能力，进而降低燃烧时的温度，形成更致密的保护层，起到良好抑制材料燃烧的作用。

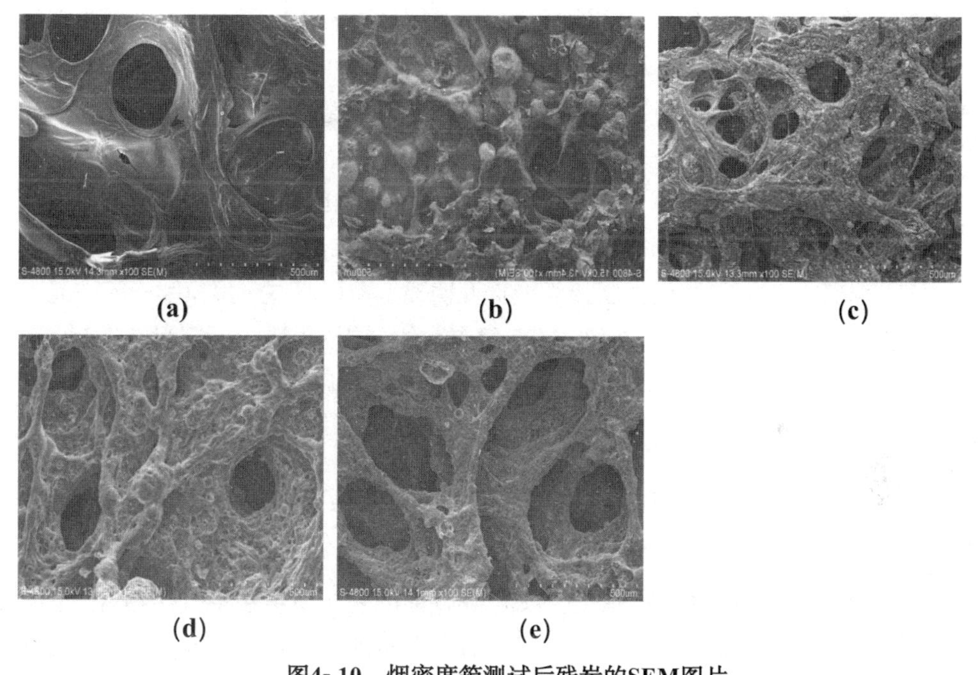

图4-10　烟密度箱测试后残炭的SEM图片

（a）　**FPUF-0**　（b）　**FPUF-A20**　（c）　**FPUF-Sr20**　（d）　**FPUF-A/S10**　（e）　**FPUF-A/Smax**

从微观SEM图片来看，对比图4-10的5张在100倍放大倍数下的图片，可以发现空白FPUF与其余改性后的FPUF的微观形貌有着显著差别。FPUF0炭渣微观结构疏松、空洞巨大，在燃烧时被火焰贯穿，无任何阻燃效果。而在分别添加两种一元阻燃剂后，所形成的炭层不难发现均对聚氨酯泡沫燃烧过程起到凝聚相阻燃作用，同时APP热解生成的聚磷酸可以很好地使空白泡沫发生脱水现象，使得炭渣空隙变小，但无法完全阻隔燃烧时泡沫热解产生的可燃性物质的持续扩散。在添加$SrSnO_3$/APP后，炭质骨架完整，结构规则，孔隙变小，产生的“绒毛”状物质覆盖整个骨架，起到阻隔空气和热量传递的作用，可以很好地提升聚氨酯泡沫的阻燃性能。综上所述，锡酸锶与聚磷酸铵的协同效果可以在FPUF燃烧过程起到一定的凝聚相阻燃效果。

4.2.4 小结

本节使用锥形量热仪等仪器分别对FPUF-0、FPUF-A/S2.5、FPUF-A/S5、FPUF-A/S10、FPUF-A/S15、FPUF-A/S20、FPUF-A/Smax、FPUF-APP20、FPUF-Sr20九组样品的阻燃性能进行测试。通过氧指数与水平燃烧实验可知，一元锡酸锶阻燃剂对聚氨酯泡沫阻燃性能提升较低，而二元锡酸锶/聚磷酸铵协效阻燃剂对泡沫阻燃性能有大幅提升。而在锥形实验中，当锡酸锶添加量为20%时，热释放速率峰值由空白聚氨酯样本的191.4 kW/m² 降低至163.9 kW/m²，总释热量由21.04 MJ/m²降低至17.24 MJ/m²，大大降低了火灾危险性；锡酸锶对材料的抑烟作用较为明显，单一添加聚磷酸铵也能一定程度减少聚氨酯材料的热释放，当APP添加量为20 %时，热释放速率峰值由191.4 kW/m²降低至168.7 kW/m²，总释热量由21.04 MJ/m²降低至18.23 MJ/m²，降低了火灾危险性。而当两者复配后加入泡沫时效果最佳，可将热释放速率峰值降低34.1 kW/m²，总量最低为15.16 MJ/m²。综合本章，聚磷酸铵与锡酸锶协效体系，可以在聚氨酯遇火热解后促使聚氨酯泡沫形成致密炭层，可在高温条件下有效阻隔热流以及可燃气体的进一步挥发，切断链式反应中所必需的自由基。该体系对聚氨酯泡沫阻燃性能提升明显。本章通过对聚氨酯一元二元阻燃剂改性前后进行了LOI、水平燃烧等级、HRR等参数的分析，发现一元阻燃剂$SrSnO_3$与APP均对聚氨酯泡沫有一定的阻燃提升，而$SrSnO_3$/APP改性后的泡沫由于两者的协同作用，使得聚氨酯泡沫的阻燃性能更佳。

4.3 锡酸锶/聚磷酸铵协效对聚氨酯泡沫材料热稳定性的影响

4.3.1 锡酸锶/聚磷酸铵协同体系对聚氨酯泡沫的热稳定性分析

材料开始热解是燃烧的铺垫阶段，无阻燃性能的复合材料在持续受热后，通常导致内部长链或短链断裂而发生反应，故对材料热稳定性进行有效评估可以避免重大火灾隐患。因此本文对9组改性前后样品分别在5 ℃/min、10 ℃/min、20 ℃/min、30 ℃/min和40 ℃/min升温率下进行测试。所得TG和DTG曲线如图4- 11至图4- 15所示，分别为空白样本、添加APP、$SrSnO_3$和不同添加量的APP/$SrSnO_3$。

如图4- 11至图4- 15所示，空白聚氨酯泡沫的TG曲线在5种不同升温速率下均存在两个明显的拐点，说明FPUFs的整个热解过程主要分为两个阶段。空白聚氨酯泡沫在进行第一阶段热解之前，存在一个短暂失重状态，该状态是由于聚氨酯泡沫中的结合水以及一些小分子在升温初期被加热挥发，使得物体质量略有减少。空白聚氨酯泡沫的初始分解温度为147℃，终止分解温度为约为612℃。第一次热解阶段的范围在147~331℃，整个阶段的失重率约为31.5%。由于聚氨酯泡沫复合材料通常被认为是由软段和硬段组成的嵌段共聚物，而在第一阶段中，是泡沫中的硬段被分解，即材料中的异氰酸酯与尿素被热解。第二阶段发生在331~612℃，总失重率约为47.6%，这主要是由于聚氨酯泡沫软段分解，长链多元醇开始大量分解，致使大量简单烃分子被释放，故第二阶段的失重率远远大于第一阶段。最终聚氨酯泡沫在5℃升温速率下从35℃到800℃的环境中最终残余量约为17%。

为探讨APP与$SrSnO_3$协同体系对聚氨酯泡沫阻燃性能的影响，在空白样品除了添加二元锡酸锶/聚磷酸铵阻燃剂外，还分别对单独添加锡酸锶与单独添加聚磷酸铵的样品进行了热重实验。

5种不同升温速率下的实验结果表明，不同升温速率对聚氨酯泡沫热解阶段的出现温度及区间的影响不大。但升温速率的提高，会导致DTG变大。单一添加一元锡酸锶或聚磷酸铵阻燃剂对于聚氨酯泡沫的TG与DTG改变不大，但在添加聚磷酸铵的同时少量添加锡酸锶可以很好地提高聚氨酯泡沫的热稳定性，二者的协同作用比聚氨酯泡沫大量单一添加APP的热稳定性要好。升温速率的提高对于样品的残余量基本没有影响，但当升温速率提升至40℃/min时，残余量有所增加，是因为过快的升温速率使得聚氨酯泡沫的加热时间过短，热解过程不完整。

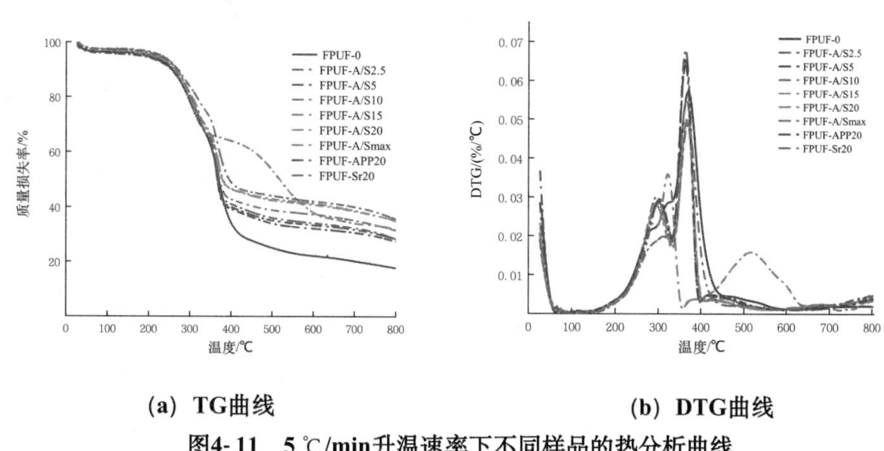

(a) TG曲线 **(b) DTG曲线**

图4-11 5℃/min升温速率下不同样品的热分析曲线

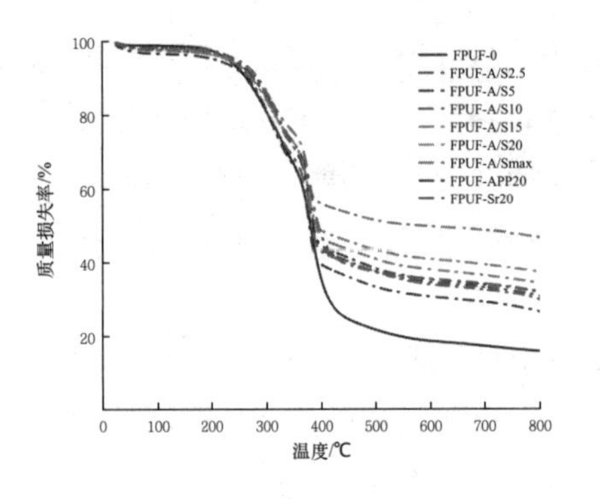

(a) TG曲线

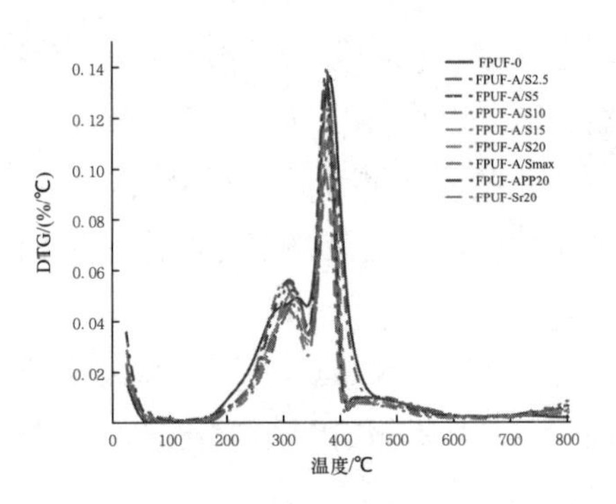

(b) DTG曲线

图4-12 10 ℃/min升温速率下不同样品的热分析曲线

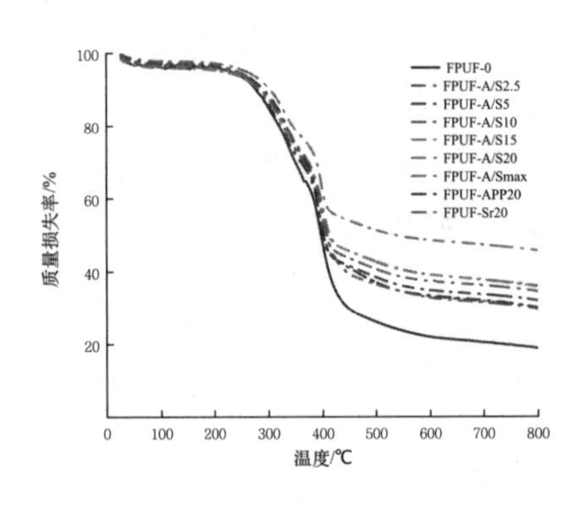

(a) TG曲线

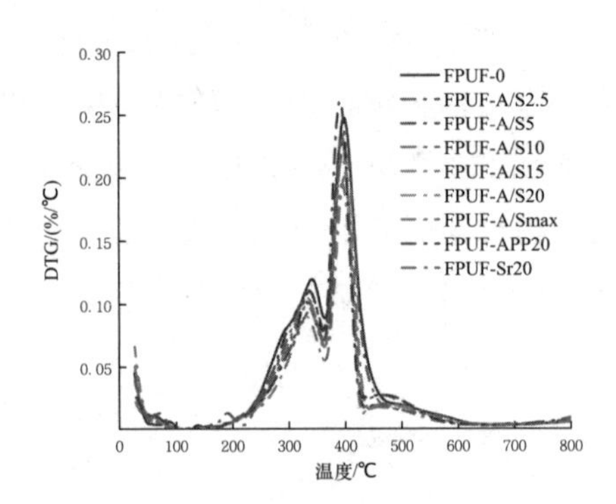

(b) DTG曲线

图4-13 20 ℃/min升温速率下不同样品的热分析曲线

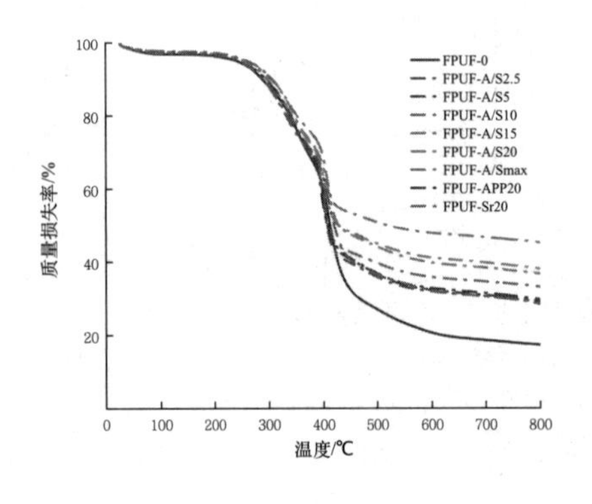

(a) TG曲线

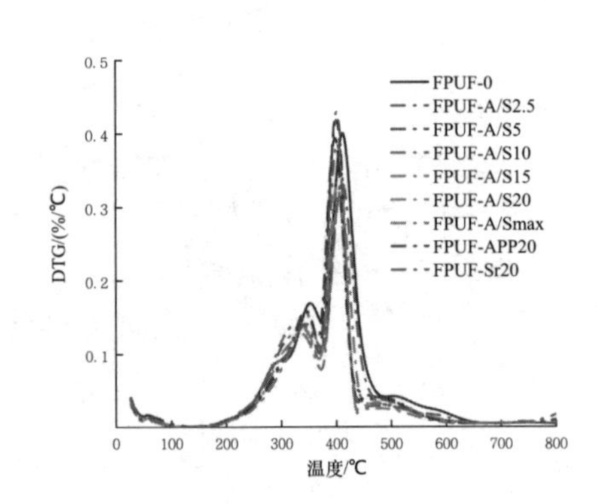

(b) DTG曲线

图4-14 30 ℃/min升温速率下不同样品的热分析曲线

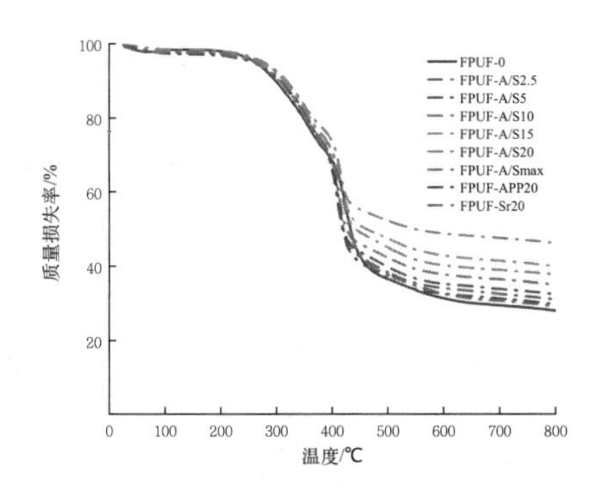

(a) TG曲线

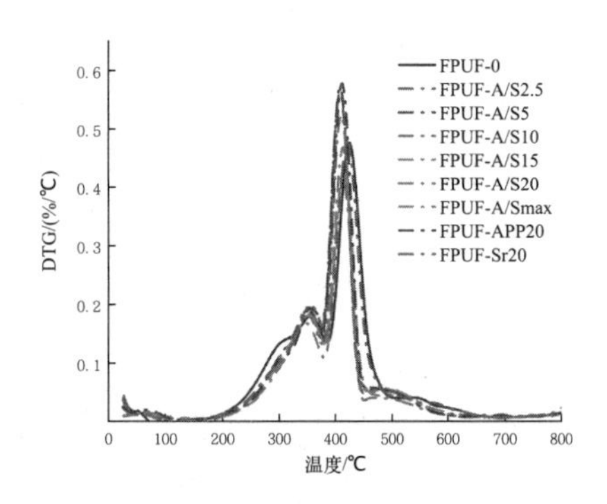

(b) DTG曲线

图4-15　40 ℃/min升温速率下不同样品的热分析曲线

表 4-9　5 ℃/min升温速率下各样品的热失重温度参数

样品	初始分解温度/℃	终止分解温度/℃	T_{max1} /℃	T_{max2} /℃
FPUF-0	147	612	300	369
FPUF-A/S2.5	131	529	301	363
FPUF-A/S5	147	602	300	363
FPUF-A/S10	153	549	295	365
FPUF-A/S15	143	543	295	365
FPUF-A/S20	143	545	296	367
FPUF-A/Smax	149	717	322	513
FPUF-APP20	107	577	301	362
FPUF-Sr20	161	601	311	368

表4-9为5℃/min升温速率下各样品的热失重温度参数，其中添加一元锡酸锶阻燃剂与空白FPUF的初始分解温度及终止分解温度相近，失重率低于空白样品，这是由于无机阻燃剂在该实验温度区间中不易分解，故使得聚氨酯泡沫的失重率下降。而单独添加APP后初始分解温度提前40℃，这是由于APP的加入使得聚氨酯泡沫迅速炭化，在较低温度时就可以形成薄炭层阻止聚氨酯泡沫进一步燃烧，失重峰值较空白聚氨酯泡沫降低0.008%，但两个失重率峰值出现的温度几乎不变，故判断单一聚磷酸铵对聚氨酯泡沫的热稳定性提升有限。对添加二元锡酸锶/聚磷酸铵阻燃剂后的改性聚氨酯泡沫进行热分析发现，协效体系的加入可以有效提高聚氨酯泡沫的热稳定性，主要因为聚磷酸铵与锡酸锶复配加入后具有良好的导热作用，失重可以将局部热量迅速分散，使得失重速率减慢。

其中FPUF-A/Smax的热失重峰值温度在513℃时才到达，出现温度最高。同时改性后的泡沫最大失重率降低、残余量也明显在增加，最高可达35.1%。其次，从DTG曲线中可以看出，APP/$SrSnO_3$在热解第一阶段可以有效提高材料的热稳定性，由于二元协效阻燃剂的添加，可以有效减少部分硬段中的氢键相互作用，使得燃烧的链式反应所需的自由基变少，同时聚磷酸铵热解会使得泡沫迅速发生脱水反应，从而形成炭层阻隔热流及可燃气体，延缓材料的分解速度。改性后的聚氨酯泡沫在热解的第二阶段中，由于聚磷酸铵受热已经分解合成为聚磷酸与偏磷酸，两者与锡酸锶的作用吸收了部分泡沫温度，使最大失重速率显著降低。APP和$SrSnO_3$同时作用于长链上，对长链多元醇具有一定的保护作用，延缓了长链多元醇的分解，形成了炭层和无机盐屏蔽火焰，来阻止一些挥发性化学物质的释放，所以在一些样品实验结束后，可以在坩埚中发现除炭层外的白色无机盐残余。二元锡酸锶/聚磷酸铵协效阻燃剂可以有效提高聚氨酯泡沫热解结束的残余量。

4.3.2 积分程序热解温度

积分程序热解温度（变量写作T_{IPD}）是一种与复合材料的TG数据有关的一个热稳定参数。IPDT最早在1961年由Doyle提出，他认为IPDT可以有效预测聚合物的热稳定性。IPDT的数值与高分子材料的挥发部分相关，可以用于评价聚合物的固有热稳定性，IPDT数值越大，材料的稳定越高。因此，它被广泛用于测定复合材料在分解过程中的热稳定性。在TG曲线图中根据原点积分，计算三部分面积，IPDT的按式（4-1）至式（4-3）计算：

$$T_{IPD} = A^*K^*(T_f - T_i) + T_i \quad (4\text{-}1)$$

$$A^* = (S_1 + S_2)/(S_1 + S_2 + S_3) \quad (4\text{-}2)$$

$$K^* = (S_1 + S_2)/S_1 \quad (4\text{-}3)$$

式中：A^*- TG曲线上不同失重面积的面积比；K^*- 比例系数；T_i- 热重分析实验中设定的起始温度（35℃）；T_f- 设定的结束温度（35℃）。S1、S2和S3类似于TG曲线上的三个不同区域。表4-10所示为不同聚氨酯泡沫材料在5 ℃/min升温速率计算所得IPDT相关数据。

表 4-10　5 ℃/min升温速率下聚氨酯泡沫的积分程序热解温度相关参数

样品	$T_{5\%}$/℃	IPDT/℃	残余率/%
FPUF-0	204.60	639	17.71
FPUF-A/S2.5	222.12	899	28.19

FPUF-A/S5	180.00	893	28.04
FPUF-A/S10	213.47	995	31.32

续表

FPUF-A/S15	228.61	1114	34.82
FPUF-A/S20	209.78	1140	35.11
FPUF-A/Smax	229.62	1004	31.66
FPUF-APP20	191.37	870	27.24
FPUF-Sr20	231.98	1137	35.58

由表4.10可知，空白聚氨酯泡沫在5 ℃/min升温速率下计算所得的IPDT仅为639℃，FPUF-A/S20（1 140℃）>FPUF-Sr20（1 137℃）> FPUF-APP20（870℃）>FPUF-0（639℃）。改性后的泡沫积分程序分解温度显著增强，其中单独添加APP可以使IPDT值达到899℃，可以在一定程度上提高聚氨酯泡沫的热稳定性。FPUF-A/S20效果最佳，约为空白泡沫的1.8倍，同时二者的协同作用使得泡沫的残余率大大上升。通过IPDT参数及残余量的对比，可以认为锡酸锶/聚磷酸铵协效体系可以很好地提升聚氨酯泡沫的热稳定性。

4.3.3 热解动力学

为了进一步研究聚氨酯泡沫复合材料的热解过程，采用Coats-Redfern积分法建立单一反应模型，来研究聚氨酯泡沫的热解动力学。从TG曲线可以看出，本文研究的聚氨酯泡沫塑料有两个失重阶段。不同的热解阶段需要用不同的一级反应方程来描述。通过一级反应对两个温度区进行线性拟合。表4- 11为数据拟合后计算所得活化能相关数据，其中相关系数最高可达0.99，说明拟合后的线段可以较好地契合实际热解动力学的分析情况。

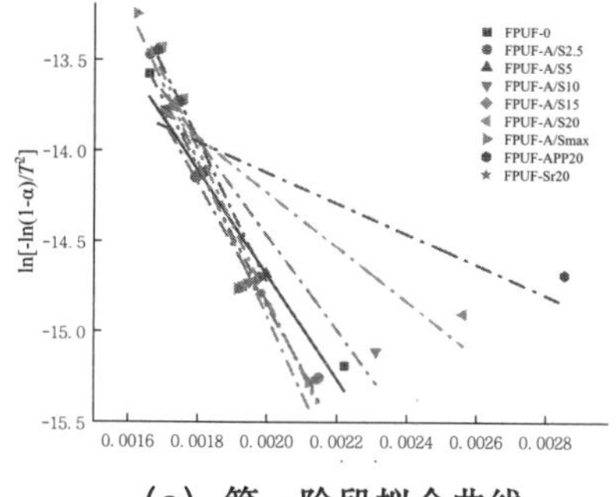

（a）第一阶段拟合曲线

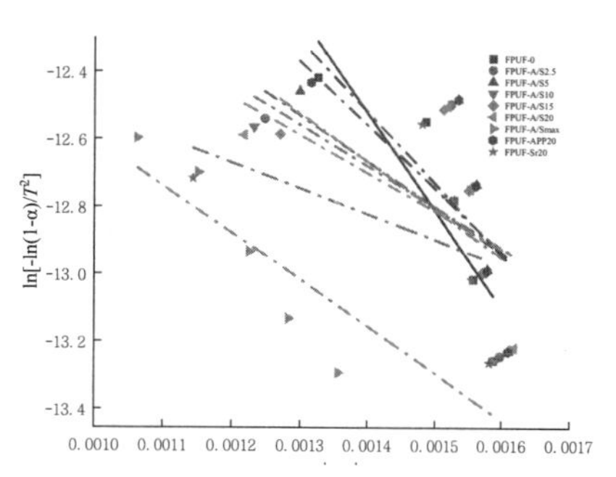

（b）第二阶段的拟合直线

图4- 16 5 ℃/min升温速率下各样品的拟合曲线

表 4-11　聚氨酯泡沫的热解动力学参数

样品	温度/℃	活化能/（kJ/mol）	指前因子/s^{-1}	相关系数
FPUF-0	147~331	23.95	106.74	0.97
	331~612	23.94	164.44	0.87
FPUF-A/S2.5	131~332	30.78	610.10	0.98
	332~529	11.35	7.83	0.61
FPUF-A/S5	147~332	32.47	1079.24	0.99
	332~602	15.58	25.26	0.71
FPUF-A/S10	153~333	21.77	71.41	0.93
	333~549	10.06	5.70	0.62
FPUF-A/S15	143~333	33.85	1440.11	0.98
	333~543	11.78	9.03	0.65
FPUF-A/S20	143~334	12.54	5.65	0.84
	334~545	9.31	4.56	0.61
FPUF-A/Smax	149~356	35.23	1881.97	0.99
	356~717	11.53	5.20	0.87
FPUF-APP20	107~332	7.04	0.94	0.73
	332~577	17.58	41.50	0.74
FPUF-Sr20	161~331	28.19	292.88	0.98
	331~601	6.31	1.65	0.49

图4-16为各样品第一阶段与第二阶段的线性拟合线段，通过对比图4-16与表4-11中数据可以总结在5 ℃/min升温速率下活化能变化的规律。物质发生化学反应，物体内部的分子必须从正常状态变为容易发生化学反应的活性状态，即活性分子。需要从正常分子吸收到活性分子的那部分能量叫作活化能（E）。空白聚氨酯泡沫第一阶段的反应活化能为23.95 kJ/mol，第二阶段活化能为23.94 kJ/mol，两个阶段差别不大。一元锡酸锶地添加可以有效提高聚氨酯泡沫在第一阶段的活化能，一元聚磷酸铵地添加则可以使得泡沫在前期快速炭化来阻隔热量。各改性样品中FPUF-A/Smax在第一阶段的活化能提升最佳可以提高11.28 kJ/mol。通过比较不同聚氨酯泡沫复合材料的活化能，在添加APP/$SrSnO_3$后，聚氨酯泡沫的活化能有一定提高，这可能是由于APP和$SrSnO_3$在热解过程中二者形成的体系在热效应环境中降低了温度，吸收了大量的热量，缓解了聚氨酯泡沫的热解反应。且泡沫在早期交联并快速炭化，炭层隔绝了氧气和热量的传递。因此二者的加入提高了软质聚氨酯泡沫塑料的活化能和热稳定性。

4.3.4　小结

空白聚氨酯泡沫的热解阶段一般为147~331℃、331~612℃两个阶段，其热稳定性较差，残余量较低，不同升温速率对于泡沫的热解阶段等影响不大，对活化能及IPDT计算会有影响。由于协效阻燃剂可以有效降低泡沫温度，在早期促使泡沫生成炭层来阻隔火焰二元锡酸锶/聚磷酸铵改性后泡沫的残余率、热稳定性、积分程序热解温度及活化能都有所提升。

4.4 锡酸锶/聚磷酸铵协效对聚氨酯泡沫材料烟气性能的影响

4.4.1 锡酸锶/聚磷酸铵协同体系对聚氨酯泡沫的烟释放分析

4.4.1.1 烟释放分析

在火灾事故中，浓烈的烟气以及有毒气体会直接导致人员的伤亡。因此在从事复合材料燃烧试验时，必须将其燃烧时的产烟性能作为衡量一个材料是否具有火灾安全性的重要标准。在火灾事故现场产生大量烟气而延缓救援时间，所以造成人员伤亡的不只是高温高热，更多是所释放而出的烟气。烟气扩散往往会将火场燃烧链式反应中所必需的自由基扩散，多数物质为可燃性物质会导致二次火灾；黑烟中往往包含大量有毒气体，大量吸入会导致人体机能下降，不利于进行自救；烟气降低可视环境，使得人员活动受限。因此，本文对锡酸锶/聚磷酸铵体系改性前后的聚氨酯泡沫进行表征，如图4- 17至图4- 19所示为样品在不同热辐射强度下的烟释放速率（SPR）与总释烟量（TSR）。

由图4- 17可知，FPUF-Sr20的产烟速率与总产烟量最低，并只有单个峰值，这表明锡酸锶在气相起到出色阻燃作用，抑制聚氨酯泡沫复合材料产烟。空白聚氨酯泡沫的产烟速率在71 s达到最大峰值为0.04 m^2/s，泡沫内部剧烈燃烧生成大量烟气。而单独添加聚磷酸铵的改性泡沫在燃烧后生成烟气速率及总量均远大于空白聚氨酯泡沫，这是由于聚磷酸铵初步热解会生成大量氨气与水蒸气，从而使得该材料的产烟量大幅上升，在约100 s后生成聚磷酸与偏磷酸，从而减缓了烟气释放速度，故聚磷酸铵对聚氨酯材料气相没有较好的阻燃效果。在二元阻燃剂改性后的FPUF中，FPUF-A/S20的抑烟性能最佳，虽然聚磷酸铵对气相无抑制作用，但两者协效改性后，产生的有害性烟气大幅下降与不添加聚磷酸铵时的情况基本接近，故锡酸锶/聚磷酸铵体系协效能很好抑制改性泡沫的烟气生成速率及总量。值得注意的是，由于锡酸锶的加入，产烟最高峰的时间将延后，这在实际应用中十分具有价值，可以大幅降低聚氨酯泡沫燃烧后烟气所带来的危险性。由图4- 18可知，在35 kW/m^2辐射强度下，FPUF-APP20的SPR峰值最大为同时出现双峰且有两个接近的峰值，这是由于温度的提高，使得聚氨酯泡沫在聚磷酸铵的作用下快速脱水成炭，产生的炭层较薄，无法完全阻隔热浪，最终热解所产生的大量可燃气体冲破薄炭层，并迅速扩散至火焰区域，使得本不参与燃烧的炭层一同参与燃烧反应，故而在燃烧中端出现了一个短暂低谷。其余样品产烟趋势与图4- 17基本接近。由图4- 19可知，在767℃条件下，此时锡酸锶对于聚氨酯泡沫的抑烟性能减弱，但仍能一定程度的抑制材料的SPR与TSR。该火场环境下的SPR峰值普遍高于0.06 m^2/s，可以看出高温易使复合材料产生更多的烟气。综合图4- 17至图4- 19，锡酸锶/聚磷酸铵协同可以有效抑制改性后泡沫产生的大量有害烟气。

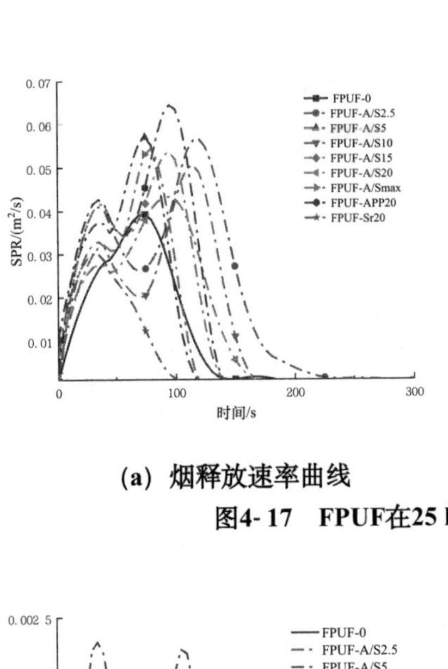

(a) 烟释放速率曲线

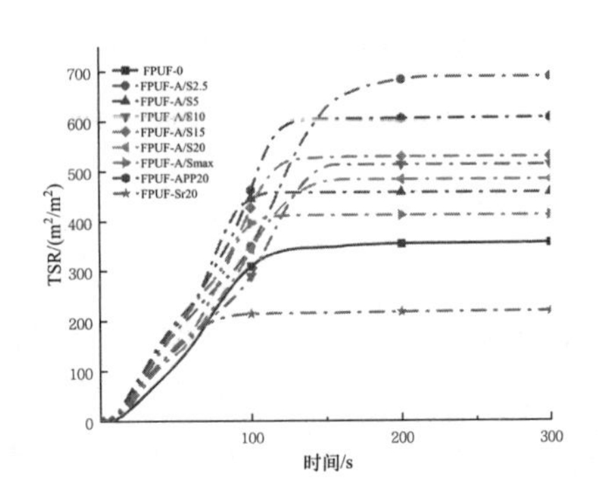

(b) 总释烟量曲线

图4-17　FPUF在25 kW/m²热辐射下的产烟性能

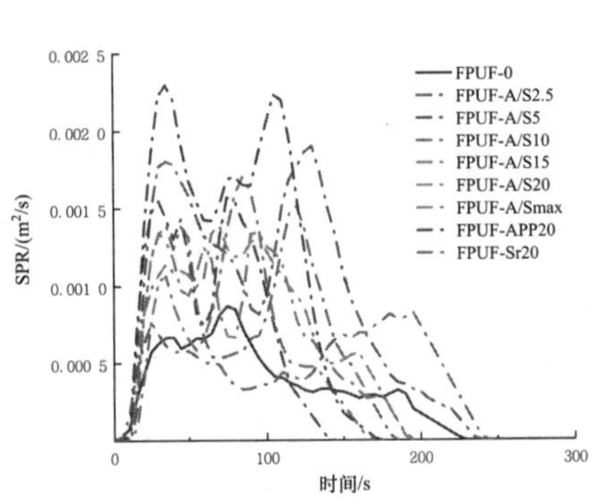

(a) 烟释放速率曲线

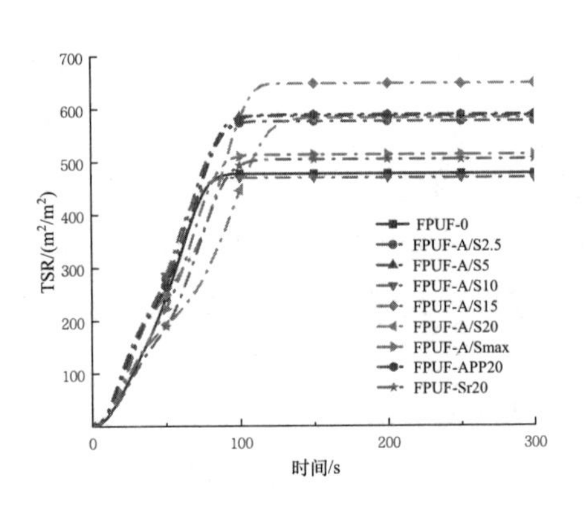

(b) 总释烟量曲线

图4-18　FPUF在35 kW/m²辐照下的产烟性能

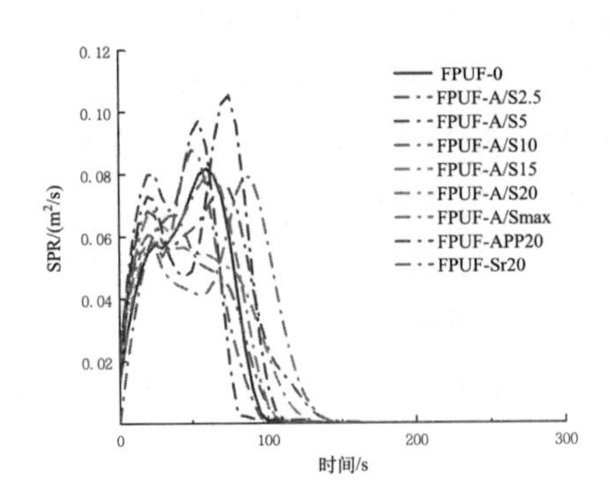

(a) 烟释放速率曲线

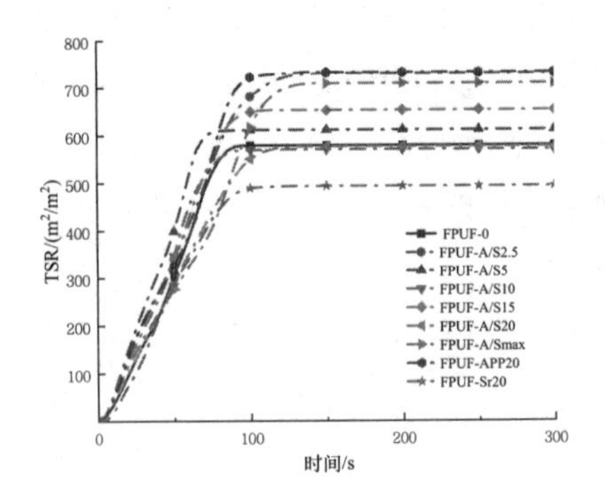

(b) 总释烟量曲线

图4-19　FPUF在50 kW/m²辐照下的产烟性能

4.4.1.2 一氧化碳释放分析

一氧化碳（CO）是火场上一种危害很大的有毒气体。一氧化碳进入人体后，与血液中的红蛋白相结合，使其失去输氧的能力，轻者会出现头晕眼花、意识模糊，影响逃生的情况，严重者可导致缺氧而死亡。图4- 20至图4- 22为不同样品在不同辐照条件下的一氧化碳释放速率曲线（COP）。

由图4- 20可知，FPUF-0的一氧化碳产生速率峰值为0.0008 g/s，单独添加20 %聚磷酸铵后，曲线峰值明显增长（为0.002 1 g/s），大约是空白聚氨酯泡沫的三倍。而单独添加20 %锡酸锶后，曲线峰值有略微降低（为0.007 g/s）。将二元锡酸锶/聚磷酸铵混合型阻燃剂添加后，曲线峰值最低（为0.001 g/s），而继续添加锡酸锶至30 wt%时，曲线峰值基本持平。这可能是因为聚磷酸铵的加入大大促进了聚氨酯泡沫的成炭量，而大量的炭层不充分燃烧导致产生了大量的CO，而加入锡酸锶后可以在保留成炭效率的同时大幅降低CO的产生，形成一种良性的协效作用。由图4- 21所示，在更高温环境下各样品的CO生成速率基本相同，此时炭层所导致的不充分燃烧对于曲线的影响较小。综合图4- 20至图4- 22可知，锡酸锶地添加对于抑制CO的生成十分有效，而聚磷酸铵中的含C化学键在热解后参与燃烧反应使得聚磷酸铵加入聚氨酯后的曲线出现双峰。此外，APP的加入使得FPUF泡沫迅速炭化，而这种炭层并不致密，在高温持续加热后会进一步参与接下来的燃烧反应从而生成大量CO。锡酸锶可以很好地在气相阻燃中弥补聚磷酸铵的不足，由FPUF-A/S20在三种条件下的曲线可知，两者的协效作用可以降低一元改性后聚氨酯泡沫的COP约50%。这对于改性聚氨酯泡沫的实际应用意义重大。

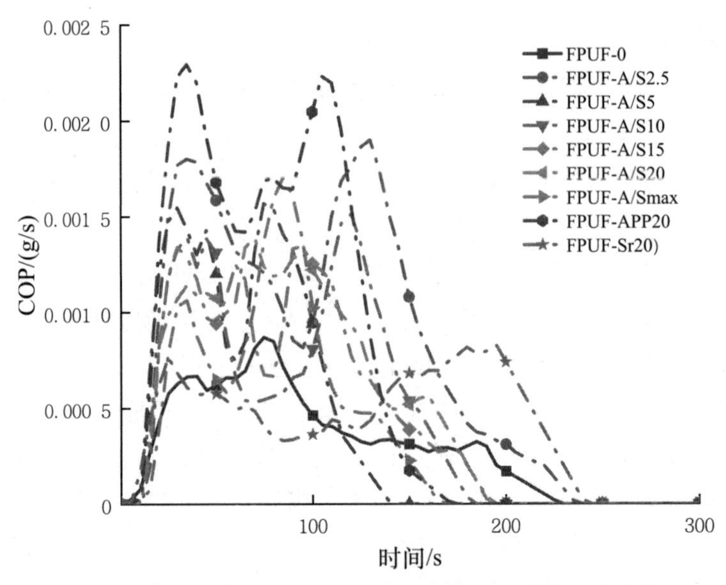

图4-20　不同样品在25 kW/m²辐照下的CO释放速率曲线（COP）

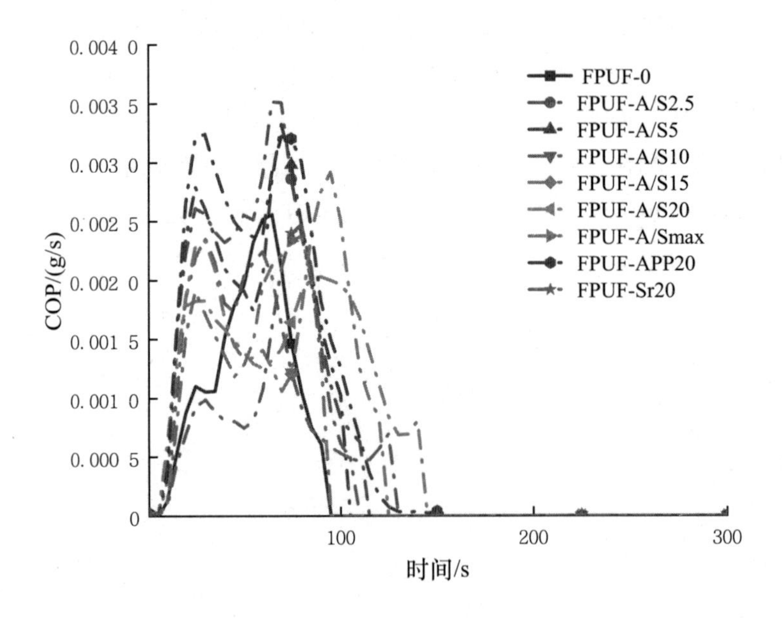

图4-21　不同样品在35 kW/m²辐照下的CO释放速率曲线（COP）

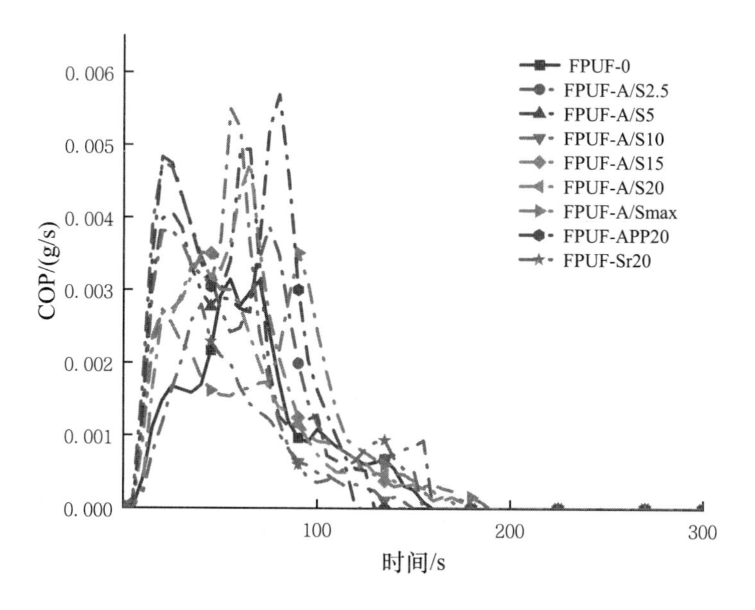

图4-22　不同样品在50 kW/m²辐照下的CO释放速率曲线（COP）

4.4.2　发烟指数与毒性气体生成速率指数

统计分析表明，火灾中70%以上的死亡是由烟气存在使得人员呼吸、中毒，或干扰视线影响疏散速度导致的。所以研究火灾科学时对烟气必须进行必要的估算。本文试验样品从开始产烟到持续产烟结束的最小试验时间为480 s，因此试验时将锥形量热仪测量材料8min内总发烟量的对数值定义为发烟指数，如式4-4所示：

$$I_{TSP,8min}=lg^{(A_{SE}\times R_{ML,8min}\times 48)} \tag{4-4}$$

式中：A_{SE}- 8min内比消光面积的均值，m^2/kg；

$R_{ML,8min}$- 8 min内质量损失速率均值，g/s。

研究表明，复合材料燃烧过程中，在发烟结束后持续阴燃热解会产生有毒气体，同时在实际火灾中CO也一直是被定义为危害人员生命安全的毒性烟气，CO的生成速率与总量对人员的安全疏散也十分具有威胁，因此，探究毒性气体的生成速率指数可在材料燃烧600s内进行，如式（4-5）所示。

$$I_{P,10min}=lg^{(y_{CO}\times R_{ML,10min}\times 10^3)} \tag{4-5}$$

式中：y_{CO}- 10min内CO生成速率的均值，g/s；

$R_{ML,10min}$- 10 min内质量损失速率均值，g/s。

材料燃烧时$I_{TSP,8min}$、$I_{P,10min}$指数越大，表明在规定时间内生成的烟尘和有毒气体越多，对人员伤害和潜在威胁也越大，各样品的$I_{TSP,8min}$、$I_{P,10min}$指数如表4- 12所示。

表 4- 12　25 kW/m²下各泡沫式样的发烟指数以及毒性气体生成速率指数

样品	$I_{TSP,8min}$/（m^2/s）	$I_{P,10min}$/（kg/s）
FPUF-0	2.987	0.016 8
FPUF-A/S2.5	3.085	0.563 4
FPUF-A/S5	3.229	0.204 6
FPUF-A/S10	3.135	0.058 0
FPUF-A/S15	2.997	0.264 2
FPUF-A/S20	3.063	0.010 4
FPUF-A/Smax	3.059	0.070 9
FPUF-APP20	3.121	0.200 7
FPUF-Sr20	2.449	0.068 4

从表4- 12~表4- 14中可以看出，除FPUF-Sr20的$I_{TSP,\ 8min}$最低，数值为2.449外，其余样品的$I_{TSP,\ 8min}$均偏高，其中在35 kW/m²热辐射强度照射下的空白样品最高，为3.469。由于聚磷酸铵可以快速促进聚氨酯泡沫成炭，而$I_{P,\ 10min}$所判定的毒性气体主要为CO，故添加聚磷酸铵后，无论哪种火场环境下，这一指标均较高，而单一锡酸锶的加入可以有效抑制这一指标。在使用二元锡酸锶/聚磷酸铵复配阻燃剂改性聚氨酯泡沫后，有一定程度的抑制作用。同时表4- 12、表4- 13、表4- 14总体数值区别不同，可以很好佐证该指标具有一定的稳定性，适用于对聚氨酯等复合材料的烟气毒性判定。

表 4- 13　35 kW/m²下各泡沫式样的发烟指数以及毒性气体生成速率指数

样品	$I_{TSP,8min}$/（m^2/s）	$I_{P,10min}$/（kg/s）
FPUF-0	3.469	0.292 3
FPUF-A/S2.5	3.377	0.416 5
FPUF-A/S5	3.344	0.275 2
FPUF-A/S10	3.192	0.611 2
FPUF-A/S15	3.308	0.167 0
FPUF-A/S20	3.265	0.334 5
FPUF-A/Smax	3.304	0.107 3
FPUF-APP20	3.270	1.000 3
FPUF-Sr20	3.280	0.278 3

表 4-14　50 kW/m²下各泡沫式样的发烟指数以及毒性气体生成速率指数

样品	$I_{TSP,8min}$/（m^2/s）	$I_{P,10min}$/（kg/s）
FPUF-0	3.301	0.292 5
FPUF-A/S2.5	3.324	0.875 8
FPUF-A/S5	3.280	0.354 5
FPUF-A/S10	3.112	1.126 5
FPUF-A/S15	3.268	0.343 5
FPUF-A/S20	3.059	0.152 8
FPUF-A/Smax	3.203	0.260 1
FPUF-APP20	3.220	0.351 9
FPUF-Sr20	3.115	0.061 3

4.4.3　烟密度分析

4.4.3.1　改性泡沫无焰条件下的比光密度（D_s）、透光率（T）

锥形量热仪测试是用于表明目标式样的动态发烟特性，而烟密度箱测试能测试其静态发烟特性，并且烟密度箱测试可分为无焰与有焰两种情况进行测试，分别作出透光率、比光密度与时间变化曲线，比光密度是材料在规定试验条件下产烟浓度的光学特性，又称烟密度。图4-23为纯FPUF在无焰测试条件下的透光率与烟密度曲线，其中实线为透光率，虚线为烟密度。图4-23至图4-27分别为FPUF-0、FPUF-A/S2.5、FPUF-A/S5、FPUF-A/S10、FPUF-A/S15、FPUF-A/S20、FPUF-A/Smax、FPUF-APP20、FPUF-Sr20软质聚氨酯泡沫在无焰测试条件下的透光率与烟密度曲线。相关烟密度参数列于表4-15。根据图中曲线并结合表4-15可知，纯FPUF从测试开始时，烟密度就迅速升高，直至160s，烟密度增加缓慢，曲线趋于平缓，最大烟密度达到36.1，并且最终透光率趋近于53.9，说明无任何阻燃剂添加的软质聚氨酯泡沫产烟量多，烟气浓度大。在添加了20 %聚磷酸铵后，烟气浓度发生显著提高，烟密度从36.1提升到70.04将近1倍；在添加了20 %锡酸锶后，烟气浓度依旧提升明显，烟密度从36.1提升到81.23超过1倍。由此可见，添加一元聚磷酸铵或锡酸锶对于聚氨酯泡沫的烟密度并无作用，相反地提升了聚氨酯泡沫的烟密度。但当两者同时加入时如FPUF-A/Smax的烟密度也为73，同时达到最大烟密度的时间较FPUF-0提前181 s。这是由于混合阻燃剂的加入使得泡沫炭化速度大幅提升，形成炭层后有效保护材料内部结构，出现不充分燃烧而生成大量一氧化碳，从而使得产烟量大大提高。炭层虽然可以有效阻隔热流，但持续高温的作用下会进一步燃烧挥发，同时产生一定烟气。对比添加了改性前后锡酸锶/聚磷酸铵软质聚氨酯泡沫材料，从达到最大烟密度的时间来分析，改性后的FPUF到达最大烟密度的时间均早于改性前的FPUF，这表明在无焰条件下，改性后的泡沫可以在一定程度上抑制了火焰的燃烧，并有一定自熄作用，火灾危险性小，并且对于FPUF烟气的抑制效果要优于改性前。当混合阻燃剂添加到软质聚氨酯泡沫中时，降低烟密度最大值的原因主要为锡酸锶与聚磷酸铵热解后覆盖在材料表面，促使致密炭层形成，起到抑制烟气扩散的效果。

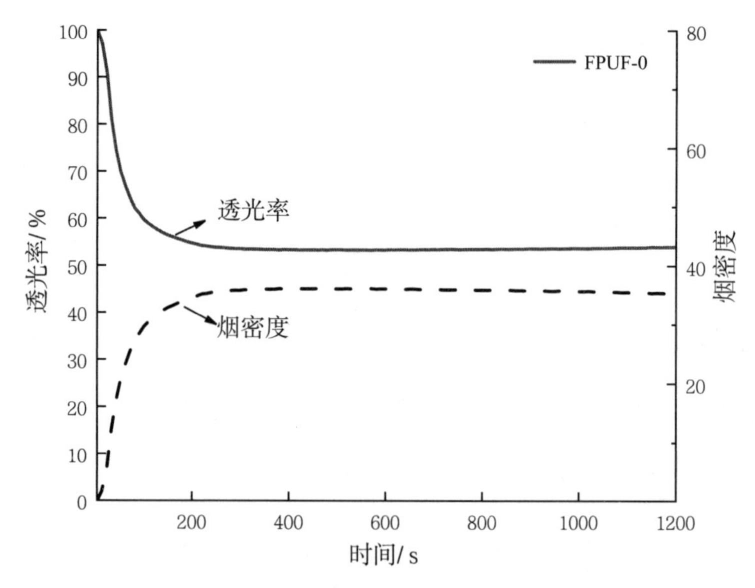

图4-23　纯FPUF在无焰测试条件下的透光率与烟密度曲线

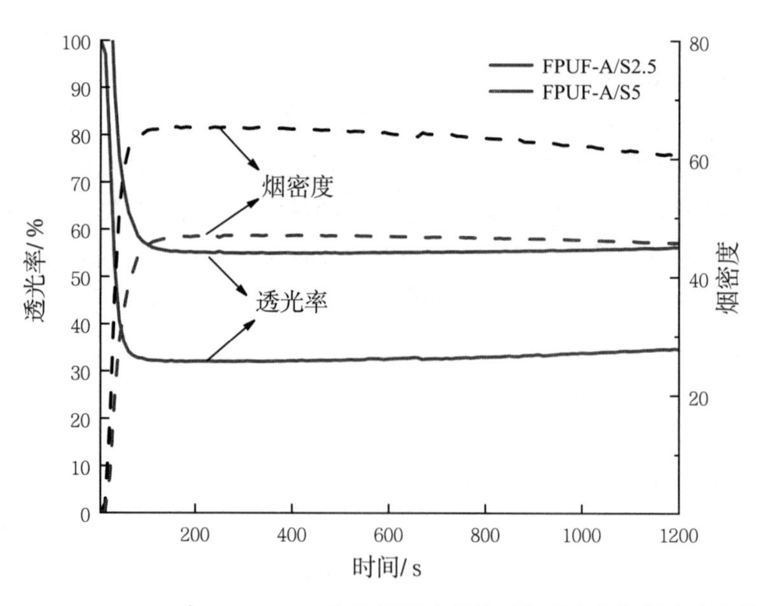

图4-24　FPUF-A/S2.5与FPUF-A/S5在无焰测试条件下的透光率与烟密度曲线

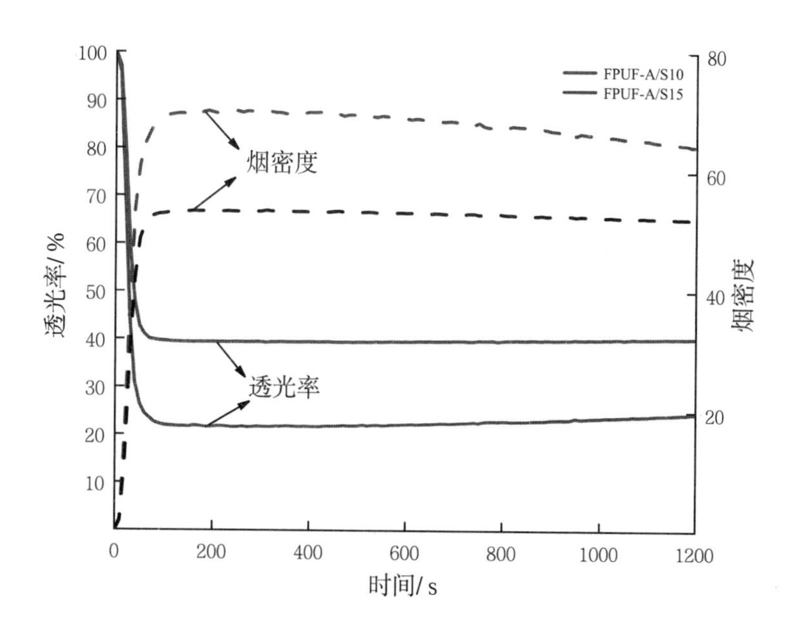

图4-25 FPUF-A/S10与FPUF-A/S15在无焰测试条件下的透光率与烟密度曲线

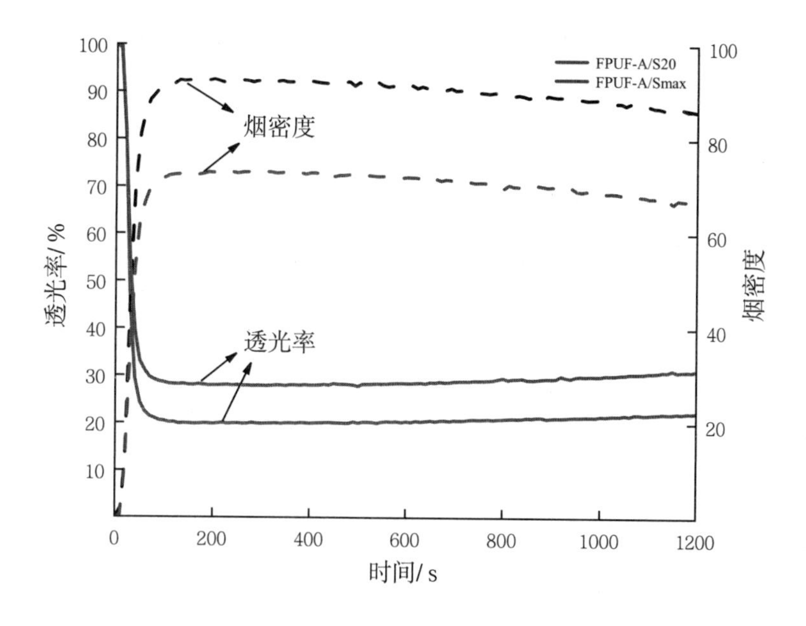

图4-26 FPUF-A/S20与FPUF-A/Smax在无焰测试条件下的透光率与烟密度曲线

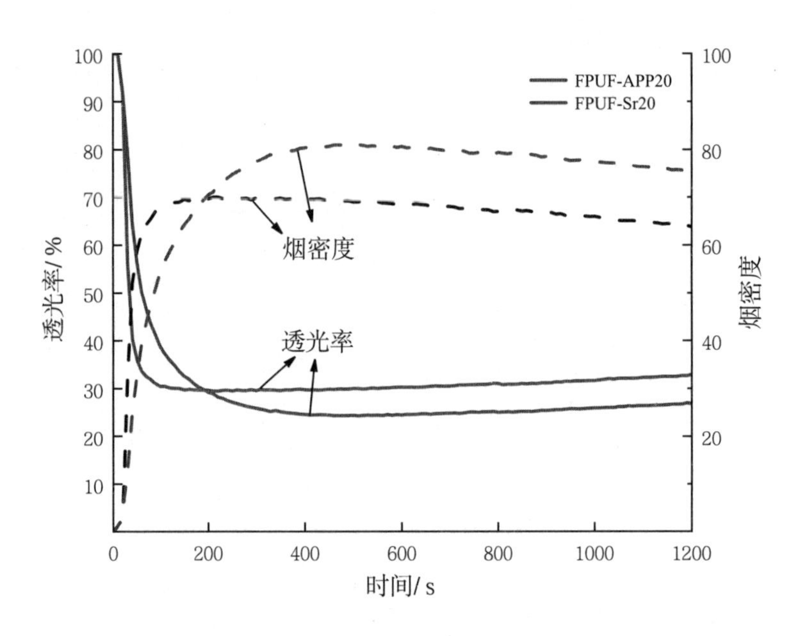

图4- 27　FPUF-APP20与FPUF-Sr20在无焰测试条件下的透光率与烟密度曲线

表 4- 15　无焰条件下各样品的烟密度测试参数

样品	最大烟密度	达到最大烟密度时间/s	质量损失率/%
FPUF-0	36.10	481	79.7
FPUF-APP20	70.04	220	68.3
FPUF-Sr20	81.23	462	82.1
FPUF-A/S2.5	65.51	241	69.8
FPUF-A/S5	47.14	248	58.8
FPUF-A/S10	53.55	205	66.2
FPUF-A/S15	88.28	285	62.4
FPUF-A/S20	92.77	183	62.5
FPUF-A/Smax	73.78	305	52.3

4.4.3.2　改性泡沫有焰条件下的比光密度（D_s）、透光率（T）

图4- 28为纯FPUF在有焰条件下的透光率与烟密度曲线，图4- 29至图4- 32分别为添加量的软质聚氨酯泡沫在有焰测试条件下的透光率与烟密度曲线。结合图4- 29至图4- 32

与表4-16可知，在有焰条件下，改性前后的软质聚氨酯泡沫烟密度最大值相差不大，但改性前泡沫的最大烟密度稍高一些。有焰条件下，泡沫式样接触火焰就开始燃烧同时释放烟气，在10~60 s时，烟密度增加比较迅速，在过了60 s后烟密度变化趋于平稳，最终达到峰值。纯FPUF的烟密度最大值为34.96，而改性前与改性后FPUF的烟密度最大值为了35.87、37.56，烟密度最大值并没有随着阻燃剂的加入降低反而略有增加。这表明，二元阻燃剂在泡沫材料燃烧过程中发生了阻燃作用，抑制了燃烧，导致了泡沫材料的不完全燃烧，同时增大了烟密度。

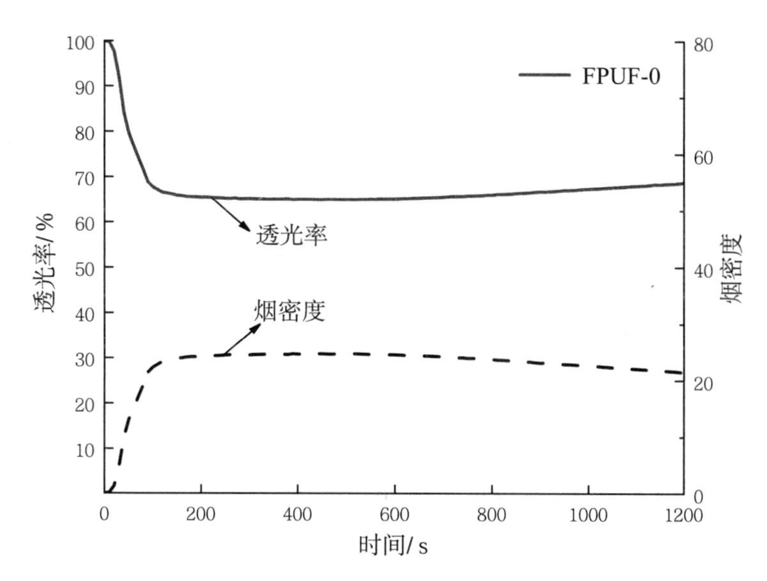

图4-28　纯FPUF在有焰测试条件下的透光率与烟密度曲线

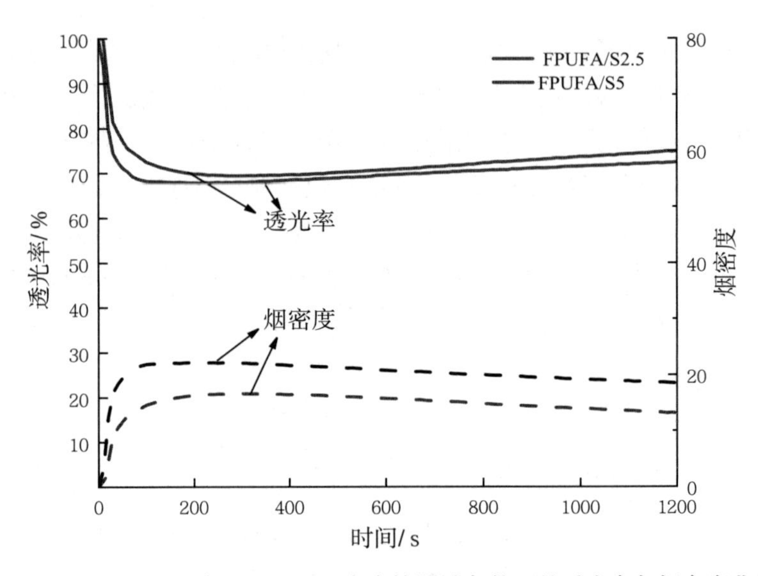

图4-29 FPUF-A/S2.5与FPUF-A/S5在有焰测试条件下的透光率与烟密度曲线

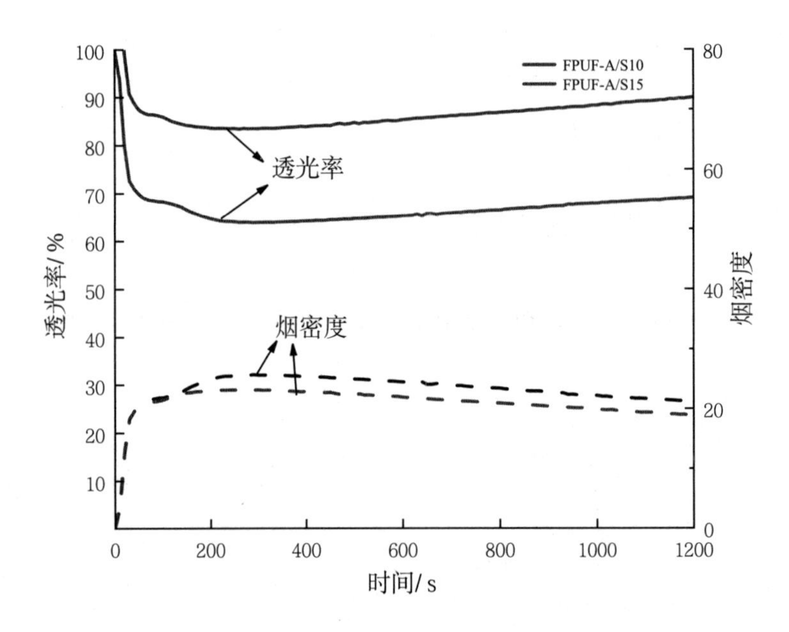

图4-30 FPUF-A/S10与FPUF-A/S15在有焰测试条件下的透光率与烟密度曲线

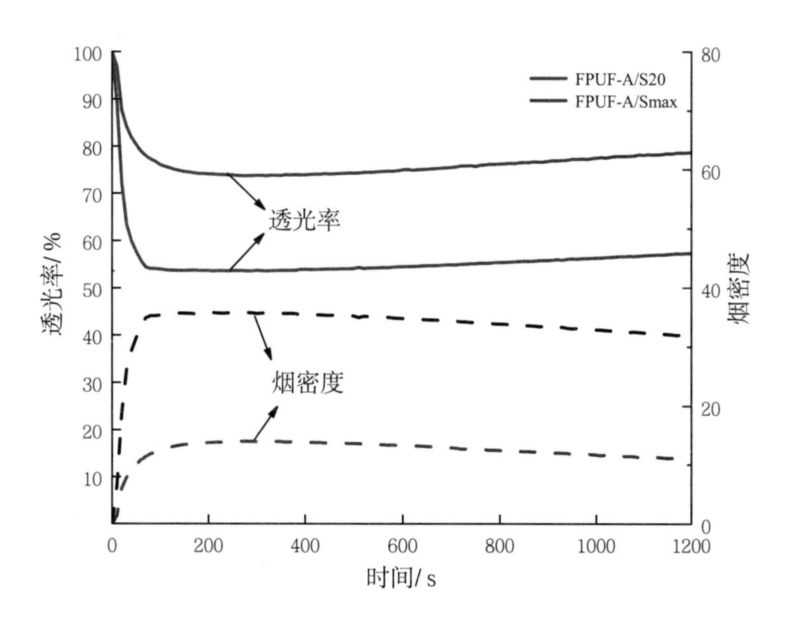

图4- 31　FPUF-A/S20与FPUF-A/Smax在有焰测试条件下的透光率与烟密度曲线

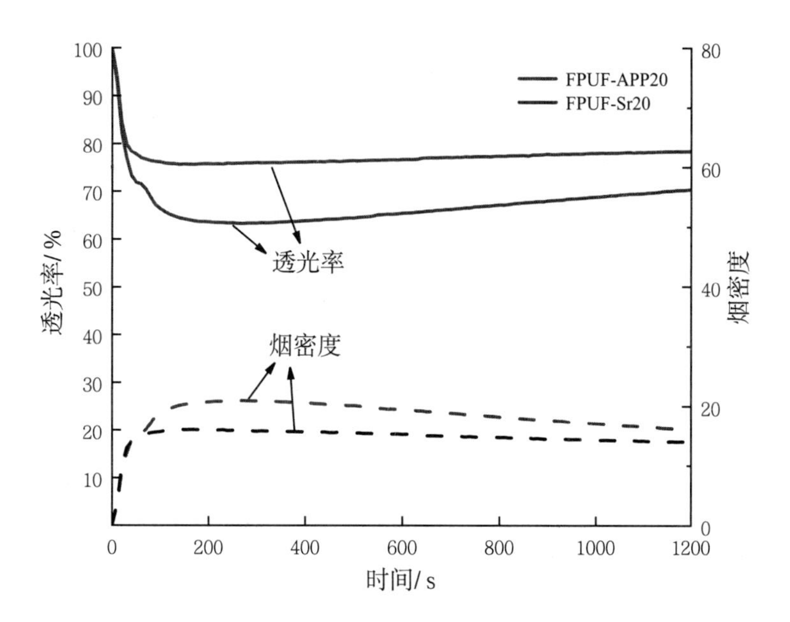

图4- 32　FPUF-APP20与FPUF-Sr20在有焰测试条件下的透光率与烟密度曲线

表 4-16　有焰条件下各式样烟密度测试参数

样品	最大烟密度	达到最大烟密度时间/s	质量损失率/%
FPUF-0	24.74	407	89.6
FPUF-APP20	16.50	175	74.9
FPUF-Sr20	26.26	276	90.3
FPUF-A/S2.5	22.28	221	73.8
FPUF-A/S5	20.95	281	68.2
FPUF-A/S10	25.71	323	76.0
FPUF-A/S15	23.20	283	70.6
FPUF-A/S20	35.79	219	69.1
FPUF-A/Smax	17.52	305	59.1

4.4.4　烟毒性分析

表 4-17　各气体组分浓度最大值

样品	CO/ (mg/m^3)	CO_2/ %	NO/ (mg/m^3)	NO_2/ (mg/m^3)	NO_x/ (mg/m^3)	SO_2/ (mg/m^3)
FPUF-0	5.0	0.14	4.0	0	6.1	0
FPUF-APP20	26.3	0.19	8.0	0.2	12.3	2.9
FPUF-Sr20	11.3	0.18	9.4	0.2	14.6	0
FPUF-A/S2.5	8.8	0.17	9.4	0.4	18.7	2.9
FPUF-A/S5	12.5	0.19	9.4	0.2	14.3	2.9
FPUF-A/S10	18.8	0.19	9.4	0.2	14.3	2.9
FPUF-A/S15	15.0	0.19	10.7	0.2	16.4	2.9
FPUF-A/S20	15.0	0.18	8.0	0.2	12.5	2.9
FPUF-A/Smax	21.3	0.18	8.0	0.2	12.3	2.9

烟毒性测试箱与烟气分析仪可对类似泡沫复合材料等进行燃烧产生烟气成分及浓度的实时测定，从而判断该材料的燃烧释烟对人体的损伤。尽管聚氨酯泡沫有许多优势，但也存在着一些问题，其中比较严重的是，聚氨酯泡沫在受火时会产生大量的有毒气体。这些有害物质轻则使人呼吸困难折损寿命，重则吸入微量即可直接致人员死亡。目前国内对于聚氨酯泡沫燃烧后的产烟成分没有明确限制，所以导致聚氨酯泡沫的大量日常日用存在隐患。本文使用烟毒性测试仪对聚氨酯泡沫燃烧产物进行分析，包括CO_2、CO、

NO等。测试过程中各气体组分浓度最大值及出现时间如表4- 17所示。由表4- 17可知，聚磷酸铵的加入使得聚氨酯泡沫燃烧中产生二氧化硫相关气体，而在6组锡酸锶/聚磷酸铵改性聚氨酯泡沫中均存在最大浓度为2.9 mg/m^{3}的SO_2。故锡酸锶无法抑制聚磷酸铵受热生成硫化物，锡酸锶与聚磷酸铵地添加使得NO_2等气体成分增加。

4.4.5 小结

聚磷酸铵的加入将大大提高材料的产烟量，而锡酸锶在燃烧时可以有效抑制气相，从而降低产烟量，随着锡酸锶的加入量变大，还可以一定程度提升泡沫的阻燃效果。烟气释放速率由单一添加APP的0.065 m^2/s最低可降至0.043 m^2/s，烟气释放总量由606.55 m^{2}降低至411.84 m^2，一氧化碳产生速率峰值由0.002 3 g/s降至0.001 3 g/s。

烟密度分析结果表明：将聚磷酸铵加入聚氨酯泡沫会导致透光率下降，同时烟密度大幅上升，添加一元APP阻燃剂对聚氨酯泡沫的抑烟效果不佳。同样，单一锡酸锶的加入也没有抑制烟气的效果。但两者同时加入产生的协同作用，比单一加入聚磷酸铵时产生的烟气大幅减少，故在使用聚磷酸铵阻燃的基础上只需少量添加锡酸锶，就可以很有效地减小聚磷酸铵产烟大这一问题。同时二者的加入将缩短最大烟密度时间的到来，这是由于混合型阻燃剂具备一定的自熄能力，可以快速炭化聚氨酯泡沫来起到良好的阻燃效果。

烟毒性分析结果表明：APP的加入会使得聚氨酯泡沫，无论是CO、NO、NO_2、NO_x、SO_2均得到一定微量的提升，只有CO_2的含量基本不变，故二元协效阻燃剂的加入，使得聚氨酯泡沫的烟气成分种类有所增加。

综上所述，锡酸锶/聚磷酸铵协同体系对聚氨酯材料的燃烧时产生的有害烟气有一定抑制作用，综合分析聚磷酸铵虽然在凝聚相有所作用，但添加量不宜过多，否则会导致产生大量烟气，从而在火灾中导致人员伤亡。锡酸锶的加入可以有效改善聚氨酯泡沫复合材的产烟量。综合考量，两者协同后所得到的阻燃性能与抑烟性能效果最佳。

4.5 结论

本章将锡酸锶与聚磷酸铵进行复配合成二元锡酸锶/聚磷酸铵阻燃剂，并采用单一和二元阻燃剂分别改性聚氨酯泡沫。然后使用X射线衍射仪、极限氧指数仪、UL-94垂直水平燃烧仪、锥形量热仪、扫描电子显微镜、烟气毒性测试箱、烟密度箱等设备对制备改性的聚氨酯泡沫进行阻燃性能表征，得到以下结论：

（1）锡酸锶对聚氨酯泡沫的颜色、密度、泡孔结构的影响都远小于聚磷酸铵，二元锡酸锶/聚磷酸铵协效阻燃剂添加后，其对泡沫的影响小于单一添加聚磷酸铵。大量锡酸锶/聚磷酸铵协效阻燃剂地添加使得泡沫密度骤增，对泡孔结构的影响较大，其添加总量不应超过60 %，否则将导致聚氨酯泡沫聚合困难，不易发生化学反应，同时失去其保温、弹性等多项优良的物化性能。

(2) 单一锡酸锶的加入可以轻微提升聚氨酯泡沫复合材料的LOI，而聚磷酸铵添加效果更佳。在泡沫中添加锡酸锶/聚磷酸铵协同阻燃剂时氧指数最大可达到25.6%。除空白FPUF与FPUF-Sr20外，其余样品水平燃烧测试等级均达到FH-1。锡酸锶与聚磷酸铵的协同作用使得聚氨酯泡沫形成一种“绒状”致密炭层，这样的C- C键远比P- O- C键更加牢固，相比两种一元阻燃剂可以生成更致密、更厚的炭层来阻止火焰的蔓延，并在一定程度上可以阻隔可燃气体及聚氨酯内部本身存在的助燃气体，切断链式反应中所必需的自由基。从而使其燃烧时间缩短，甚至出现自熄现象，保护泡沫无法完全燃烧。锡酸锶/聚磷酸铵协同体系最大可降低聚氨酯泡沫的热释放速率98.7 kW/m^2以及总热释放量6.5 MJ/m^2，该协效体系可以有效提高聚氨酯泡沫的阻燃性能。

(3) 聚氨酯泡沫一般具有两个热解阶段，开始时泡沫中的结合水及小分子物质被热解，将导致少量失重。在第一阶段异氰酸酯与尿素被热解，第二阶段中长链多元醇开始大量分解。空白聚氨酯泡沫热稳定性较差，残炭量较低，添加二元锡酸锶/聚磷酸铵阻燃剂后可以有效提升泡沫的残炭量，由17%提升至35%。此外，改性后泡沫积分程序热解温度由639℃提升至1140℃，其活化能较单一添加聚磷酸铵改性的泡沫最高可提升28.19 kJ/mol，对其热稳定性也有明显提高。

(4) 锡酸锶对于聚氨酯泡沫的产烟有一定抑制能力，但聚磷酸铵在受热分解后生成大量氨气及水蒸气后，会促使泡沫生成炭层从而导致不完全燃烧，使得聚氨酯泡沫产烟速率与产烟量大幅增长，同时生成SO_2。二元$SrSnO_3$/APP复配阻燃剂的加入可以有效改善添加聚磷酸铵后的聚氨酯泡沫的产烟性能，但同时两者的协同作用对于发烟指数及烟气成分减少没有有效作用，综合分析聚磷酸铵虽然在凝聚相有所作用，但添加量不宜过多，否则会导致产生大量烟气。锡酸锶的加入可以有效改善单一添加聚磷酸铵改性的聚氨酯泡沫的产烟量，使得COP降低约50%。发烟指数及毒性气体生成速率指数均有所降低，故而两者协同所得到的阻燃性能与抑烟性能效果最佳。

综上所述，二元锡酸锶/聚磷酸铵协效阻燃剂在聚氨酯泡沫受到燃烧后可以迅速使泡沫发生脱水反应，生成更为厚实的炭层，同时在材料内部结构骨架上覆盖一层无机物来降低炭层受到的温度。聚磷酸铵的加入会导致聚氨酯泡沫的产烟量变大，但锡酸锶可以降低聚磷酸铵带来的大量烟气，分解后释放大量不燃气体，在气相对聚氨酯泡沫进行改良，两者的协同作用可以有效控制改性聚氨酯泡沫的烟气生成。复配阻燃剂可以一定程度地提高聚氨酯的热稳定性，使得积分程序热解温度、热解动力学等有所提升。因此，利用锡酸锶/聚磷酸铵协效体系作为一种低污染、低成本的环保型阻燃剂对聚氨酯泡沫进行阻燃性能提升是非常有意义的。

参考文献

[1] KANDOLA B K, PRICE D, MILNES GJ, et al. Development of a novel experimental technique for quantitative study of melt dripping of themoplastic polymers [J]. Polymer Degradation and Stability, 2013, 98（1）:52-63.

[2] 孙浩,李廷廷,于向伟,等.聚氨酯弹性体力学及耐水性能研究[J].热固性树脂,2020,35（6）:15-19.

[3] Wang Y, Jow J, Su K, et al. Development of the unsteady upward fire model to simulate polymer burning under UL94 vertical test conditions [J]. Fire Safety Journal, 2012, 54:1-13.

[4] 刘佳宁. 硼酸锌改性可膨胀石墨的制备及其对聚乙烯与聚氨酯泡沫的阻燃性能研究[D].保定：河北大学,2020.

[5] 汪晓玲.改性锡酸锶对环氧树脂阻燃抑烟性能的影响[D].合肥：安徽建筑大学,2019.

[6] 朱泽宇,张旭,王志,等.碳纤维/环氧复合材料燃烧及产烟特性研究[J].中国胶黏剂,2020,29（07）:48-53.

[7] 雷雁洲.含氟聚氨酯的微相分离及热稳定性[J].高校化学工程学报,2020,34（2）:558-562.

[8] 张小博.新型磷-氮-硅复合阻燃材料的制备及性能研究[J].山东化工,2020,49（15）:3-4.

[9] 张旭,卜庆伟,王志.飞机指定区用防火密封硅胶燃烧特性及热解动力学研究[J].高校化学工程学报,2020,34（1）:136-142.

[10] ZHANG X, LI S., WANG Z, et al. Thermal stability of flexible polyurethane foams containing modified layered double hydroxides and zinc borate [J]. International Journal of Polymer Analysis and Characterization, 2020, 25（7）:499-516.

[11] ZHANG X, LI S, WANG Z, et al. Study on thermal stability of typical carbon fiber epoxy composites after airworthiness fire protection test [J]. Fire and Materials, 2020, 44（2）:202-210.

[12] Hu P, ZHENG X Y, ZHU J W, et al. Effects of chicken feather keratin on smoke suppression characteristics and flame retardancy of epoxy resin [J]. Polymers for Advanced Technologies, 2020, 31（11）:2480-2491.

[13] SAENKHUMVONG E, KARIN P, CHAROENPHONPHANICH C, et al. Oxidation kinetics of soot on acicular mullite membrane filter using electron microscopy and thermogravimetric analysis [J]. International Journal of Automotive Technology, 2020, 21（6）:1465-1473.

[14] 刘东月.磷氮多元醇及其功能化锡酸锶阻燃环氧树脂研究[D].太原：中北大学,2018.

[15] 许黛芳. 高效阻燃硬质聚氨酯泡沫的制备及性能研究[D].无锡：江南大学,2017.

[16] 智茂永,陈豪,刘全义,等.石墨烯改性聚氨酯软泡复合材料的制备及其抑烟性能研究[J].塑料科技,2019,47（11）:1-5.

[17] 王天明. 纳米氧化铜的制备及其与聚磷酸铵在环氧树脂中的协同阻燃作用研究[D].成都：西南交通大学,2019.

[18] JIAO CM, WANG H Z, CHEN X L. An efficient flame-retardant and smoke-suppressant agent by coated hollow glass microspheres with ammonium molybdophosphate for thermoplastic polyurethane [J]. Journal of Thermal Analysis and Calorimetry, 2019, 137（5）:1579-1589.

[19] 薛竹林,王亚凤,闫莉,等.反应型含磷多元醇/APP复配阻燃聚氨酯泡沫的制备及性能[J].塑料科技,2019,47（5）:31-36.

[20] 张京珍.泡沫塑料成型加工[M] .北京：化学工业出版社, 2005.

[21] 刘秀. 硬质聚氨酯泡沫塑料的阻燃抑烟及成炭机理研究[D].北京：北京理工大学,2016.
[22] 朱泽宇.锡酸锶/聚磷酸铵协效对聚氨酯泡沫的阻燃研究[D].沈阳:沈阳航空航天大学,2020.

第 5 章　氨基三亚甲基膦酸盐改性聚氨酯泡沫

5.1　实验方法及硬质聚氨酯泡沫的制备

5.1.1　实验原料

实验原料相关信息见表 5- 1。

表 5- 1　实验材料及厂家

实验材料	生产厂家
聚醚多元醇（4110）	常州卓联智创高分子材料科技有限公司
多亚甲基多苯基多异氰酸酯（PM-200）	常州卓联智创高分子材料科技有限公司
二月桂酸二丁基锡（DBTDL）	常州卓联智创高分子材料科技有限公司
三乙二胺（A33）	常州卓联智创高分子材料科技有限公司
硅油泡沫稳定剂（Si-oil）：AK8805	常州卓联智创高分子材料科技有限公司
三乙醇胺（TEOA）	常州卓联智创高分子材料科技有限公司
氨基三亚甲基磷酸	山东优索化学科技有限公司
浓硫酸	国药集团化学试剂有限公司
浓盐酸	国药集团化学试剂有限公司
二水氯化钙	天津福晨化学试剂有限公司
七水合硫酸亚铁	天津市北辰方正试剂厂
七水合硫酸钴	雄县华泽镍钴材料有限公司
EG（80 目）	青岛腾达炭素机械有限公司
去离子水	实验室自制

5.1.2　实验设备

实验设备见表 5- 2。

表 5- 2　实验设备

仪器名称	厂家	型号
电子天平	上海佑科仪器仪公司	FA2204B
电动搅拌机	上海司乐仪器有限公司	D2015W
鼓风干燥箱	上海福玛实验设备有限公司	DGX-9073B-2
锥形量热仪	FTT 公司	FTT-0242
极限氧指数仪	FTT 公司	FTT-0081
差热-热重分析仪	日本岛津有限公司	DTG-60AH
烟毒性分析仪	德国德图公司	Testo350
UL-94 垂直水平燃烧仪	北京鑫生卓锐科技有限公司	CFZ-5 型

5.1.3 性能测试

本文对实验样品主要采用的表征方法有极限氧指数测定法、锥形量热法和 UL-94 垂直水平燃烧测试法，分析不同阻燃剂单一添加和复配添加对 RPUF 阻燃性能的影响；采用热重分析法，分析改性 RPUF 热稳定性以及热分解动力学；采用烟毒性分析法，分析改性 RPUF 的烟毒性。

5.1.3.1 极限氧指数法

极限氧指数 (Limiting Oxygen Index，LOI)，是指在氮气与氧气的混合气体氛围下，刚好能够维持样品可以持续燃烧的氧气浓度。LOI 是评价聚合物材料燃烧性能的一种小型火测试方法。这种方法操作简单且有很好的重现性，可给出定量结果，可在样品制备初期对阻燃效果进行预估，适合配方的初选。其测试结果可以简单粗略地判断聚合物材料在空气中与火焰接触时燃烧的难易程度。通过 LOI，我们可以评价各种材料的相对燃烧性能，并将材料分为易燃、可燃和难燃材料三种级别。当 LOI 大于 27%时，属于难燃材料，当 LOI 为 22%~27%时，属于可燃材料；当 LOI 小于 22%时，属于易燃材料。本次实验选用的是 FTT 公司的高温氧指数测试仪。实验温度为室温，样品的规格为 100 mm×10 mm×10 mm，每组样品至少测试 3 次，直至找到样品的 LOI。

5.1.3.2 UL-94 垂直水平燃烧测试法

UL-94 垂直水平燃烧法主要是用于测试材料表面火焰传播的实验方法，也是能够有效评估材料阻燃情况的分级判定方法。由于其评价结果接近材料燃烧的实际情况，能较为真实地反映出材料燃烧的难易程度。测量方法为：先根据水平燃烧的具体要求将被测样品固定。然后，使用规定火焰对样品另外一端进行点燃并记录材料的有焰燃烧时间。实验结束后，可通过测量材料的烧损长度和燃烧时间计算线性燃烧速度并依据标准划分燃烧等级。

5.1.3.3 烟毒性测试

烟毒性测试可以检测出泡沫材料在燃烧后产生的一氧化碳、一氧化氮、氮氧化物等有毒气体含量。具体测试方法：将 1 g 样品放置于烟毒测试箱燃烧平台，点燃泡沫材料 30 s，使泡沫材料充分燃烧至自然熄灭，将燃烧气体搅拌均匀，用烟枪测出有毒气体量。

5.1.3.4 锥形量热法

锥形量热仪（CONE）也称耗氧量热仪，是按照物质燃烧的耗氧原理模拟材料在真实火场中燃烧行为的仪器。根据材料消耗的氧气质量，其在燃烧时会释放固定的燃烧热量这一原理进行测试。锥形量热法的实验环境与火场中真实环境很接近，所得到的各项数据指标能较为全面地评价材料在火场中的燃烧行为，从而被广泛地应用于火灾安全及材料燃烧等领域。在测试时可根据实验需要选定测试类型，有焰燃烧或无焰燃烧。仪器会实时采集氧气浓度的变化，并换算成样品释放的热量。锥形量热测试可以获得较为全面的材料燃烧参数。本文主要选用以下测试数据：热释放速率 (Heat Release Rate, HRR)，它是指在一定的热辐射强度下，材料发生燃烧时释热量与面积的比。它是评价材料在燃烧过程中形成火焰强度大小以及评价材料燃烧性能的重要参数，其单位为 kW/m^2。HRR 曲线的最高点为热释放速率峰值（Peak of HHR，PHRR），该指标能有效反映出在燃烧过程中可燃材料释放热量的难易程度。HRR 整体曲线越高，对应的 PHHR 值越大，说明材料的火灾危害性就越大。总热释放量（Total Heat Release，THR），它指的是在固定的辐射强度下，材料开始出现火焰至火焰熄灭时释放出的总热量，单位为 MJ/m^2。通常情况下，与 HRR 指标一并为判定试样燃烧特性的重要依据。质量损失率（Mass Loss，ML），它是指在一定的热辐射强度下，材料自身质量的流失情况。ML 越大，代表材料的热解越大，其燃烧带来的危险性也就越高。

本次实验仪器为 FTT-CONE-0242 锥形量热仪。实验时模拟火灾环境的热辐射强度为 35 kW/m^2，对应温度为 698℃，燃烧类型选择有焰燃烧，样品规格为 100 mm×100 mm×15 mm。具体的测试方法为：先对锥形量热仪预热 4~6 h，然后对仪器进行分阶段升温，直到热辐射强度为 35 kW/m^2时所对应的温度，接着对实验仪器进行调试，测量好实验样品的质量与厚度，将测量到的质量数值及厚度值输入与锥形量热仪相关联的测试软件中。用锡箔纸包裹好已测量过的样品，将样品放入与仪器配套的模具中，然后把装好样品的模具放入具有测试环境的实验台上进行测试。测试开始时利用高压点火器对样品进行加热并点燃。样品点燃后，移走高压打火器，同时在键盘上点 I。直到样品没有火焰达到熄灭状态，在键盘上点 F。在燃烧测试的整个过程中，锥形量热仪会实时对实验样品的数据进行采集与分析，从而得到相对准确可供分析的各种参数。

5.1.3.5 热重分析法

热重分析法，简称 TGA/TG，是指由电脑程序控制温度变化，并在一定的气体氛围条件下，测定实验材料的质量随温度和时间变化的一种分析方法。由热重分析法可以得到实验材料由温度变化而引起质量变化的热重曲线（TG）。

微商差热- 热重法，简称 DTG。DTG 曲线是 TG 曲线的一阶微商曲线，表示的是测试材料质量随着温度变化的瞬时变化率，是质量变化速率与温度之间的函数关系曲线。本次实验选用的仪器是日本岛津的 DTG-60AH 型热重分析仪。实验工况条件设定为：升温速率分别设定为 5 ℃/min、10 ℃/min、20 ℃/min、30 ℃/min 和 40 ℃/min，气体氛围是氮气气氛下，温度范围为 35℃至 800℃，实验材料的质量为 3~5 mg，氮气流速为 50 mL/min。使用热重分析仪测试不同样品的热失重情况，并通过 Flynn-Wall-Ozawa 法和 Starink 法，计算改性 RPUF 的表观活化能。

5.1.4 阻燃剂的制备

5.1.4.1 Ca-ATMP 的制备

将 $CaCl_2 \cdot 2H_2O$（14.7g，0.1 mol）添加到 500 mL 三颈圆底烧瓶中的 250 mL 去离子水中，用浓盐酸溶液将混合物的 pH 调节到 1.0，并进行机械搅拌，将氨基三亚甲基膦酸（ATMP）（59.8 g 50%溶液，0.1 mol）逐滴加入搅拌溶液中。然后，混合物在 100℃下精馏 24h。取出，经过多次离心和洗涤沉淀，获得的样品在真空炉中 100℃下干燥 24 h，研磨后可得 Ca-ATMP。

5.1.4.2 Fe^{2+}-ATMP 的制备

将 $FeSO_4 \cdot 7H_2O$（27.8g，0.1 mol）添加到 500 mL 三颈圆底烧瓶中的 250 mL 去离子水中，用浓硫酸溶液将混合物的 pH 调节到 1.0，并进行机械搅拌，将氨基三亚甲基膦酸（ATMP）（59.8 g 50%溶液，0.1 mol）逐滴加入搅拌溶液中。然后，混合物在 100℃下精馏 24 h。取出，经过多次离心和洗涤沉淀，获得的样品在真空炉中 100℃下干燥 24 h，研磨后可得 Fe^{2+}-ATMP。

5.1.4.3 Co^{2+}-ATMP 的制备

将 $CoSO_4 \cdot 7H_2O$（28.1g，0.1 mol）添加到 500 mL 三颈圆底烧瓶中的 250 mL 去离子水中，用浓硫酸溶液将混合物的 pH 调节到 1.0，并进行机械搅拌，将氨基三亚甲基膦酸（ATMP）（59.8 g 50%溶液，0.1 mol）逐滴加入搅拌溶液中。然后，混合物在 100℃下精馏 24 h。取出，经过多次离心和洗涤沉淀，获得的样品在真空炉中 100℃下干燥 24 h，研磨后可得 Co^{2+}-ATMP。

5.1.5 阻燃硬质聚氨酯泡沫的制备

采用一步全水发泡法，将聚醚多元醇、催化剂、泡沫稳定剂、阻燃剂等按比例混合并搅拌至均匀，然后加入一定质量的异氰酸酯，搅拌大约 10 s 左右，快速倒入模具中自由发泡，然后在室温下熟化 48 h。样品配方如表 5- 3 所示。

表 5-3 硬质聚氨酯泡沫配方

Sample	RPUF/%	Ca-ATMP/%	Co^{2+}-ATMP/%	Fe^{2+}-ATMP/%	EG/%
RPUF-0	100[a]	0			
RPUF-5Ca	95	5.0			
RPUF-10Ca	90	10.0			
RPUF-15Ca	85	15.0			
RPUF-20Ca	80	20.0			
RPUF-5Co^{2+}	95		5.0		
RPUF-10Co^{2+}	90		10.0		
RPUF-15Co^{2+}	85		15.0		
RPUF-20Co^{2+}	80		20.0		
RPUF-5Fe^{2+}	95			5.0	
RPUF-10Fe^{2+}	90			10.0	
RPUF-15Fe^{2+}	85			15.0	
RPUF-20Fe^{2+}	80			20.0	
RPUF-5EG	95				5.0
RPUF-10EG	90				10.0
RPUF-15EG	85				15.0
RPUF-20EG	80				20.0
RPUF-1Ca-14EG	85	1.0			14.0
RPUF-2.5Ca-12.5EG	85	2.5			12.5
RPUF-5Ca-10EG	85	5.0			10.0
RPUF-7.5Ca-7.5EG	85	7.5			7.5.0
RPUF-1Co^{2+}-14EG	85		1.0		14.0
RPUF-2.5Co^{2+}-12.5EG	85		2.5		12.5
RPUF-5Co^{2+}-10EG	85		5.0		10.0
RPUF-7.5Co^{2+}-7.5EG	85		7.5		7.5
RPUF-1Fe^{2+}-14EG	85			1.0	14.0
RPUF-2.5Fe^{2+}-12.5EG	85			2.5	12.5
RPUF-5Fe^{2+}-10EG	85			5.0	10.0
RPUF-7.5Fe^{2+}-7.5EG	85			7.5	7.5

[a]4110:38.68%; PM200:58.03%; H_2O:0.77%; Si、oil:0.77%; TEOA:1.18%; A33:0.38%; DBTDL:0.19%。

5.2 X-ATMP 阻燃剂与 EG 单组分改性 RPUF 的阻燃性能研究

5.2.1 极限氧指数分析

表 5- 4 不同样品极限氧指数值表

样品	LOI/%
RPUF-0	19.2
RPUF-5Ca	19.8
RPUF-10Ca	20.0
RPUF-15Ca	20.4
RPUF-20Ca	20.6
RPUF-5Co^{2+}	19.8
RPUF-10Co^{2+}	20.7
RPUF-15Co^{2+}	21.3
RPUF-20Co^{2+}	22.1
RPUF-5Fe^{2+}	19.8
RPUF-10Fe^{2+}	20.7
RPUF-15Fe^{2+}	21.5
RPUF-20Fe^{2+}	21.8
RPUF-5EG	22.1
RPUF-10EG	25.0
RPUF-15EG	27.5
RPUF-20EG	28.8

由表 5- 4 可知，RPUF-0 的 LOI 仅为 19.2%。添加 X-ATMP 阻燃剂与 EG 阻燃剂后，RPUF/Ca-ATMP 的 LOI 从 19.8%提升到 20.6%，RPUF/Fe^{2+}-ATMP 的 LOI 从 19.8%提升到 21.8%，RPUF/Co^{2+}-ATMP 的 LOI 从 19.8%提升到 22.1%，RPUF/EG 的 LOI 从 22.1%提升到 28.8%。从表 5- 4 中数据可以发现，X-ATMP 和 EG 都可以提高 RPUF 的 LOI，X-ATMP 提升氧指数是由于它们可以催化成炭，捕捉自由基以及生成惰性气体稀释可燃气体的组分；EG 提升 RPUF 的 LOI 是由于 EG 受热可以快速形成“蠕虫状”炭层。在同样添加量的情况下，EG 对于 LOI 的提升比 X-ATMP 更大，主要是由于 EG 的隔热效果更好。

5.2.2 水平燃烧分析

水平燃烧可反映火焰在材料表面蔓延的难易程度，依据国家标准 GB/T 2408—2008 进行测试，结果如表 5- 5 所示：

表 5-5　不同样品的 UL-94 水平燃烧级别

样品	UL-94 水平燃烧级别
RPUF-0	FH-4-500mm/min
RPUF-5Ca	FH-4-346mm/min
RPUF-10Ca	FH-4-300mm/min
RPUF-15Ca	FH-4-281mm/min
RPUF-20Ca	FH-4-236mm/min
RPUF-5Co^{2+}	FH-4-409mm/min
RPUF-10Co^{2+}	FH-4-300mm/min
RPUF-15Co^{2+}	FH-4-214mm/min
RPUF-20Co^{2+}	FH-4-195mm/min
RPUF-5Fe^{2+}	FH-4-300mm/min
RPUF-10Fe^{2+}	FH-4-264mm/min
RPUF-15Fe^{2+}	FH-4-214mm/min
RPUF-20Fe^{2+}	FH-4-166mm/min
RPUF-5EG	FH-2-27mm/min
RPUF-10EG	FH-1
RPUF-15EG	FH-1
RPUF-20EG	FH-1

由表 5-5 可知，RPUF-0 的水平燃烧级别为 500 mm/min。RPUF-5Ca、RPUF-10Ca、RPUF-15Ca、RPUF-20Ca 的水平燃烧级别分别为 FH-4-346 mm/min、FH-4-300 mm/min、FH-4-281 mm/min、FH-4-236 mm/min，说明氨基三亚甲基膦酸钙（Ca-ATMP）可降低火焰在材料表面的传播速度，并且随着 Ca-ATMP 所占质量分数的增大，火焰传播速度越小，火焰蔓延得越慢。同理，氨基三亚甲基膦酸亚铁（Fe^{2+}-ATMP）和氨基三亚甲基膦酸亚钴（Co^{2+}-ATMP）也有同样的规律，这主要是由磷氮协同作用导致的。RPUF-5EG 的水平燃烧级别为 FH-2-27 mm/min，RPUF-10EG 的水平燃烧级别为 FH-1，可以看出 EG 的水平燃烧级别也随着添加量的增大而提高，说明 EG 对于 RPUF 的火焰传播有极大的限制作用。当添加质量分数为 10%的 EG 后，RPUF 的水平燃烧级别都为 FH-1，这主要是由于 EG 受热膨胀，形成的炭层的阻隔作用，导致 RPUF 的火焰蔓延速度减小或消失。而且，EG 在水平燃烧中阻燃效果明显优于 X-ATMP。

5.2.3 烟毒性分析

表 5-6 不同样品的烟毒气体含量

样品	CO/ (mg/m³)	NO/ (mg/m³)	NO_2/ (mg/m³)	NO_x/ (mg/m³)
RPUF-0	33.8	13.4	1.8	22.3
RPUF-5Ca	28.8	10.7	1.7	18.0
RPUF-10Ca	25.0	9.4	1.6	16.7
RPUF-15Ca	23.8	8.7	1.4	15.8
RPUF-20Ca	22.5	8.0	1.2	14.6
RPUF-5Co^{2+}	25.0	10.2	1.7	17.8
RPUF-10Co^{2+}	23.8	9.4	1.5	15.8
RPUF-15Co^{2+}	22.5	8.7	1.3	13.5
RPUF-20Co^{2+}	21.3	7.6	1.2	11.3
RPUF-5Fe^{2+}	28.8	10.7	1.7	17.6
RPUF-10Fe^{2+}	25.0	9.3	1.5	15.7
RPUF-15Fe^{2+}	23.8	8.5	1.3	13.7
RPUF-20Fe^{2+}	20.0	7.4	1.2	11.8
RPUF-5EG	17.5	10.7	1.7	18.4
RPUF-10EG	15.0	9.4	1.6	16.4
RPUF-15EG	13.8	8.6	1.5	14.8
RPUF-20EG	11.5	8.0	1.4	12.9

由表 5-6 中可以看出，CO、NO、NO_2、NO_x 含量随着 X-ATMP 和 EG 含量的增多而降低，X-ATMP 是由于其含有的过渡金属元素可将氮氧化物催化为氮气，EG 是由于其受热膨胀，形成“蠕虫状”炭层，对气体进行吸附。

5.2.4 锥形量热仪分析

锥形量热法已被广泛用于模拟聚合物材料在实际火灾中的燃烧行为，在热辐射强度为 35 kW/m² 的工况下，对不同组分的样品进行燃烧特性测试，得到燃烧数据。

5.2.4.1 热释放速率

不同样品的 HRR 与时间的关系曲线如图 5-1 所示，RPUF-0 燃烧后的 PHRR 为 227 kW/m²，RPUF-0 在点火后，迅速燃烧。与 RPUF-0 相比，添加 15%Ca-ATMP 的 RPUF 的 PHRR 为 210 kW/m²，峰值下降 7.49%；添加

15%Fe^{2+}-ATMP 的 RPUF 的 PHRR 为 207 kW/m^2，峰值下降 8.81%；添加 15%Co^{2+}-ATMP 的 RPUF 的 PHRR 为 206 kW/m^2，峰值下降 9.25%；添加 15%EG 的 RPUF 的 PHRR 为 148 kW/m^2，峰值降低了 34.8%，这是由于 EG 受热膨胀，迅速形成了一层“蠕虫状”炭层，炭层成为一道阻碍热量传递的物理屏障。可以看出，单独添加 X-ATMP 可以降低 RPUF 的 PHRR，但效果没有 EG 好。

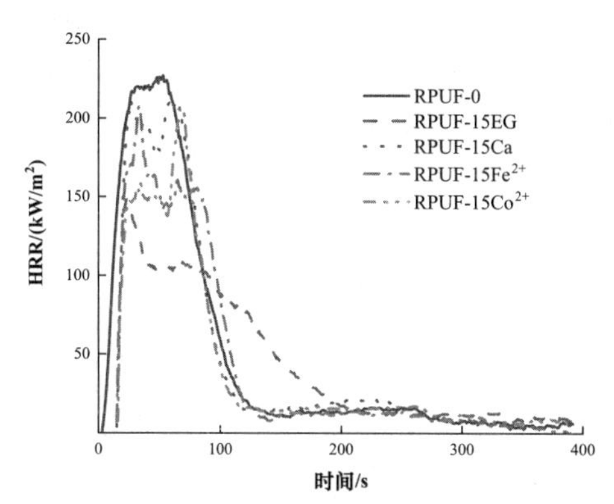

图 5-1　不同样品的热释放速率曲线（35 kW/m^2）

5.2.4.2　总热释放量

不同样品 THR 与时间的关系曲线如图 5-2 所示，RPUF-0 的 THR 为 19.1 MJ/m^2，RPUF-15EG 的 THR 为 16.3 MJ/m^2，RPUF-15Ca 的 THR 为 18.5 MJ/m^2，RPUF-15Fe^{2+}的 THR 为 16.8 MJ/m^2，RPUF-15Co^{2+}的 THR 为 17.6 MJ/m^2。随着时间的延续，THR 呈现增大趋势，RPUF-15Ca 的 THR 大于 RPUF-15Fe^{2+}和 RPUF-15Co^{2+}是由于其 HRR 呈现双峰结构，RPUF-15Fe^{2+}和 RPUF-15Co^{2+}都是单峰结构。此外，RPUF-15Ca 的 HRR 双峰比 RPUF-15Fe^{2+}和 RPUF-15Co^{2+}的单峰还要高。因此，其 THR 比另外两种泡沫材料大，而 RPUF-15EG 也为单峰结构，并且 HRR 要小于 RPUF-15Fe^{2+}和 RPUF-15Co^{2+}的 HRR，尽管燃烧时间稍长，但其 THR 仍然小于其他泡沫材料的 THR。

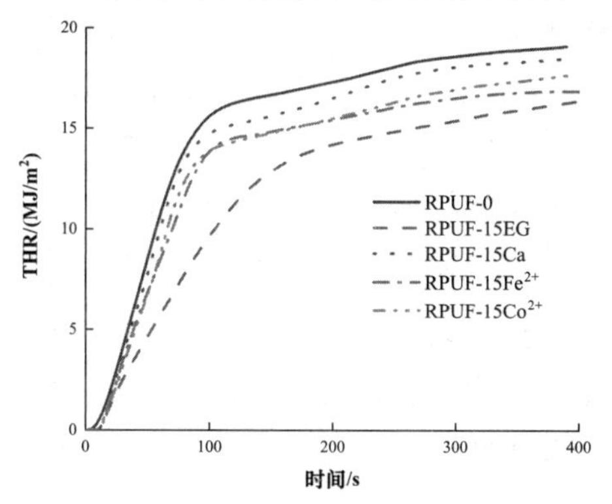

图 5-2　不同样品的总热释放量曲线（35 kW/m^2）

5.2.4.3　质量损失

不同样品质量损失率与时间的关系曲线如图 5- 3 所示，RPUF-0 的残余量仅为 9.70%，RPUF-15EG 的最终残余量为 18.55%，RPUF-15Ca 的最终残余量为 17.65%，RPUF-15Fe^{2+} 的最终残余量为 18.08%，RPUF-15Co^{2+}的最终残余量为 14.73%。与 RPUF-0 相比，添加 X-ATMP 和 EG 都可以增加 RPUF 的残余率。应该注意的是，EG 的残余量在开始阶段下降速度较其他三种较缓慢，但最终残余量却与其他三种相近，这是由于 EG 在开始阶段快速形成“蠕虫状”炭层，阻隔热量和质量的传递，但炭层是疏松多孔的，泡沫材料在形成“蠕虫状”炭层后依然缓慢燃烧导致的。

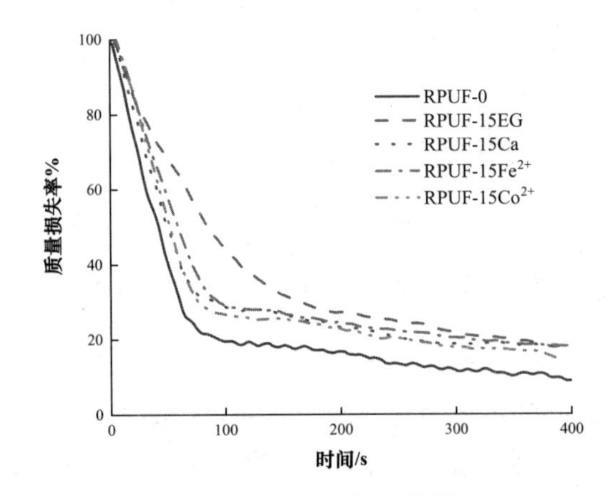

图 5- 3　不同样品的质量损失曲线（35 kW/m²）

5.2.5　热重分析

5.2.5.1　阻燃剂的热稳定性

（1）氨基三亚甲基磷酸钙（Ca-ATMP）的热稳定性

Ca-ATMP 在升温速率分别为 5 ℃/min、10 ℃/min、20 ℃/min、30 ℃/min、40 ℃/min 的 TGA 和 DTG 曲线如图 5- 4 所示。5 ~40 ℃/min 升温速率下 Ca-ATMP 的 5%质量损失（$T_{5\%}$）的温度分别为 365.9℃、377.4℃、395.2℃、406.7℃、405.9℃。800℃时 Ca-ATMP 的最终残余率分别为 75.3%、74.7%、74.5%、74.3%、75.0%。在不同升温速率下，Ca-ATMP 失重过程主要分为 2 个阶段，以升温速率 20 ℃/min 为例，第一阶段为 463℃以下，这阶段的失重主要是 C- P 键和 N- C 键的断裂以及 Ca-ATMP 脱羟基，失重率约为 12.3%；第二阶段为 463℃以上，主要是由于含磷酸衍生物的分解，失重率约为 13.2%。800℃残余率为 74.5%，表明 Ca-ATMP 具有良好的热稳定性。

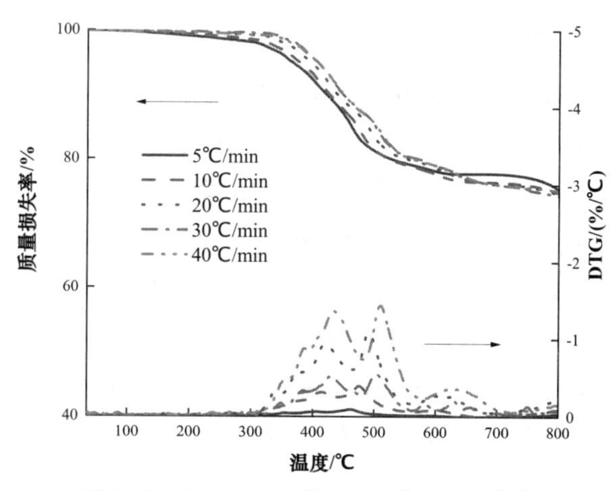

图 5- 4　Ca-ATMP 的 TGA 和 DTG 曲线

(2) 氨基三亚甲基磷酸亚铁（Fe2+-ATMP）的热稳定性

Fe^{2+}-ATMP 在升温速率分别为 5 ℃/min、10 ℃/min、20 ℃/min、30 ℃/min、40 ℃/min 的 TGA 和 DTG 曲线如图 5- 5 所示。5 ~40 ℃/min 升温速率下 Fe^{2+}-ATMP 的 5%质量损失（$T_{5\%}$）的温度分别为 196.9℃、202.4℃、209.2℃、216.0℃、220.2℃。800℃时 Fe^{2+}-ATMP 的最终残余率分别为 60.1%、58.8%、60.7%、65.0%、64.9%。Fe^{2+}-ATMP 的失重过程分为 3 个阶段，以升温速率 20 ℃/min 为例，第一阶段为 190~230℃，此阶段失重与 Fe^{2+}-ATMP 晶格水的蒸发有关，失重率约为 14.3%；第二阶段为 250~450℃，这个阶段的失重主要是 C- P 键和 N- C 键的断裂，失重率约为 10.4%。第三阶段为 450℃以上，主要是由于含磷酸衍生物的分解，失重率约为 14.6%。800℃残余率为 60.7%，表明 Fe^{2+}-ATMP 具有良好的热稳定性。

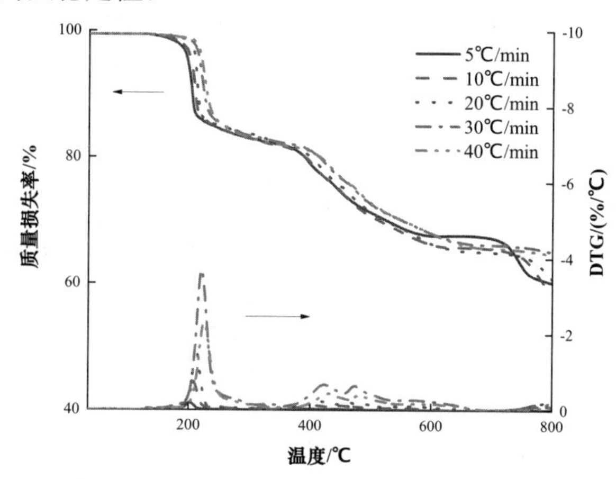

图 5- 5　Fe^{2+}-ATMP 的 TGA 和 DTG 曲线

（3）氨基三亚甲基膦酸亚钴（Co2+-ATMP）的热稳定性

Co^{2+}-ATMP 在升温速率分别为 5 ℃/min、10 ℃min、20 ℃/min、30 ℃/min、40 ℃/min 的 TGA 和 DTG 曲线如图 5-6 所示，5 ~40 ℃/min 升温速率下 Co^{2+}-ATMP 的 5%质量损失（$T_{5\%}$）的温度分别为 190.3℃、201.5℃、214.7℃、218.2℃、223.4℃。800℃时 Co^{2+}-ATMP 的最终残余率分别为 66.5%、64.1%、64.7%、63.6%、63.5%。Co^{2+}-ATMP 的失重过程分为 3 个阶段，以升温速率 20 ℃/min 为例，第一阶段为 210~240℃，此阶段失重与 Co^{2+}-ATMP 晶格水的蒸发有关，失重率约为 14.1%；第二阶段为 300~451℃，这个阶段的失重主要是 C-P 键和 N-C 键的断裂，失重率约为 8.6%；第三阶段为 450℃以上，主要是由于含磷酸衍生物的分解，失重率约为 12.6%。800℃残余率为 60.7%，表明 Co^{2+}-ATMP 具有良好的热稳定性。

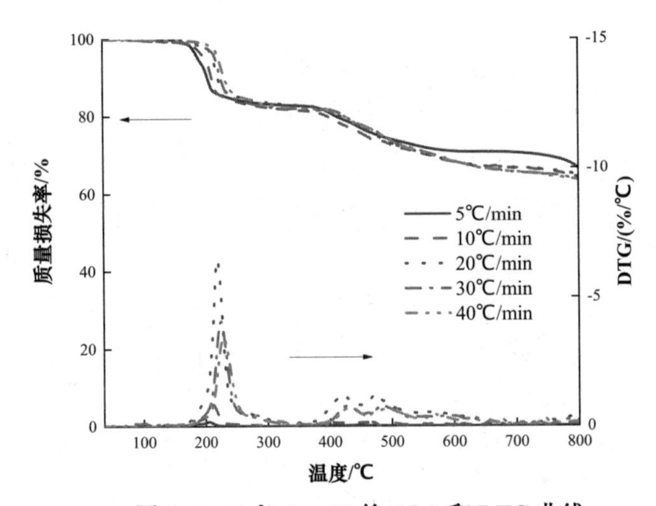

图 5-6　Co^{2+}-ATMP 的 TGA 和 DTG 曲线

（4）可膨胀石墨（EG）的热稳定性

EG 在升温速率分别为 5 ℃/min、10 ℃/min、20 ℃/min、30 ℃/min、40 ℃/min 的 TGA 和 DTG 曲线如图 5-7 所示。5~40 ℃/min 升温速率下 EG 的 5%质量损失（$T_{5\%}$）的温度分别为 201.9℃、204.3℃、214.1℃、215.8℃、220.8℃。800℃时 EG 的最终残余率分别为 56.4%、57.9%、54.8%、56.9%、59.9%。EG 在整个热分解过程中 DTG 曲线只有一个是失重峰，表明 EG 的失重过程只有一个阶段，EG 失重主要是其生成 CO_2 等气体所致。

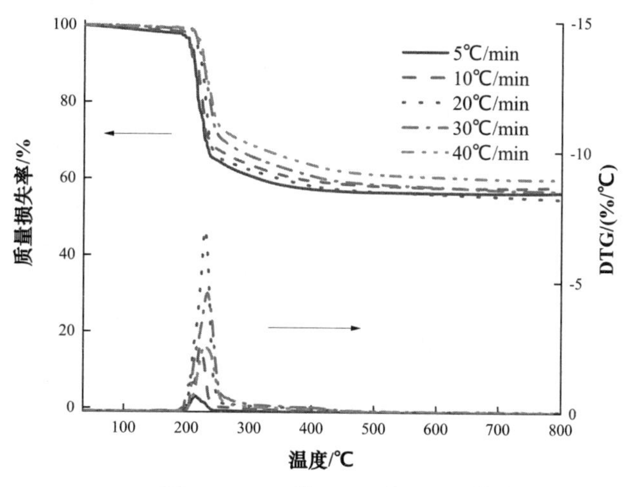

图 5-7　EG 的 TGA 和 DTG 曲线

5.2.5.2　Ca-ATMP 对 RPUF 热稳定性的影响

为了分析 Ca-ATMP 不同添加量对 RPUF 热稳定性的影响，试验样品在 5 ℃/min、10 ℃/min、20 ℃/min、30 ℃/min、40 ℃/min 升温速率下分别进行测试，结果如图 5-8 所示。

由图 5-8 可知，在升温速率为 20℃/min 时，RPUF-0 失重分为两个阶段，第一阶段为 255~335℃，RPUF 在第一阶段的最大热失重温度 T_{MAX1}（℃）为 318℃，是由于聚氨酯解聚，释放了小的单体前驱物，例如多元醇和异氰酸酯。第二阶段为 335~650℃，RPUF-0 在第二阶段的最大热失重温度 T_{MAX2}（℃）为 363℃，主要是炭化二亚胺与醇或水反应得到的取代脲的降解。各不同添加量 DTG 曲线趋势一致，说明 Ca-ATMP 的添加并没有影响 RPUF-0 的失重步骤。与 RPUF-0 相比，Ca-ATMP 改性 RPUF 的 50%失重温度（$T_{50\%}$）以及在 800 ℃的残余率均有所提高。升温速率为 20 ℃/min 时，RPUF-5Ca、RPUF-10Ca、RPUF-15Ca、RPUF-20Ca 在 800 ℃的残余率分别为 17.48%、22.91%、25.8%、30.3%。可以看出随着 Ca-ATMP 添加量的增大，RPUF 的残余率也随着增大。由此可见，Ca-ATMP 的加入，提升了 RPUF 的热稳定性，Ca-ATMP 的高温热稳定性和催化炭化可以很好地解释这一结果。

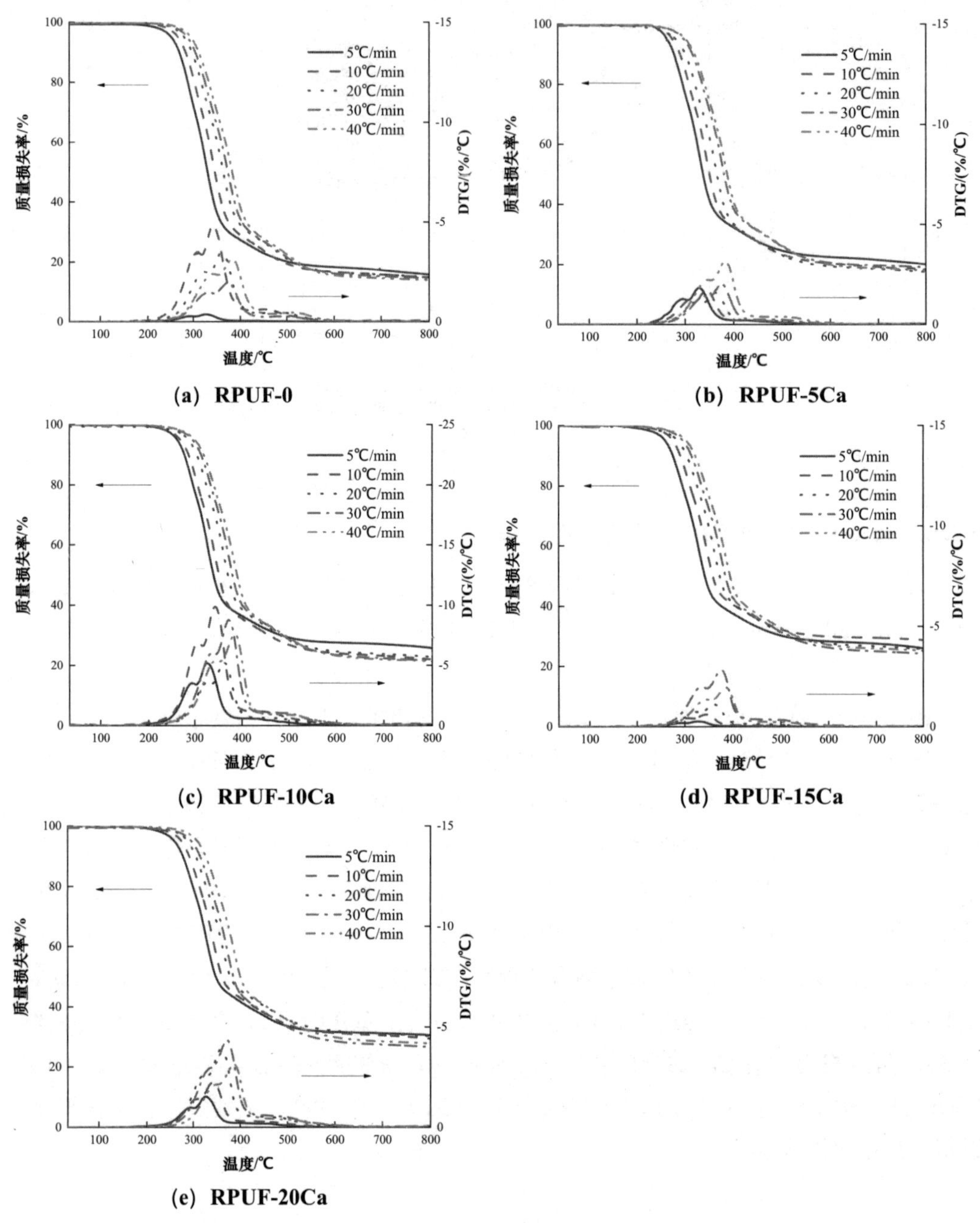

(a) RPUF-0　(b) RPUF-5Ca

(c) RPUF-10Ca　(d) RPUF-15Ca

(e) RPUF-20Ca

图 5-8　不同样品在不同升温速率下 TGA 和 DTG 曲线

5.2.5.3　Fe^{2+}-ATMP 对 RPUF 热稳定性的影响

为了分析 Fe^{2+}-ATMP 不同添加量对 RPUF 热稳定性的影响，试验样品在 5 ℃/min、

10 ℃/min、20 ℃/min、30 ℃/min 和 40 ℃/min 升温速率下进行表征，如图 5- 9 所示。

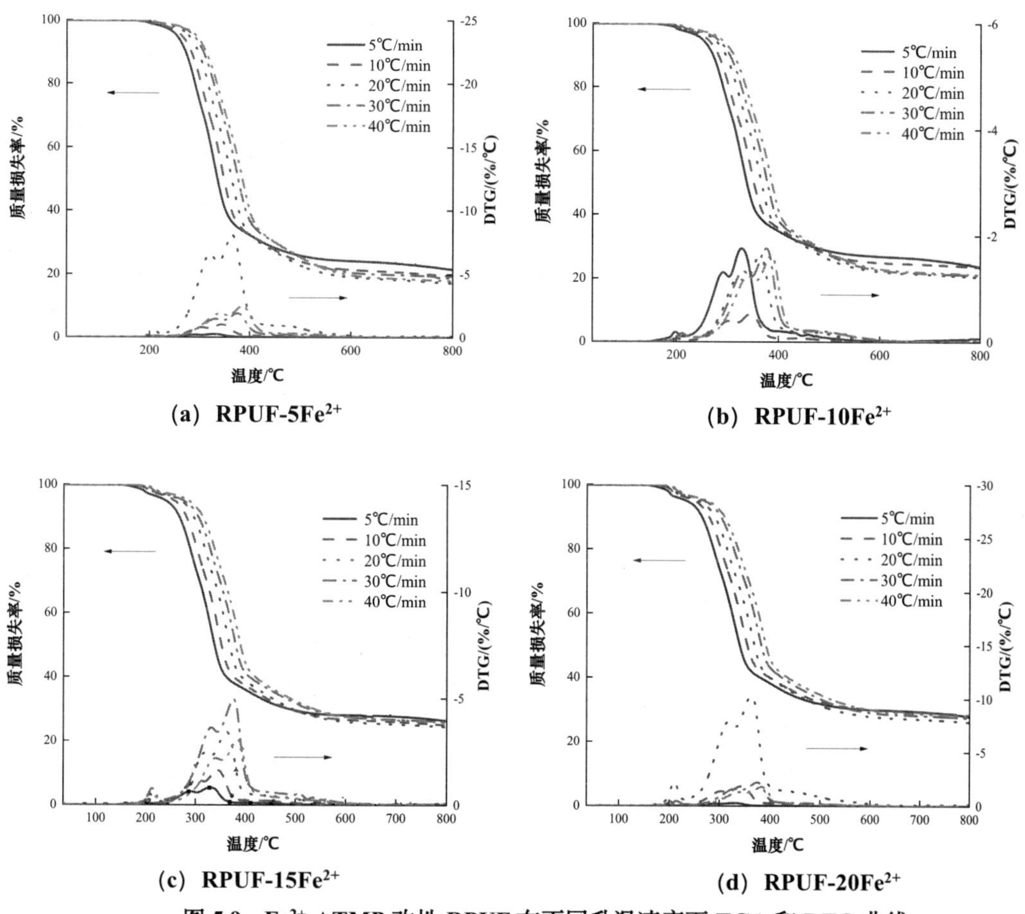

(a) RPUF-5Fe2+ (b) RPUF-10Fe2+

(c) RPUF-15Fe2+ (d) RPUF-20Fe2+

图 5.9 Fe^{2+}-ATMP 改性 RPUF 在不同升温速率下 TGA 和 DTG 曲线

由图 5- 9 可知，与 RPUF-0 相比，Fe^{2+}-ATMP 改性 RPUF 的失重分为三个阶段，第一阶段为 190~230℃，归因于 Fe^{2+}-ATMP 晶格水的蒸发，RPUF 分解的另外两个阶段并未因 Fe^{2+}-ATMP 的添加受到影响。改性 RPUF 的 50%失重温度（$T_{50\%}$）以及在 800℃的残余率均有所提高。升温速率为 20 ℃/min 时，RPUF-5Fe^{2+}、RPUF-10Fe^{2+}、RPUF-15Fe^{2+}、RPUF-20Fe^{2+}在 800℃的残余率分别为 17.18%、20.38%、24.52%和 26.22%。可以看出随着 Fe^{2+}-ATMP 添加量的增大，RPUF 的残余率也随着增大。由此可见，Fe^{2+}-ATMP 的加入，提升了 RPUF 的高温热稳定性。

5.2.5.4 Co^{2+}-ATMP 对 RPUF 热稳定性的影响

为了分析 Co^{2+}-ATMP 不同添加量对 RPUF 热稳定性的影响，试验样品在 5 ℃/min、10 ℃/min、20 ℃/min、30 ℃/min 和 40 ℃/min 升温速率下进行分析，如图 5- 10 所示。

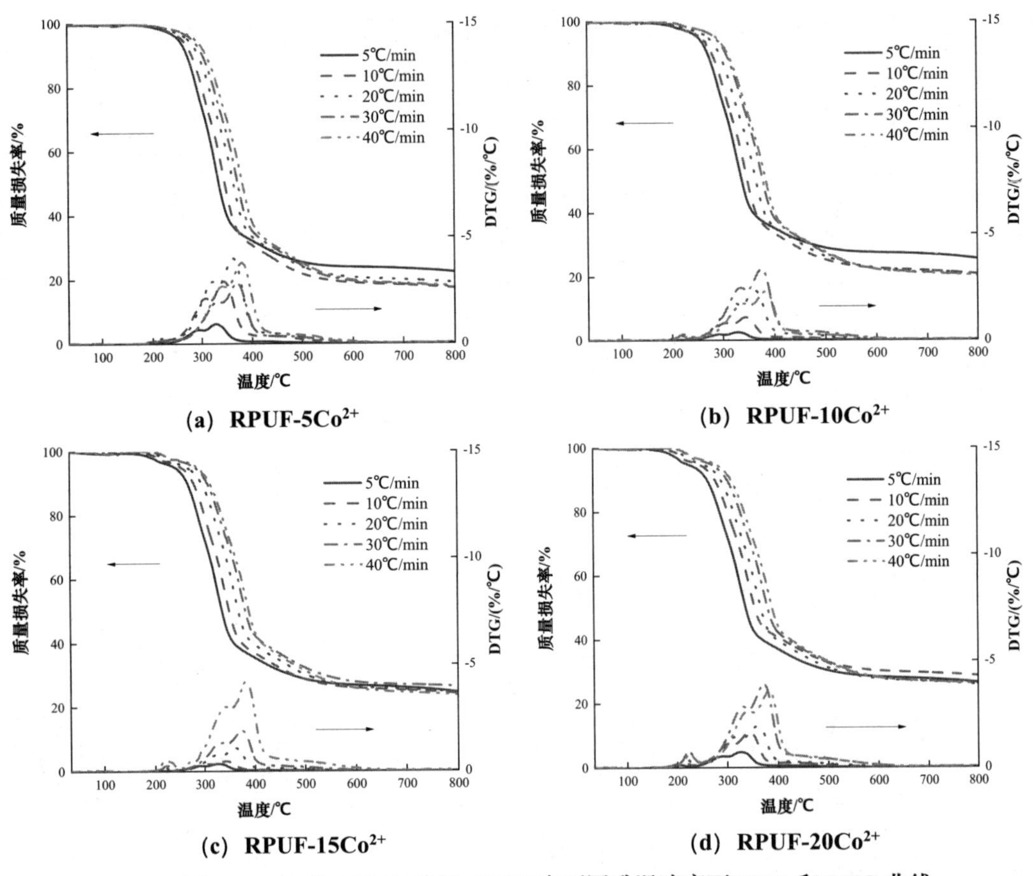

(a) RPUF-5Co²⁺　(b) RPUF-10Co²⁺

(c) RPUF-15Co²⁺　(d) RPUF-20Co²⁺

图 5- 10　Co^{2+}-ATMP 改性 RPUF 在不同升温速率下 TGA 和 DTG 曲线

由图 5- 10 可知，与 RPUF-0 相比，Co^{2+}-ATMP 改性 RPUF 的失重分为三个阶段，第一阶段为 190~230℃，归因于 Co^{2+}-ATMP 晶格水的蒸发，RPUF 分解的另外两个阶段并未因 Co^{2+}-ATMP 的添加受到影响。改性 RPUF 的 50%失重温度（$T_{50\%}$）以及在 800℃的残余率均有所提高。升温速率为 20 ℃/min 时，RPUF-5Co^{2+}、RPUF-10Co^{2+}、RPUF-15Co^{2+}、RPUF-20Co^{2+}在 800℃的残余率分别为 19.07%，20.8%、24.5%、25.9%。可以看出随着 Co^{2+}-ATMP 添加量的增大，RPUF 的残余率也随着增大。由此可见，Co^{2+}-ATMP 的加入，提升了 RPUF 的高温热稳定性。

5.2.5.5　EG 对 RPUF 热稳定性的影响

为了分析 EG 不同添加量对 RPUF 热稳定性的影响，试验样品在 5 ℃/min、10 ℃/min、20 ℃/min、30 ℃/min 和 40 ℃/min 升温速率下进行研究，如图 5- 11 所示。

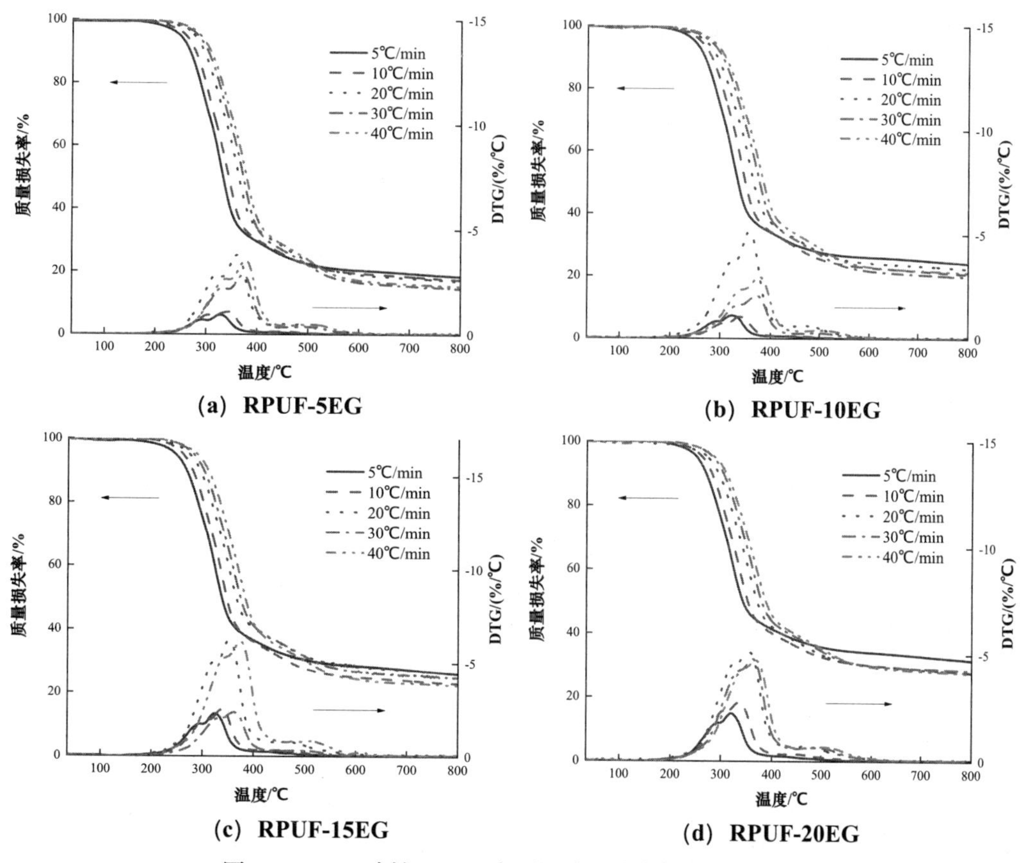

(a) RPUF-5EG (b) RPUF-10EG

(c) RPUF-15EG (d) RPUF-20EG

图 5-11 EG 改性 RPUF 在不同升温速率下 TGA 和 DTG 曲线

由图 3-11 可知，与 RPUF-0 相比，EG 改性 RPUF 的失重依然为两个阶段，第一阶段为 190℃到 230℃，改性 RPUF 的 50%失重温度（$T_{50\%}$）以及在 800℃的残余率均有所提高。升温速率为 20 ℃/min 时，RPUF-5EG、RPUF-10EG、RPUF-15EG、RPUF-20EG 在 800℃的残余率分别为 16.9%、22.4%、26.1%、27.8%。可以看出随着 EG 添加量的增大，RPUF 的残余率也随着增大。由此可见，EG 的加入，提升了 RPUF 的高温热稳定性，这是由于 EG 受热膨胀，在 RPUF/EG 表面形成一层物理屏障，可以阻隔热量的传递，并且 EG 在受热分解时，释放出 CO_2、SO_2、水蒸气等气体会稀释泡沫分解产生的可燃气体，并带走一部分热量。可以看出，EG 在添加量较小时，对于 RPUF 热稳定性的提升不大；在 EG 添加量较大时，形成的炭层更为致密，产生的残余量越大。

5.2.6 RPUF 的热分解动力学

在热分解动力学的研究中，活化能 E 反映热分解反应的难易程度。一般热分解反应活化能越高，聚合物在高温下的热稳定性越好。求解活化能 E 大致分为函数模式法和非函数模式法，为了避免因反应机制函数不同造成的误差，本文选择了非函数模式法中的 Flynn-Wall-Ozawa 和 Starink 法进行热分解动力学参数的计算。

5.2.6.1 Flynn-Wall-Ozawa 法

Flynn-Wall-Ozawa 方程如式（5- 1），

$$\lg\beta = \lg\left(\frac{AE}{RG(\alpha)}\right) - 2.315 - 0.4567\frac{E}{RT} \tag{5.1}$$

式中：β- 升温速率；

A- 表现指前因子；

R- 普适气体常量；

G（α）- 积分形势下动力学机理函数；

E- 表观活化能；

T- 反应温度。

由于在不同的β下，选择相同的α，积分形式的机理函数 G（α）都是一个恒定值，因此 lgβ和 $1/T$ 可以推算出呈线性关系，由 lgβ和 $1/T$ 作图，根据曲线斜率能够求出表观活化能 E。

选取样品转化率分别为 5%、10%、20%、30%、40%、50%、60%或 70%，lgβ和 $1/T$ 作图并进行线性拟合，根据公式 K=[0.456 7E/R，可得 $E=K\cdot R/$（0.456 7）]，其中 R=8.314，从而可求得样品表观活化能 E 值。

5.2.6.2 Starink 法

Starink 通过分析 Kissinger 方程和 Flynn-Wall-Ozawa 方程，提出了求 E 的 Starink 方程如式（5- 2）：

$$\ln\frac{\beta}{T^{1.92}} = Cs - \frac{BE}{RT} \tag{5- 2}$$

式中：B 为常数。

在 Starink 公式中 B=1.0008。由 ln（$\beta/T^{1.92}$）对 $1/T$ 作图，从斜率可求出表观活化能 E。为便于比较，选取了同 Flynn-Wall-Ozawa 法一样的转化率，并用 Starink 法拟合热解数据曲线：

根据公式 K=[1.000 8E/R，可得 $E=K\cdot R/$（1.000 8）]，其中 R=8.314，根据斜率同样可求得对应转化率的 E 值。

5.2.6.3 RPUF-0 与 RPUF-Ca 的热分解动力学

选取样品转化率分别为 5%、10%、20%、30%、40%、50%、60%或 70%，通过 Flynn-Wall-Ozawa 法和 Starink 法对热解曲线进行拟合，所得结果如图 5- 12、5- 13 所示。

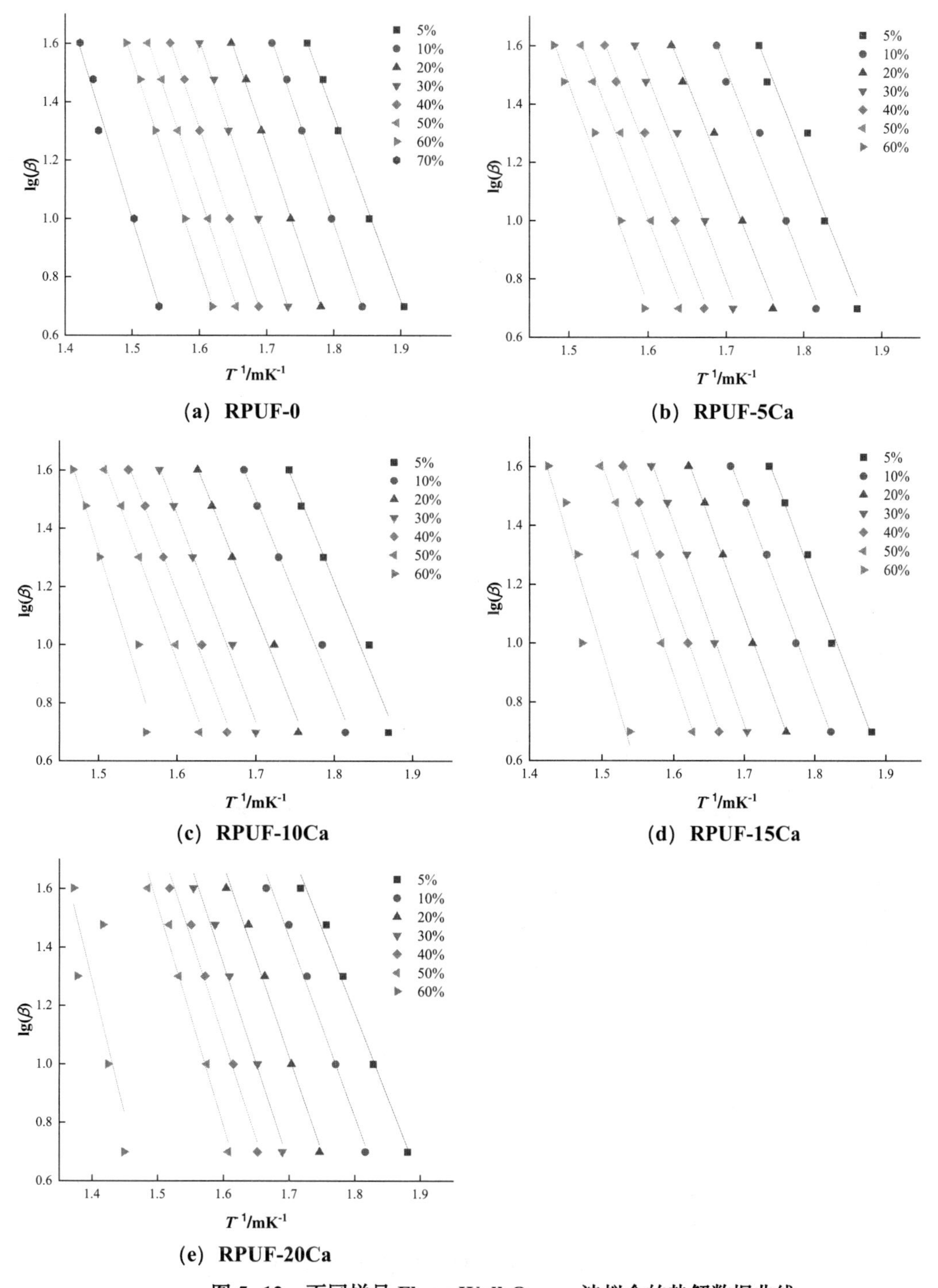

图 5-12　不同样品 Flynn-Wall-Ozawa 法拟合的热解数据曲线

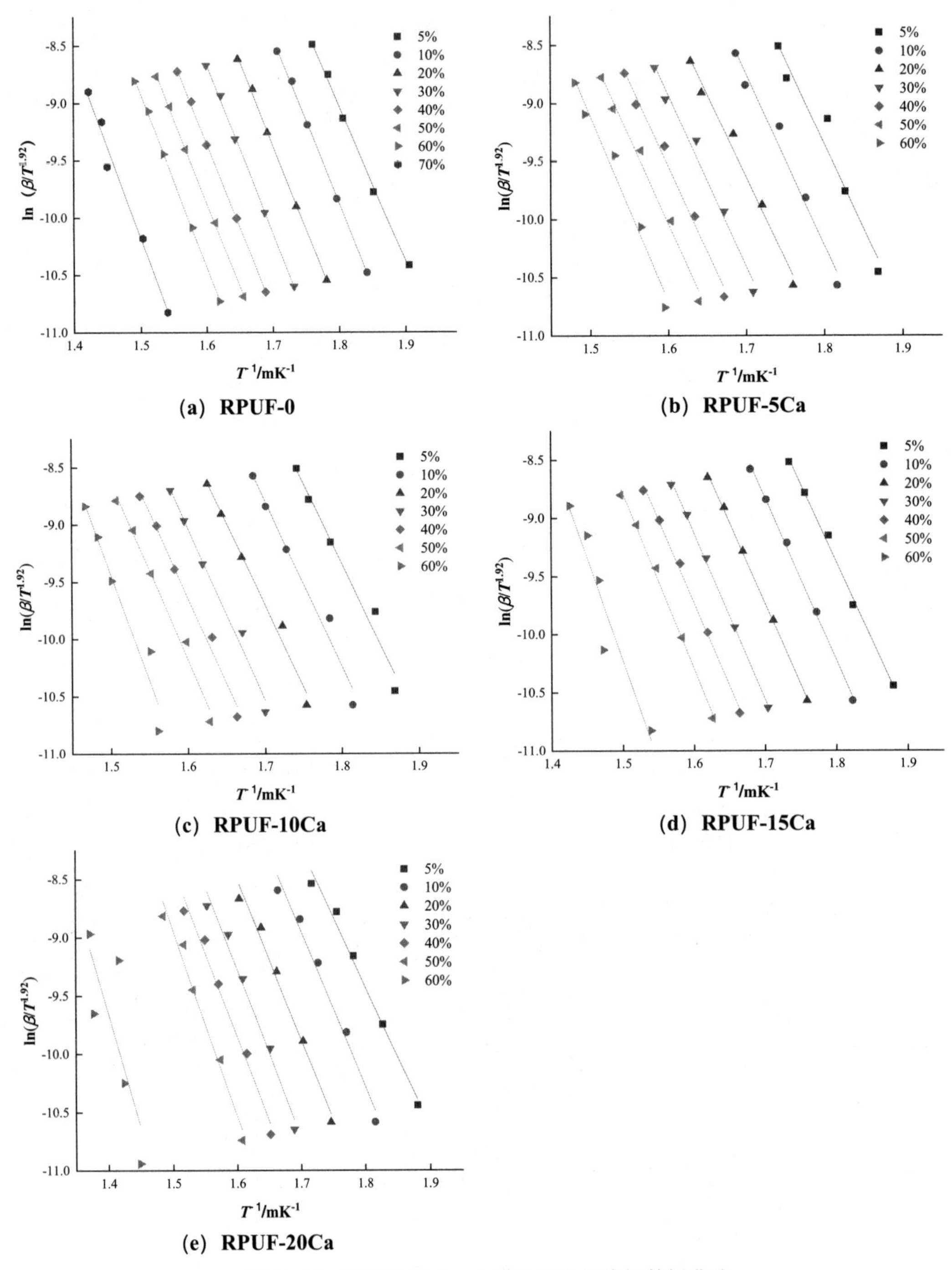

图 5- 13　不同样品 Starink 法拟合的热解数据曲线

表 5-7　Flynn-Wall-Ozawa 法所得 RPUF-0、RPUF-5Ca、RPUF-10Ca、RPUF-15Ca、RPUF-20Ca 表观活化能

转化率/%	RPUF-0/ (kJ/mol)	RPUF-5Ca/ (kJ/mol)	RPUF-10Ca/ (kJ/mol)	RPUF-15Ca/ (kJ/mol)	RPUF-20Ca/ (kJ/mol)
5	115.47	124.53	120.71	116.33	104.39
10	123.58	123.82	121.20	117.53	111.79
20	124.83	122.84	123.62	120.69	119.50
30	126.16	127.55	129.90	124.20	124.77
40	126.02	127.03	128.90	124.45	126.28
50	125.99	129.62	134.00	130.76	137.40
60	129.39	137.98	159.04	150.07	167.04
70	136.55	-	-	-	-

表 5-8　Starink 法所得 RPUF-0、RPUF-5Ca、RPUF-10Ca、RPUF-15Ca、RPUF-20Ca 表观活化能

转化率/%	RPUF-0/ (kJ/mol)	RPUF-5Ca/ (kJ/mol)	RPUF-10Ca/ (kJ/mol)	RPUF-15Ca/ (kJ/mol)	RPUF-20Ca/ (kJ/mol)
5	112.64	121.09	117.22	112.42	99.83
10	120.88	123.13	120.51	116.88	110.85
20	121.86	118.63	119.49	116.28	115.00
30	123.01	123.28	125.76	119.63	120.21
40	122.59	122.46	124.42	119.63	121.54
50	122.36	124.98	129.57	126.02	132.95
60	125.71	133.55	156.03	146.77	163.13
70	132.73	-	-	-	-

由表 5-7、表 5-8 可知，Flynn-Wall-Ozawa 法计算所得 RPUF-0、RPUF-5Ca、RPUF-10Ca、RPUF-15Ca、RPUF-20Ca 的表观活化能分别为 126.00 kJ/mol、127.62 kJ/mol、131.05 kJ/mol、126.29 kJ/mol、127.30 kJ/mol。Starink 法计算所得 RPUF-0、RPUF-5Ca、RPUF-10Ca、RPUF-15Ca、RPUF-20Ca 的表观活化能分别为 122.72 kJ/mol、123.88 kJ/mol、127.57 kJ/mol、122.52 kJ/mol、123.34 kJ/mol。Flynn-Wall-Ozawa 法计算所得 RPUF-5Ca、RPUF-10Ca、RPUF-15Ca、RPUF-20Ca 的表观活化能比 RPUF-0 高 1.62 kJ/mol、5.05 kJ/mol、0.29 kJ/mol 和 1.31 kJ/mol，Starink 法计算所得 RPUF-5Ca、RPUF-10Ca、RPUF-20Ca 的表观活化能比 RPUF-0 高 1.16 kJ/mol、4.85 kJ/mol 和 0.64 kJ/mol，

RPUF-15Ca 的表观活化能反而低 0.20 kJ/mol。这是由于 Ca-ATMP 同时含有氮元素和磷元素，氮元素在热解过程中会产生氮气，稀释气态燃料；磷元素及含磷衍生物能够进行自由基的捕捉及催化成炭，抑制反应的进一步进行。然而，RPUF 的表观活化能并没有因 Ca-ATMP 添加量的升高而增大，在添加量较多的情况下，含有过量的金属元素 Ca，具有一定的催化作用，从而降低反应表观活化能。随着 Ca-ATMP 添加量的增大，产生了更多的残余，但由于表观活化能降低，使得 RPUF 更易分解，所以得出 Ca-ATMP 的最适添加量为 5%~10%。

5.2.6.4　RPUF-Fe^{2+}的热分解动力学

选取样品转化率分别为 5%、10%、20%、30%、40%、50%、60%，通过 Flynn-Wall-Ozawa 法和 Starink 法对热解曲线进行拟合，所得结果如图 5- 14、图 5- 15 所示。

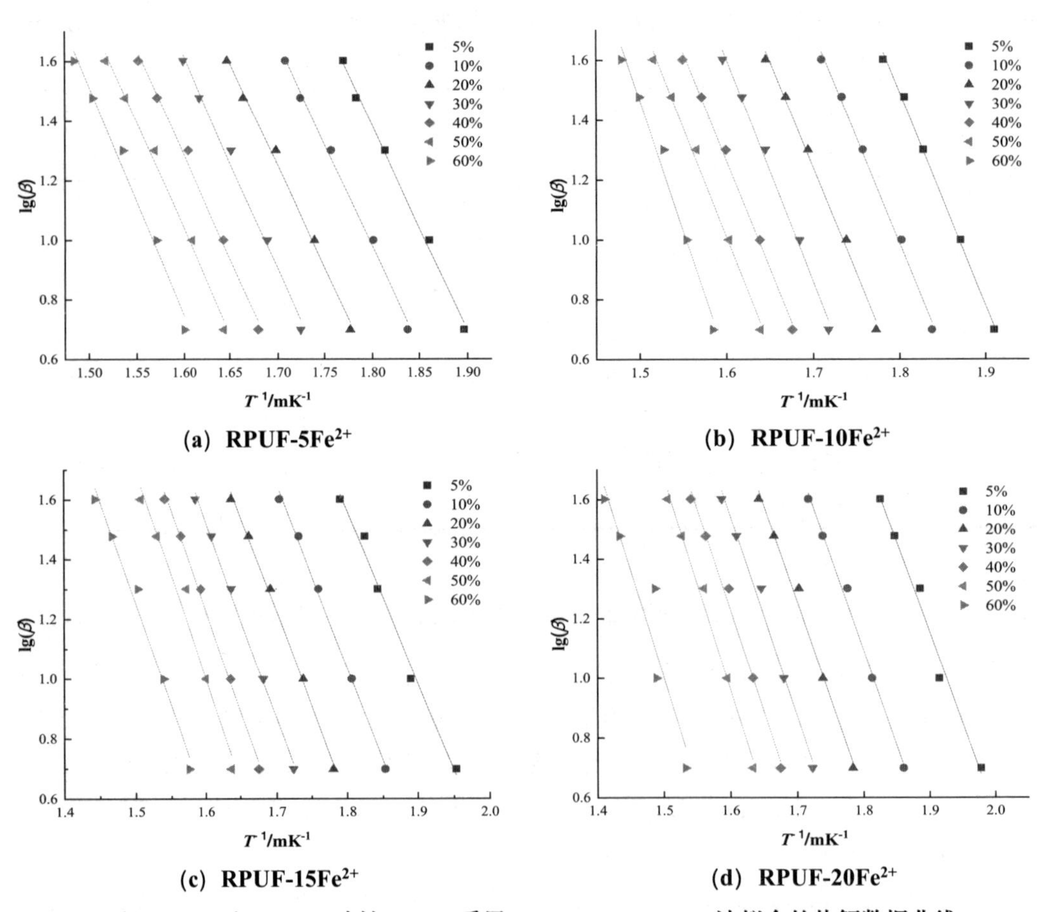

(a) RPUF-5Fe^{2+}　(b) RPUF-10Fe^{2+}

(c) RPUF-15Fe^{2+}　(d) RPUF-20Fe^{2+}

图 5- 14　Fe^{2+}-ATMP 改性 RPUF 采用 Flynn-Wall-Ozawa 法拟合的热解数据曲线

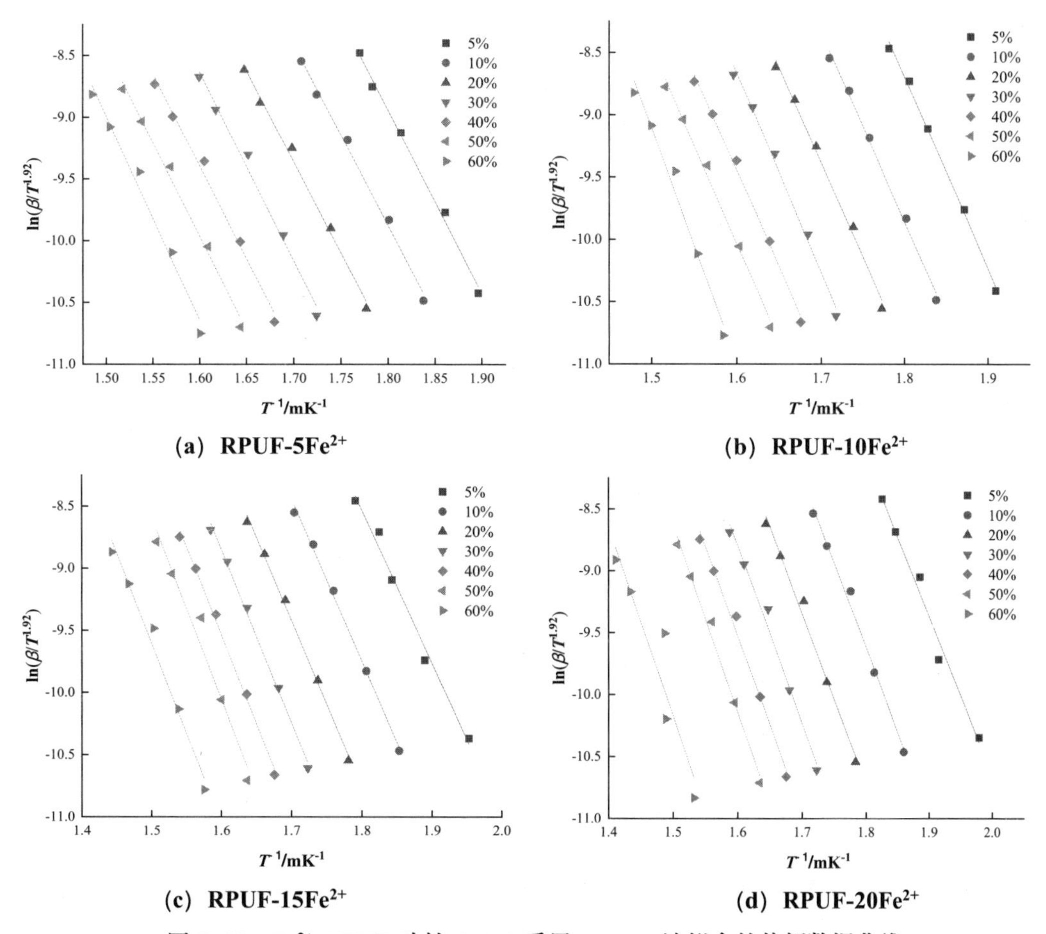

图 5-15　Fe^{2+}-ATMP 改性 RPUF 采用 Starink 法拟合的热解数据曲线

由表 5-9、表 5-10 可知，Flynn-Wall-Ozawa 法计算所得 RPUF-0、RPUF-5Fe^{2+}、RPUF-10Fe^{2+}、RPUF-15Fe^{2+}、RPUF-20Fe^{2+}的表观活化能分别为 126.00 kJ/mol、129.10 kJ/mol、135.47 kJ/mol、117.98 kJ/mol、121.88 kJ/mol。Starink 法计算所得 RPUF-0、RPUF-5Fe^{2+}、RPUF-10Fe^{2+}、RPUF-15Fe^{2+}、RPUF-20Fe^{2+}的表观活化能分别为 122.72 kJ/mol、126.10 kJ/mol、132.77 kJ/mol、114.38 kJ/mol、118.47 kJ/mol。Flynn-Wall-Ozawa 法计算所得 RPUF-5Fe^{2+}和 RPUF-10Fe^{2+}的表观活化能比 RPUF-0 高 3.10 kJ/mol 和 9.47 kJ/mol; RPUF-15Fe^{2+}、RPUF-20Fe^{2+}的表观活化能比 RPUF-0 低 8.02 kJ/mol 和 4.12 kJ/mol。Starink 法计算所得 RPUF-5Fe^{2+}和 RPUF-10Fe^{2+}的表观活化能比 RPUF-0 高 3.38 kJ/mol、10.05 kJ/mol; RPUF-15Fe^{2+}和 RPUF-20Fe^{2+}的表观活化能比 RPUF-0 低 8.34 kJ/mol 和 4.25 kJ/mol。这是由于 Fe^{2+}-ATMP 与 Ca-ATMP 一样含有氮元素和磷元素，氮元素产生氮气

稀释可燃气体，磷元素及含磷衍生物化学抑制反应进行。然而，RPUF 的表观活化能并没有因 Fe^{2+}-ATMP 添加量的升高而增大，RPUF-15Fe^{2+}、RPUF-20Fe^{2+}表观活化能反而比 RPUF-0 降低了，这是由于过渡金属元素 Fe 的过量添加，产生催化作用降低反应的表观活化能。因此，随着 Fe^{2+}-ATMP 添加量的增大，虽然产生了更多的残余，但由于表观活化能降低，使得 RPUF 更易分解，得出 Fe^{2+}-ATMP 的最适添加量也为 5%~10%。

表 5-9 Flynn-Wall-Ozawa 法所得 RPUF-5Fe^{2+}、RPUF-10Fe^{2+}、RPUF-15 Fe^{2+}、RPUF-20Fe^{2+}表观活化能

转化率/%	RPUF-5Fe^{2+}/ (kJ/mol)	RPUF-10Fe^{2+}/ (kJ/mol)	RPUF-15Fe^{2+}/ (kJ/mol)	RPUF-20Fe^{2+}/ (kJ/mol)
5	125.62	129.79	105.62	110.86
10	124.37	129.14	112.32	116.07
20	125.52	129.23	115.62	117.96
30	129.95	135.52	119.66	122.55
40	127.94	131.86	122.16	124.42
50	129.75	134.62	125.92	130.09
60	140.53	158.14	124.57	131.22

表 5-10 Starink 法所得 RPUF-5Fe^{2+}、RPUF-10Fe^{2+}、RPUF-15Fe^{2+}、RPUF-20Fe^{2+}表观活化能

转化率/%	RPUF-5Fe^{2+}/ (kJ/mol)	RPUF-10Fe^{2+}/ (kJ/mol)	RPUF-15Fe^{2+}/ (kJ/mol)	RPUF-20Fe^{2+}/ (kJ/mol)
5	123.30	127.74	102.47	108.10
10	121.70	126.70	109.05	113.04
20	122.58	126.46	112.15	114.63
30	126.96	132.77	116.09	119.13
40	124.57	128.67	118.44	120.81
50	126.25	131.34	122.15	126.52
60	137.33	155.75	120.31	127.03

5.2.6.5 RPUF-Co^{2+}的热分解动力学

选取样品转化率分别为 5%、10%、20%、30%、40%、50%、60%，通过 Flynn-Wall-Ozawa 法和 Starink 法对热解曲线进行拟合，所得结果如图 5-16、图 5-17 所示。

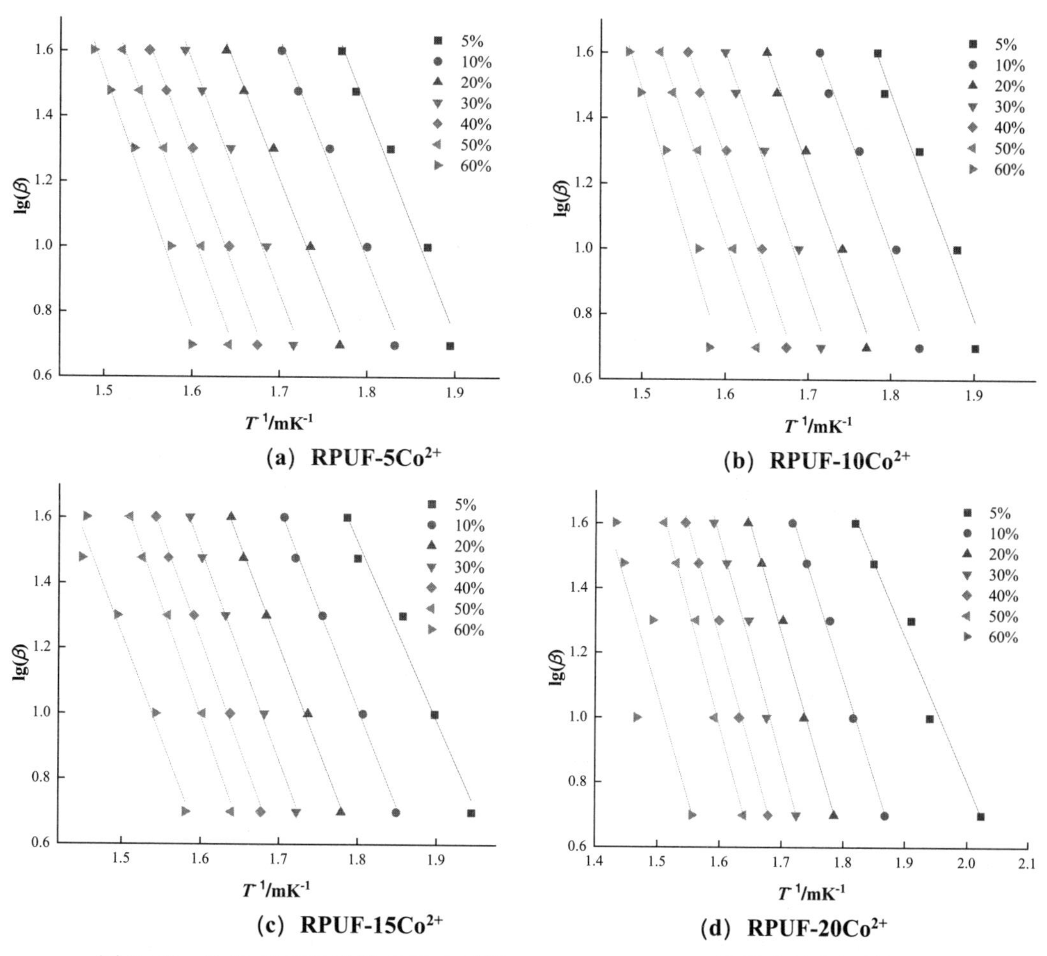

(a) RPUF-5Co^{2+}　(b) RPUF-10Co^{2+}

(c) RPUF-15Co^{2+}　(d) RPUF-20Co^{2+}

图 5-16　Co^{2+}-ATMP 改性 RPUF 采用 Flynn-Wall-Ozawa 法拟合的热解数据曲线

由表 5-11、表 5-12 可知，Flynn-Wall-Ozawa 法计算所得 RPUF-0、RPUF-5Co^{2+}、RPUF-10Co^{2+}、RPUF-15Co^{2+}、RPUF-20Co^{2+}的表观活化能分别为 126.00 kJ/mol、129.16 kJ/mol、133.47 kJ/mol、114.14 kJ/mol、115.49 kJ/mol。Starink 法计算所得 RPUF-0、RPUF-5Co^{2+}、RPUF-10Co^{2+}、RPUF-15Co^{2+}、RPUF-20Co^{2+}的表观活化能分别为 122.72 kJ/mol、125.64 kJ/mol、130.27 kJ/mol、109.77 kJ/mol、111.68 kJ/mol。Flynn-Wall-Ozawa 法计算所得 RPUF-5Co^{2+}和 RPUF-10Co^{2+}的表观活化能比 RPUF-0 高 3.16 kJ/mol 和 7.47 kJ/mol；RPUF-15Co^{2+}和 RPUF-20Co^{2+}的表观活化能比 RPUF-0 低 11.86 kJ/mol 和 10.51

kJ/mol。Starink 法计算所得 RPUF-5Co^{2+}和 RPUF-10Co^{2+}的表观活化能比 RPUF-0 高 2.92 kJ/mol 和 7.55 kJ/mol；RPUF-15Co^{2+}和 RPUF-20Co^{2+}的表观活化能比 RPUF-0 低 12.95 kJ/mol 和 10.04 kJ/mol。这是由于 Co^{2+}-ATMP 与 Ca-ATMP、Fe^{2+}-ATMP 对于 RPUF 具有同样的作用，从而得出 Co^{2+}-ATMP 的最适添加量也为 5%~10%。

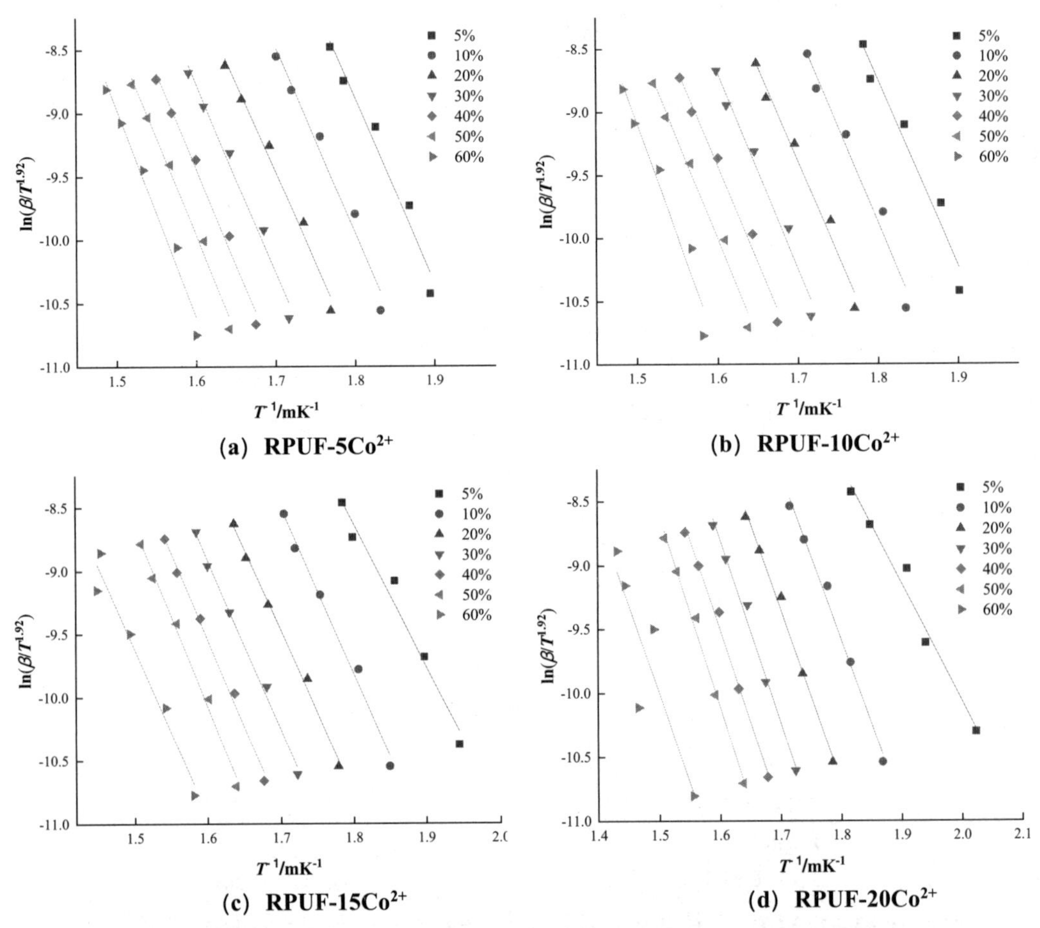

(a) RPUF-5Co^{2+}　(b) RPUF-10Co^{2+}

(c) RPUF-15Co^{2+}　(d) RPUF-20Co^{2+}

图 5- 17　Co^{2+}-ATMP 改性 RPUF 采用 Starink 法拟合的热解数据曲线

表 5- 11　Flynn-Wall-Ozawa 法所得 RPUF-5Co^{2+}、RPUF-10Co^{2+}、RPUF-15Co^{2+}、RPUF-20Co^{2+}表观活化能

转化率/%	RPUF-5Co^{2+}/(kJ/mol)	RPUF-10Co^{2+}/(kJ/mol)	RPUF-15Co^{2+}/(kJ/mol)	RPUF-20Co^{2+}/(kJ/mol)
5	124.77	125.45	99.20	81.67
10	122.90	126.44	110.96	109.73
20	123.46	127.79	113.31	117.83

30	128.60	133.24	117.12	124.22
40	130.15	132.29	119.15	125.17
50	132.61	135.88	123.51	130.32
60	141.60	153.19	115.71	119.49

表 5- 12 Starink 法所得 RPUF-5Co^{2+}、RPUF-10Co^{2+}、RPUF-15Co^{2+}、RPUF-20Co^{2+}表观活化能

转化率/%	RPUF-5Co^{2+}/(kJ/mol)	RPUF-10Co^{2+}/(kJ/mol)	RPUF-15Co^{2+}/(kJ/mol)	RPUF-20Co^{2+}/(kJ/mol)
5	121.61	122.43	94.77	76.67
10	122.50	126.43	110.09	109.57
20	119.39	124.00	108.64	113.46
30	124.50	129.43	112.31	119.83
40	125.83	128.10	114.17	120.51
50	128.19	131.65	118.52	125.66
60	137.49	149.88	109.88	116.03

5.2.6.6 RPUF-EG 的热分解动力学

选取样品转化率分别为 5%、10%、20%、30%、40%、50%、60%，通过 Flynn-Wall-Ozawa 法和 Starink 法对热解曲线进行拟合，所得结果如图 5- 18、图 5- 19 所示。

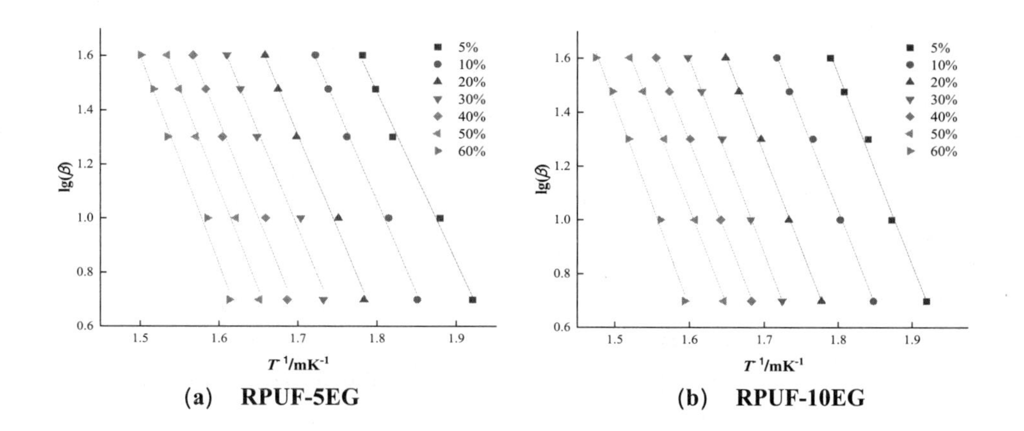

(a) RPUF-5EG (b) RPUF-10EG

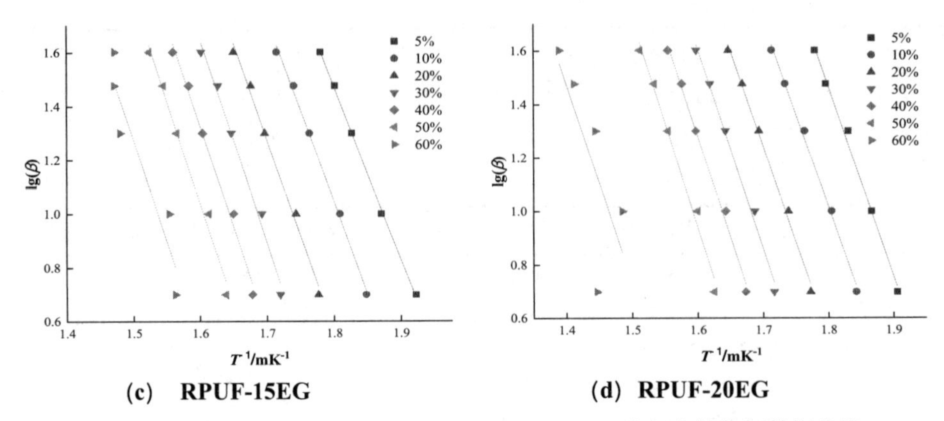

(c) RPUF-15EG　　(d) RPUF-20EG

图 5-18　EG 改性 RPUF 采用 Flynn-Wall-Ozawa 法拟合的热解数据曲线

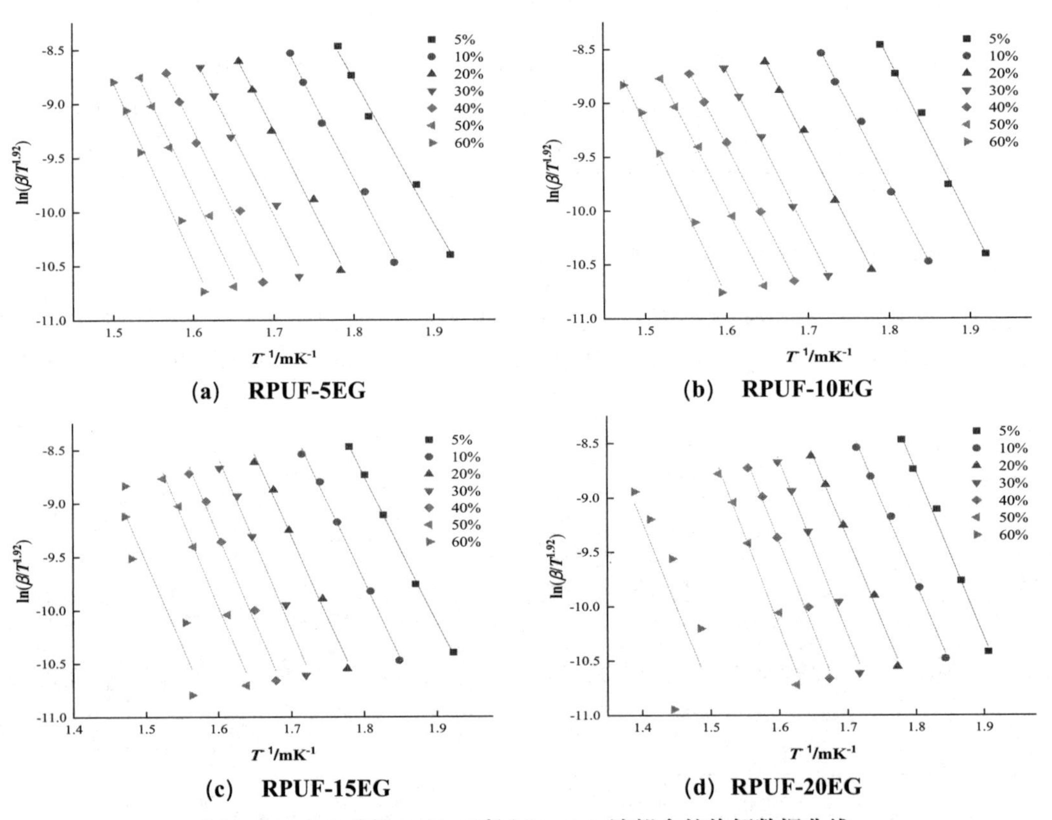

(a) RPUF-5EG　　(b) RPUF-10EG

(c) RPUF-15EG　　(d) RPUF-20EG

图 5-19　EG 改性 RPUF 采用 Starink 法拟合的热解数据曲线

由表 5-13、表 5-14 可知，Flynn-Wall-Ozawa 法计算所得 RPUF-0、RPUF-5EG、RPUF-10EG、RPUF-15EG、RPUF-20EG 的表观活化能分别为 126.00 kJ/mol、128.31 kJ/mol、129.76 kJ/mol、131.87 kJ/mol、133.55 kJ/mol。Starink 法计算所得 RPUF-0、RPUF-5EG、RPUF-10EG、RPUF-15EG、RPUF-20EG 的表观活化能分别为 122.72 kJ/mol、125.33 kJ/mol、

126.80 kJ/mol、129.00 kJ/mol、130.65 kJ/mol。Flynn-Wall-Ozawa 法计算所得 RPUF-5EG、RPUF-10EG、RPUF-15EG、RPUF-20EG 的表观活化能比 RPUF-0 高 2.31 kJ/mol、3.76 kJ/mol、5.87 kJ/mol 和 7.55 kJ/mol。Starink 法计算所得 RPUF-5EG、RPUF-10EG、RPUF-15EG、RPUF-20EG 的表观活化能比 RPUF-0 高 2.61 kJ/mol、4.08 kJ/mol、6.28 kJ/mol 和 7.93 kJ/mol。可以看到，RPUF-EG 的表观活化能随着 EG 添加量的增大而增大，是由于 EG 受热膨胀，在 RPUF-EG 表面形成一层物理屏障，阻止反应的进一步进行。随着 EG 添加量的增加，形成的炭层更为致密，反应更难进行，因而表观活化能增加。

表 5-13　Flynn-Wall-Ozawa 法所得 RPUF-5EG、RPUF-10EG、RPUF-15EG、RPUF-20EG 表观活化能

转化率/%	RPUF-5EG/(kJ/mol)	RPUF-10EG/(kJ/mol)	RPUF-15EG/(kJ/mol)	RPUF-20EG/(kJ/mol)
5	114.12	128.57	116.90	128.76
10	123.62	125.99	124.31	126.41
20	126.46	127.03	129.74	129.48
30	128.51	130.50	138.15	136.02
40	130.71	128.71	138.62	137.04
50	134.38	129.85	139.92	142.20
60	140.35	137.67	135.46	134.93

表 5-14　Starink 法所得 RPUF-5EG、RPUF-10EG、RPUF-15EG、RPUF-20EG 表观活化能

转化率/%	RPUF-5EG/(kJ/mol)	RPUF-10EG/(kJ/mol)	RPUF-15EG/(kJ/mol)	RPUF-20EG/(kJ/mol)
5	111.29	126.49	114.21	126.64
10	120.97	123.43	121.67	123.85
20	123.61	124.16	127.02	126.72
30	125.48	127.52	135.56	133.30
40	127.54	125.39	135.81	134.11
50	131.18	126.35	136.93	139.25
60	137.23	134.25	131.82	130.67

5.3　X-ATMP 阻燃剂与 EG 协同改性 RPUF 的阻燃性能研究

5.3.1 极限氧指数分析

由表 5- 15 可知，EG 可赋予 RPUF 较高的 LOI，在 EG 和 X-ATMP 添加总量一定的情况下，当 X-ATMP 加入时，LOI 并没有与 EG 呈现相应的相关性。在所有 X-ATMP 与 EG 协同改性的 RPUF 中，当 X-ATMP 与 EG 为 1:5 时 LOI 最高，RPUF-2.5Ca-12.5EG 的 LOI 为 26.3%，RPUF-2.5Co^{2+}-12.5EG 的 LOI 为 26.6%，RPUF-2.5Fe^{2+}-12.5EG 的 LOI 为 27.1%。目前得到结果充分说明 X-ATMP 与 EG 产生了协效作用，是由于 X-ATMP 可以催化成炭，使 RPUF 成炭更多且更致密。

表 5- 15　不同样品极限氧指数值

样品	LOI /%
RPUF-1Ca-14EG	26.1
RPUF-2.5Ca-12.5EG	26.3
RPUF-5Ca-10EG	25.0
RPUF-7.5Ca-7.5EG	24.7
RPUF-1Co^{2+}-14EG	26.5
RPUF-2.5Co^{2+}-12.5EG	26.6
RPUF-5Co^{2+}-10EG	26.0
RPUF-7.5Co^{2+}-7.5EG	23.7
RPUF-1Fe^{2+}-14EG	26.3
RPUF-2.5Fe^{2+}-12.5EG	27.1
RPUF-5Fe^{2+}-10EG	26.6
RPUF-7.5Fe^{2+}-7.5EG	24.7

5.3.2 水平燃烧分析

由表 5- 16 可以看出，在阻燃剂添加总量为 15%的前提下，X-ATMP 与 EG 协同阻燃 RPUF，X-ATMP 与 EG 不同添加比例的 RPUF 的水平燃烧级别都为 FH-1。在 RPUF 被点燃后，样品燃烧均未超过 25 mm 标线，并且随着 EG 含量的降低，RPUF 的水平燃烧级别未受影响，说明 X-ATMP 与 EG 有良好的协同作用，这是由磷氮协同作用和 EG 受热膨胀形成炭层的阻隔作用导致的。

表 5-16　不同样品的 UL-94 水平燃烧级别

样品	UL-94 水平燃烧级别
RPUF-1Ca-14EG	FH-1
RPUF-2.5Ca-12.5EG	FH-1
RPUF-5Ca-10EG	FH-1
RPUF-7.5Ca-7.5EG	FH-1
RPUF-1Co^{2+}-14EG	FH-1
RPUF-2.5Co^{2+}-12.5EG	FH-1
RPUF-5Co^{2+}-10EG	FH-1
RPUF-7.5Co^{2+}-7.5EG	FH-1
RPUF-1Fe^{2+}-14EG	FH-1
RPUF-2.5Fe^{2}-12.5EG	FH-1
RPUF-5Fe^{2+}-10EG	FH-1
RPUF-7.5Fe^{2+}-7.5EG	FH-1

5.3.3　烟毒性分析

表 5-17　不同样品的烟毒性含量

样品	CO/ (mg/m^3)	NO/ (mg/m^3)	NO_2/ (mg/m^3)	NO_x/ (mg/m^3)
RPUF-1Ca-14EG	12.5	7.8	1.3	14.8
RPUF-2.5Ca-12.5EG	10.0	6.7	1.1	14.3
RPUF-5Ca-10EG	16.3	8.7	1.5	15.4
RPUF-7.5Ca-7.5EG	22.5	9.4	1.7	16.6
RPUF-1Co^{2+}-14EG	11.3	6.5	1.2	12.7
RPUF-2.5Co^{2+}-12.5EG	10.0	5.4	1.0	10.5
RPUF-5Co^{2+}-10EG	13.8	8.3	1.4	14.3
RPUF-7.5Co^{2+}-7.5EG	18.8	8.9	1.6	16.6
RPUF-1Fe^{2+}-14EG	11.8	6.4	1.2	12.9
RPUF-2.5Fe^{2}-12.5EG	10.0	5.5	1.0	10.5
RPUF-5Fe^{2+}-10EG	13.6	8.5	1.4	14.6
RPUF-7.5Fe^{2+}-7.5EG	17.8	9.1	1.6	16.4

由表 5-17 可知，CO、NO、NO_2、NO_x 含量均在 X-ATMP 与 EG 的添加比例为 1：5 时达到最低值，即 RPUF-2.5Ca-12.5EG、RPUF-2.5Co^{2+}-12.5EG、RPUF-2.5Fe^{2+}-12.5EG

的抑烟效果最好，这可能是由 X-ATMP 的磷氮协同作用、金属离子的催化作用以及 EG 的吸附作用，在此时达到了最佳的协同作用所致。

5.3.4 锥形量热仪分析

5.3.4.1 热释放速率

（1）Ca-ATMP 与 EG 协效阻燃 RPUF 的热释放速率曲线如图 5- 20 所示，RPUF-1Ca-14EG 的 PHRR 为 117 kW/m^2，较 RPUF-0 降低了 48.5%；RPUF-2.5Ca-12.5EG 的 PHRR 为 108 kW/m^2，较 RPUF-0 降低了 52.4%；RPUF-5Ca-10EG 的 PHRR 为 157 kW/m^2，较 RPUF-0 降低了 30.8%；RPUF-7.5Ca-7.5EG 的 PHRR 为 174 kW/m^2，较 RPUF-0 降低了 23.3%，而且 RPUF-1Ca-14EG 和 RPUF-2.5Ca-12.5EG 的 PHRR 较 RPUF-15EG 的 PHRR 分别低了 13.7%和 17.6%，RPUF-2.5Ca-12.5EG 显示出了最佳的协同作用，这是由于 Ca-ATMP 同时含有氮元素和磷元素，氮元素在热解过程中会产生氮气，稀释气态燃料，磷元素及含磷衍生物进行自由基的捕捉及催化成炭，抑制反应的进一步进行。在燃烧过程中，没有增效剂的 RPUF-15EG 形成的“蠕虫状”炭残留物松散且不致密，这只会减慢传热速度，RPUF 分解产生的可燃气体仍可从未燃烧的基质转移到燃烧区。由于 Ca-ATMP 产生含磷酸物质的催化作用，使 RPUF/Ca-ATMP/EG 提高了炭层的致密性和产率。由于 Ca-ATMP 和 EG 之间的协同作用，这种既含有“蠕虫状”又含有致密炭层的结构有效地使传热和传质路径变长而曲折，从而限制了热量的扩散和挥发物的排放。RPUF-7.5Ca-7.5EG 在 RPUF/Ca-ATMP/EG 材料中 PHRR 最高，可能是由于随着 Ca-ATMP 添加量的增大，EG 含量相对较低，EG 的物理阻隔作用减弱，导致 RPUF-7.5Ca-7.5EG 的 PHRR 变高。而 RPUF-2.5Ca-12.5EG 的 PHRR 在 RPUF/Ca-ATMP/EG 材料中最低，是由于 Ca-ATMP 阻燃剂产生的致密炭层与 EG 产生的“蠕虫状”炭层刚好互补，因而表现出较好的阻燃效果。

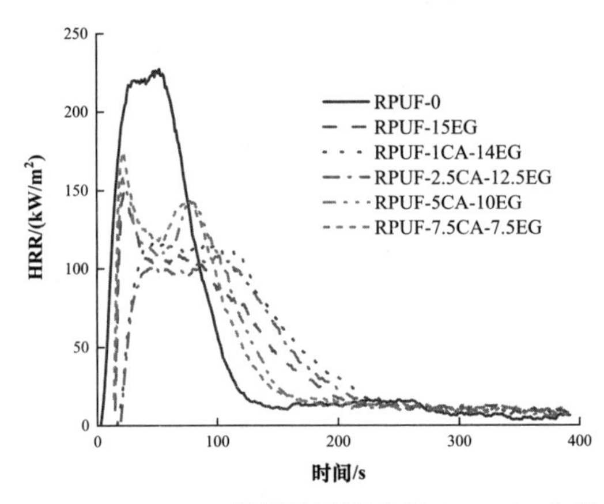

图 5- 20 RPUF/Ca-ATMP/EG 材料热释放速率（HRR）曲线（35 kW/m^2）

（2）Fe^{2+}-ATMP 与 EG 协效阻燃 RPUF 的热释放速率曲线如图 5-21 所示，RPUF-1Fe^{2+}-14EG 的 PHRR 为 144kW/m^2，较 RPUF-0 降低了 36.5%；RPUF-2.5Fe^{2+}-12.5EG 的 PHRR 为 135kW/m^2，较 RPUF-0 降低了 40.5%；RPUF-5Fe^{2+}-10EG 的 PHRR 为 155kW/m^2，较 RPUF-0 降低了 31.7%；RPUF-7.5Fe^{2+}-7.5EG 的 PHRR 为 157 kW/m^2，较 RPUF-0 降低了 30.8%，而且 RPUF-1Fe^{2+}14EG 和 RPUF-2.5Fe^{2+}-12.5EG 的 PHRR 较 RPUF-15EG 的 PHRR 分别低了 1.7%和 5.7%，RPUF-2.5Fe^{2+}-12.5EG 显示出了最佳的协同作用，原因与 Ca-ATMP 阻燃剂相同。在燃烧过程中，没有增效剂的 RPUF-15EG 形成的“蠕虫状”炭残留物松散且不致密，这只会减慢传热速度，RPUF 分解产生的可燃气体仍可从未燃烧的基质转移到燃烧区。由于 Fe^{2+}-ATMP 产生含磷酸物质的催化作用，使 RPUF/Fe^{2+}-ATMP/EG 提高了炭层的致密性和产率。由于 Fe^{2+}-ATMP 和 EG 之间的协同作用，这种既含有“蠕虫状”又含有致密炭层能有效地使传热和传质路径变长而曲折，从而限制了热量的扩散和挥发物的排放。RPUF-7.5Fe^{2+}-7.5EG 在 RPUF/Fe^{2+}-ATMP/EG 材料中 PHRR 最高，可能是由于随着 Fe^{2+}-ATMP 添加量的增大，EG 含量相对较低，其物理阻隔作用减弱，导致 RPUF-7.5Fe^{2+}-7.5EG 的 PHRR 变高。而 RPUF-2.5Fe^{2+}-12.5EG 的 PHRR 在 RPUF/Fe^{2+}-ATMP/EG 材料中最低，是由于 Fe^{2+}-ATMP 与 Ca-ATMP 阻燃剂相同，都表现为产生的致密炭层与 EG 产生的“蠕虫状”炭层刚好互补，从而表现出较好的阻燃性能。

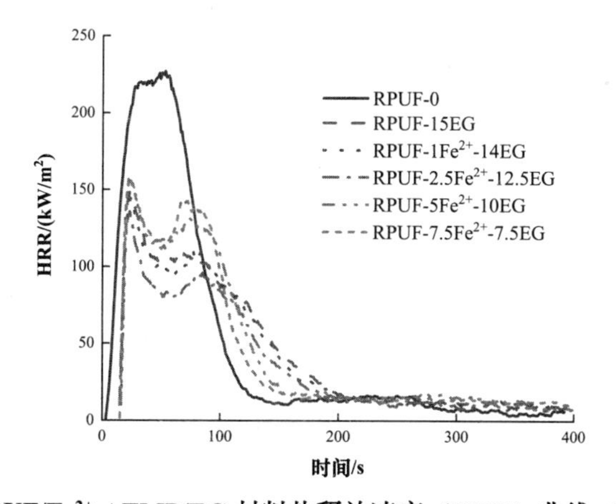

图 5-21　RPUF/Fe^{2+}-ATMP/EG 材料热释放速率（HRR）曲线（35 kW/m^2）

（3）Co^{2+}-ATMP 与 EG 协效阻燃 RPUF 的热释放速率曲线如图 5-22 所示，RPUF-1Co^{2+}-14EG 的 PHRR 为 145kW/m^2，较 RPUF-0 降低了 36.1%；RPUF-2.5Co^{2+}-12.5EG 的 PHRR 为 138kW/m^2，较 RPUF-0 降低了 39.2%；RPUF-5Co^{2+}-10EG 的 PHRR 为 156kW/m^2，较 RPUF-0 降低了 31.2%；RPUF-7.5Co^{2+}-7.5EG 的 PHRR 为 167kW/m^2，较 RPUF-0 降低

了 26.4%，而且 RPUF-1Co^{2+}-14EG 和 RPUF-2.5Co^{2+}-12.5EG 的 PHRR 较 RPUF-15EG 的 PHRR 分别低了 1.3%和 4.4%，RPUF-2.5Co^{2+}-12.5EG 显示出了最佳的协同作用，这是由于 Co^{2+}-ATMP 与 Ca-ATMP 和 Fe^{2+}-ATMP 阻燃剂机理相同。在燃烧过程中，没有增效剂的 RPUF-15EG 形成的“蠕虫状”炭残留物松散且不致密，这只会减慢传热速度，RPUF 分解的可燃气体可从未燃烧的基质转移到燃烧区。由于 Co^{2+}-ATMP 产生含磷酸物质的催化作用，使 RPUF/Co^{2+}-ATMP/EG 提高了炭层的致密性和产率。由于 Co^{2+}-ATMP 和 EG 之间的协同作用，这种“蠕虫状”和致密炭层可以有效地使传热和传质路径变长而曲折，从而限制热量的扩散和挥发物的排放。RPUF-7.5Co^{2+}-7.5EG 在 RPUF/Co^{2+}-ATMP/EG 材料中 PHRR 最高，可能是由于随着 Co^{2+}-ATMP 添加量的增大，EG 的含量降低导致其物理阻隔作用减弱，因此 RPUF-7.5Co^{2+}-7.5EG 的 PHRR 变高。而 RPUF-2.5Co^{2+}-12.5EG 的 PHRR 在 RPUF/EG/Co^{2+}-ATMP 材料中最低，是由于 Co^{2+}-ATMP 阻燃剂产生的致密炭层与 EG 产生的“蠕虫状”炭层刚好互补，所以 RPUF/Co^{2+}-ATMP/EG 表现出较好的阻燃特性。

5.3.4.2 总热释放量

（1）RPUF/Ca-ATMP/EG 的总热释放量曲线如图 5- 23 所示，RPUF-0 的 THR 为 19.1 MJ/m^2，RPUF-15EG 的 THR 为 16.3 MJ/m^2，RPUF-1Ca-14EG 的 THR 为 16.9 MJ/m^2，RPUF-2.5Ca-12.5EG 的 THR 为 15.9 MJ/m^2，RPUF-5Ca-10EG 的 THR 为 16.2 MJ/m^2，RPUF-7.5Ca-7.5EG 的 THR 为 16.4 MJ/m^2。与 RPUF-0 相比，RPUF-15EG、RPUF-1Ca-14EG，RPUF-2.5Ca-12.5EG、RPUF-5Ca-10EG、RPUF-7.5Ca-7.5EG 的 THR 分别降低了 14.7%、11.5%、16.7%、15.2%、14.1%。与 RPUF-15EG 相比，RPUF-2.5Ca-12.5EG 的 THR 进一步降低了 2.0%。在燃烧过程中，没有增效剂的 RPUF-15EG 形成的“蠕虫状”炭残留物松散且不致密，这只会减慢传热速度。尽管 RPUF/15EG 的 HRR 值较低，但较长的总燃烧时间导致 THR 值较高。由于 Ca-ATMP 产生含磷酸物质的催化作用，使 RPUF/Ca-ATMP/EG 在燃烧过程中产生的炭层致密性和产率提高。此外，因为 Ca-ATMP 和 EG 之间的协同作用，产生的“蠕虫状”且致密的炭层能够有效地使传热和传质路径延长，从而限制了热量的扩散和挥发物的排放。所以，RPUF/Ca-ATMP/EG 的 HRR 值降低，导致其 THR 值降低。

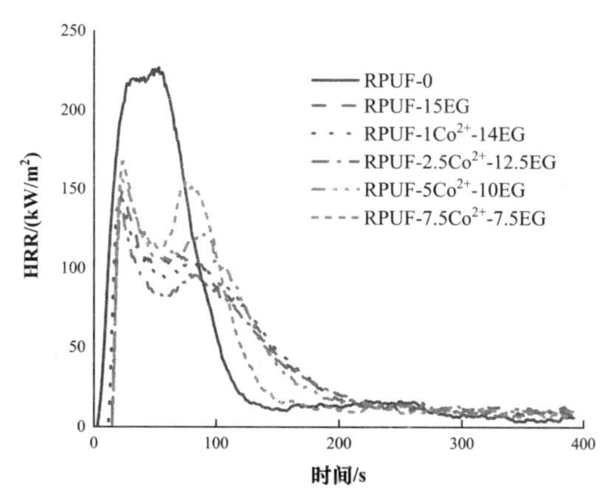

图 5-22　RPUF/Co^{2+}-ATMP/EG 材料热释放速率（HRR）曲线（35 kW/m^2）

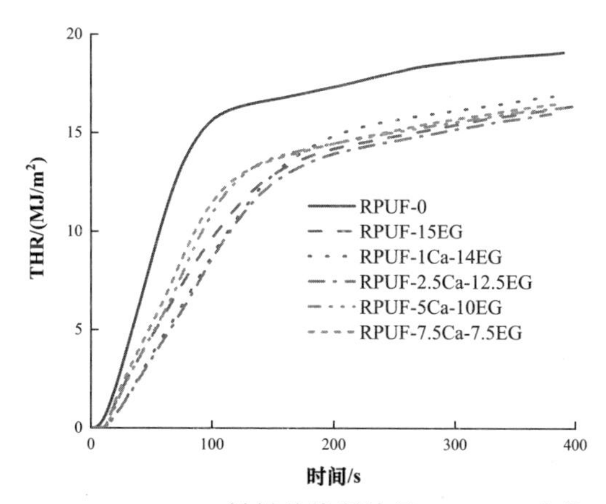

图 5-23　RPUF/Ca-ATMP/EG 材料总热释放量（THR）曲线（35 kW/m^2）

（2）RPUF/Fe^{2+}-ATMP/EG 的总热释放量曲线如图 5-24 所示。RPUF-1Fe^{2+}-14EG 的 THR 为 16.2 MJ/m^2，RPUF-2.5Fe^{2+}-12.5EG 的 THR 为 15.7 MJ/m^2，RPUF-5Fe^{2+}-10EG 的 THR 为 16.3 MJ/m^2，RPUF-7.5Fe^{2+}-7.5EG 的 THR 为 16.8 MJ/m^2。与 RPUF-0 相比，RPUF-15EG、RPUF-1Fe^{2+}-14EG，RPUF-2.5Fe^{2+}-12.5EG、RPUF-5Fe^{2+}-10EG、RPUF-7.5Fe^{2+}-7.5EG 的 THR 分别降低了 14.7%、15.2%、17.8%、14.6%、12.8%。与 RPUF-15EG 相比，RPUF-2.5Fe^{2+}-12.5EG 的 THR 进一步降低了 3.1%在燃烧过程中，在没有增效剂的 RPUF-15EG 形成的“蠕虫状”炭残留物松散且不致密，这只会减慢传热速度。由于 Fe^{2+}-ATMP 产生含磷酸物质的催化作用，使 RPUF/Fe^{2+}-ATMP/EG 在燃烧过程中产生的炭层致密性和产率提高。此外，因为 Fe^{2+}-ATMP 和 EG 之间的协同作用，产生的“蠕虫状”且致密的炭层能够有效地使传热和传质路径延长，从而限制了热量的扩散和挥发物的排放。所以，RPUF/Fe^{2+}-ATMP/EG 的 HRR 值降低、燃烧时间缩短，导致 THR 值降低。

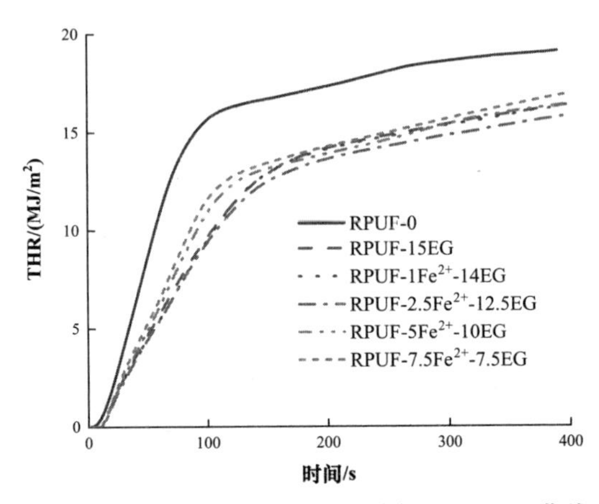

图 5-24　RPUF/Fe^{2+}-ATMP/EG 材料总热释放量（THR）曲线（35 kW/m^2）

(3) RPUF/Co^{2+}-ATMP/EG 的总热释放量曲线如图 5-25 所示。RPUF-1Co^{2+}-14EG 的 THR 为 16.5 MJ/m^2，RPUF-2.5Co^{2+}-12.5EG 的 THR 为 15.9 MJ/m^2，RPUF-5Co^{2+}-10EG 的 THR 为 16.3 MJ/m^2，RPUF-7.5Co^{2+}-7.5EG 的 THR 为 16 MJ/m^2。与 RPUF-0 相比，RPUF-15EG、RPUF-1Co^{2+}-14EG，RPUF-2.5Co^{2+}-12.5EG、RPUF-5Co^{2+}-10EG、RPUF-7.5Co^{2+}-7.5EG 的 THR 分别降低了 14.7%、13.6%、16.8%、14.7%、16.2%。与 RPUF-15EG 相比，RPUF-2.5Co^{2+}-12.5EG 的 THR 进一步降低了 2.1%。在燃烧过程中，没有增效剂的 RPUF-15EG 形成的“蠕虫状”炭残留物松散且不致密，减慢传热速度。由于 Co^{2+}-ATMP 产生含磷酸物质的催化作用，使 RPUF/Co^{2+}-ATMP/EG 在燃烧过程中产生的炭层致密性和产率提高。此外，因为 Co^{2+}-ATMP 和 EG 之间的协同作用，产生的“蠕虫状”且致密的炭层能够有效地使传热和传质路径延长，从而限制了热量的扩散和挥发物的排放。所以，RPUF/Co^{2+}-ATMP/EG 的 HRR 值降低和燃烧时间缩短，导致 THR 值降低。

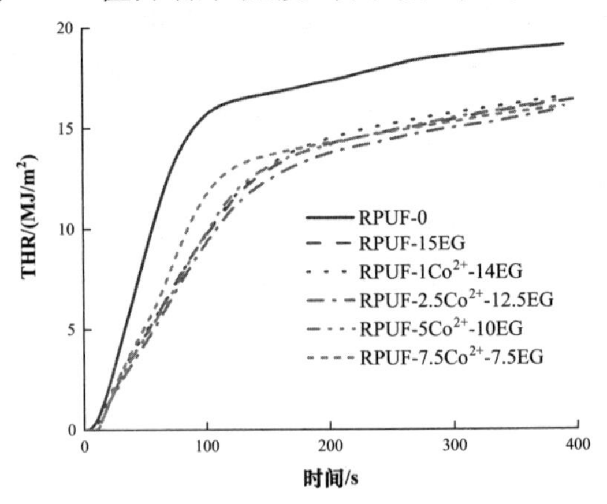

图 5-25　RPUF/Co^{2+}-ATMP/EG 材料总热释放量（THR）曲线（35 kW/m^2）

5.3.4.3 质量损失

（1）RPUF/Ca-ATMP/EG的质量损失率曲线如图5-26所示。RPUF-0、RPUF-15EG、RPUF-1Ca-14EG、RPUF-2.5Ca-12.5EG、RPUF-5Ca-10EG、RPUF-7.5Ca-7.5EG在燃烧结束时的残余量分别为9.70%、18.21%、22.58%、26.39%、22.89%、23.97%。RPUF/Ca-ATMP/EG总体残余量增加的原因是：Ca-ATMP分解产生含磷酸物质加速RPUF焦炭的形成和交联反应进行。形成的炭层可防止易燃挥发物扩散到火焰区，并保护未燃烧的基材不受热和氧气的影响，在样品表面上形成大量致密且均匀的残留焦炭可作为热量和质量转移的防护罩，从而延缓了未燃烧材料的燃烧，最终导致其残余量的增加。

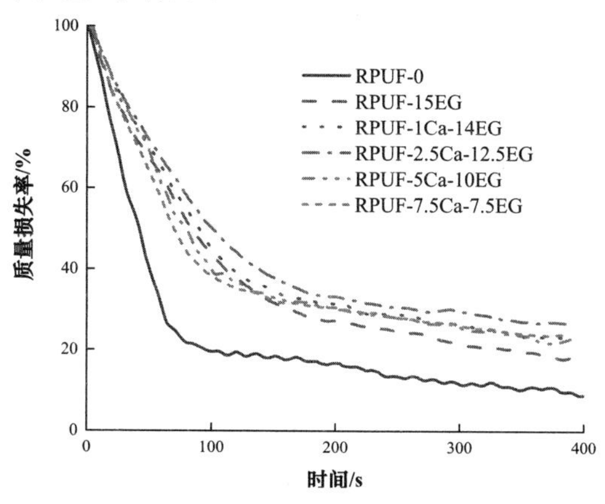

图5-26 RPUF/Ca-ATMP/EG材料质量损失率曲线（35 kW/m²）

（2）RPUF/Fe^{2+}-ATMP/EG的质量损失率曲线如图5-27所示。RPUF-1Fe^{2+}-14EG、RPUF-2.5Fe^{2+}-12.5EG、RPUF-5Fe^{2+}-10EG、RPUF-7.5Fe^{2+}-7.5EG在燃烧结束时的残余量分别24.4%、28.7%、20.19%、16.56%。RPUF/Fe^{2+}-ATMP/EG多数残碳量增加的原因是：Fe^{2+}-ATMP分解产生含磷酸物质加速RPUF焦炭的形成和交联反应进行。这导致在样品表面上形成大量致密且均匀的残留焦炭，形成保护炭层。炭层防止热量传递的同时也防止易燃挥发物扩散到火焰区，并保护未燃烧的基材，从而延缓了未燃烧材料的燃烧，最终导致其残余量的增加。

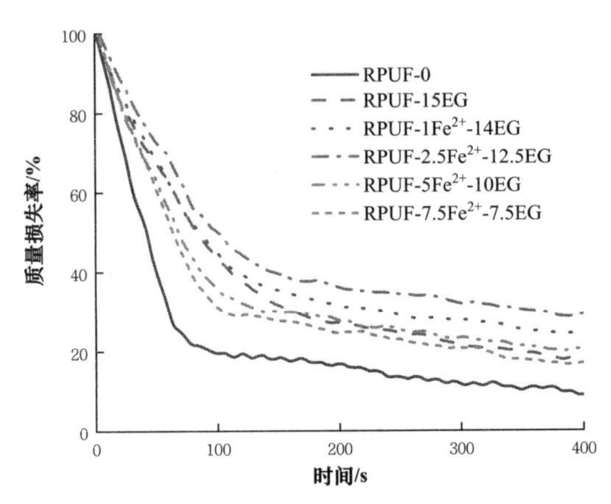

图 5-27　RPUF/Fe^{2+}-ATMP/EG 材料质量损失率曲线（35 kW/m^2）

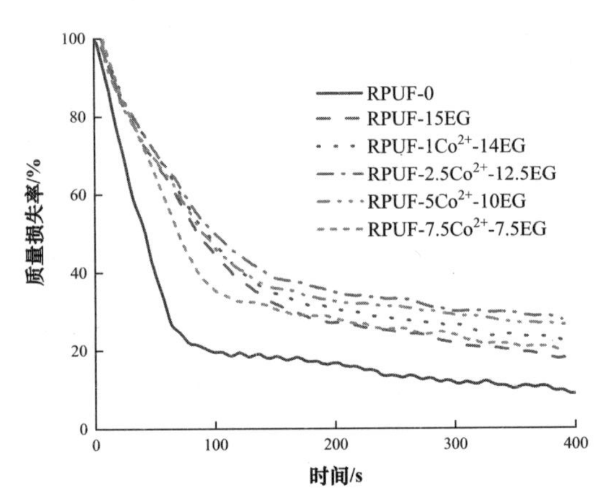

图 5-28　RPUF/Co^{2+}-ATMP/EG 材料质量损失率曲线（35 kW/m^2）

(3) RPUF/Co^{2+}-ATMP/EG 的质量损失率曲线如图 5-28 所示。RPUF-1Co^{2+}-14EG、RPUF-2.5Co^{2+}-12.5EG、RPUF-5Co^{2+}-10EG、RPUF-7.5Co^{2+}-7.5EG 在燃烧结束时的残余量分别 22.3%、27.7%、26.6%、19.6%。RPUF/Co^{2+}-ATMP/EG 总体残碳量增加的原因与 RPUF/Ca-ATMP/EG、RPUF/Fe^{2+}-ATMP/EG 一样，都是促进炭层的形成，保护未燃烧材料，最终导致其残余量的增加。

5.3.5　热重分析

5.3.5.1　RPUF/Ca-ATMP/EG 材料的热稳定性

为了分析 Ca-ATMP 和 EG 协效体系不同添加量对 RPUF 的影响，试验样品在 5 ℃/min、10 ℃/min、20 ℃/min、30 ℃/min 和 40 （C/min 升温速率下进行分析，结果如图 5-29 所示。

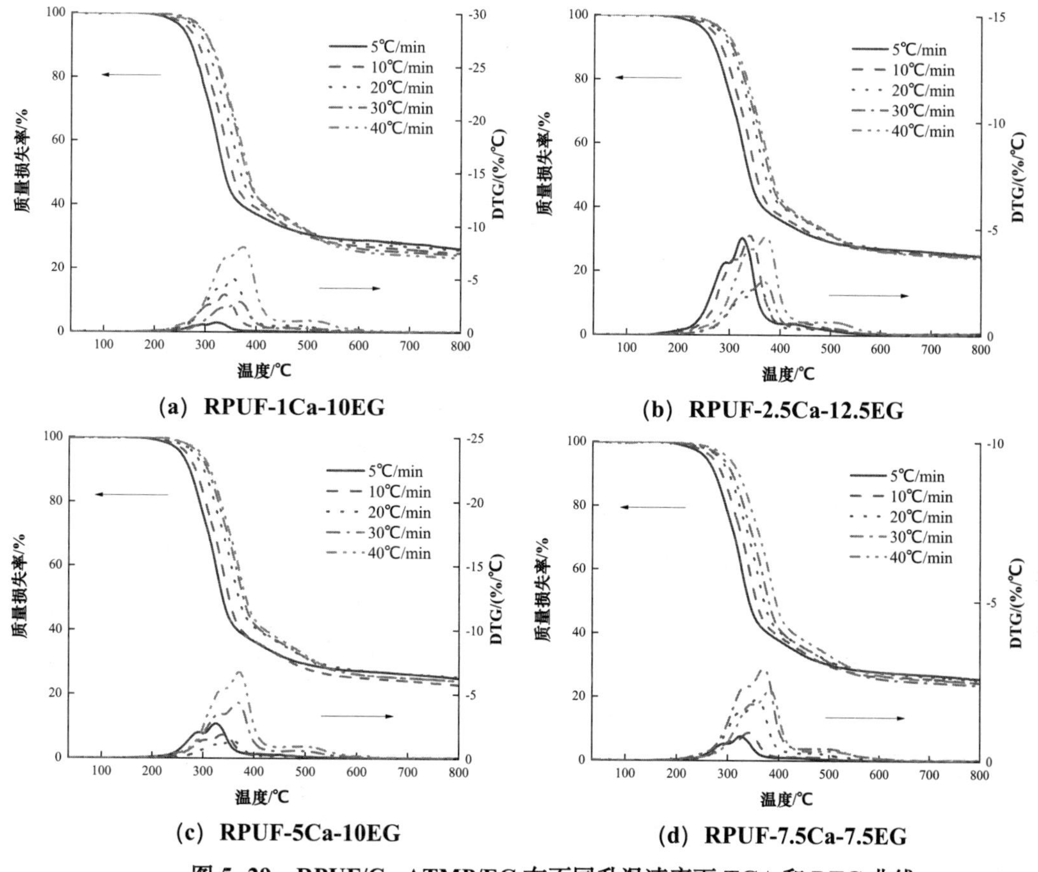

图 5-29 RPUF/Ca-ATMP/EG 在不同升温速率下 TGA 和 DTG 曲线

由图 5-8 和图 5-29 可知，在加热速率为 20 ℃/min 时，RPUF-0 失重分为两个阶段，第一阶段为 255~335℃，RPUF 在第一阶段的最大热失重温度 T_{MAX1}（℃）为 318℃，是由于聚氨酯解聚，释放了小的单体前驱物，例如多元醇和异氰酸酯；第二阶段为 335℃到 650℃，RPUF 在第二阶段的最大热失重温度 T_{MAX2}（℃）为 363℃，主要是炭化二亚胺与醇或水反应得到的取代脲的降解。RPUF/Ca-ATMP/EG 的 DTG 曲线变化趋势一致，说明 Ca-ATMP 和 EG 的添加并没有影响 RPUF 的失重过程。与 RPUF-0 相比，RPUF/Ca-ATMP/EG 的 50%失重温度（$T_{50\%}$）以及在 800℃的残余率均有所提高。升温速率为 20 ℃/min 时，RPUF-1Ca-14EG、RPUF-2.5Ca-12.5EG、RPUF-5Ca-10EG、RPUF-7.5Ca-7.5EG 在 800 ℃的残余率分别为 25.98%、25.30%、25.43%、25.38%。升温速率为 10 ℃/min 时，RPUF-1Ca-14EG、RPUF-2.5Ca-12.5EG、RPUF-5Ca-10EG、RPUF-7.5Ca-7.5EG 在 800 ℃的残余率分别为 24.97%、24.57%、22.96%、24.59%。可以看出在相同升温速率下，RPUF/Ca-ATMP/EG 材料的残余率差别不大。在升温速率为

20 ℃/min 的情况下，与 RPUF-0 的残余率（14.7%）相比，RPUF/Ca-ATMP/EG 的残余量提高了 10.00%左右。这主要是由于 EG 和 Ca-ATMP 都能提高 RPUF 的残余量，又由于 Ca-ATMP 与 EG 在热分解时自身的残余量相似，导致 Ca-ATMP 和 EG 在添加总量一定的情况下，产生的残余量相差不大。

5.3.5.2 RPUF/Fe^{2+}-ATMP/EG 材料的热稳定性

为了分析 Fe^{2+}-ATMP 和 EG 协效体系对 RPUF 热稳定性的影响，试验样品在 5 ℃/min、10 ℃/min、20 ℃/min、30 ℃/min 和 40 ℃/min 升温速率下进行分析，如图 5-30 所示。

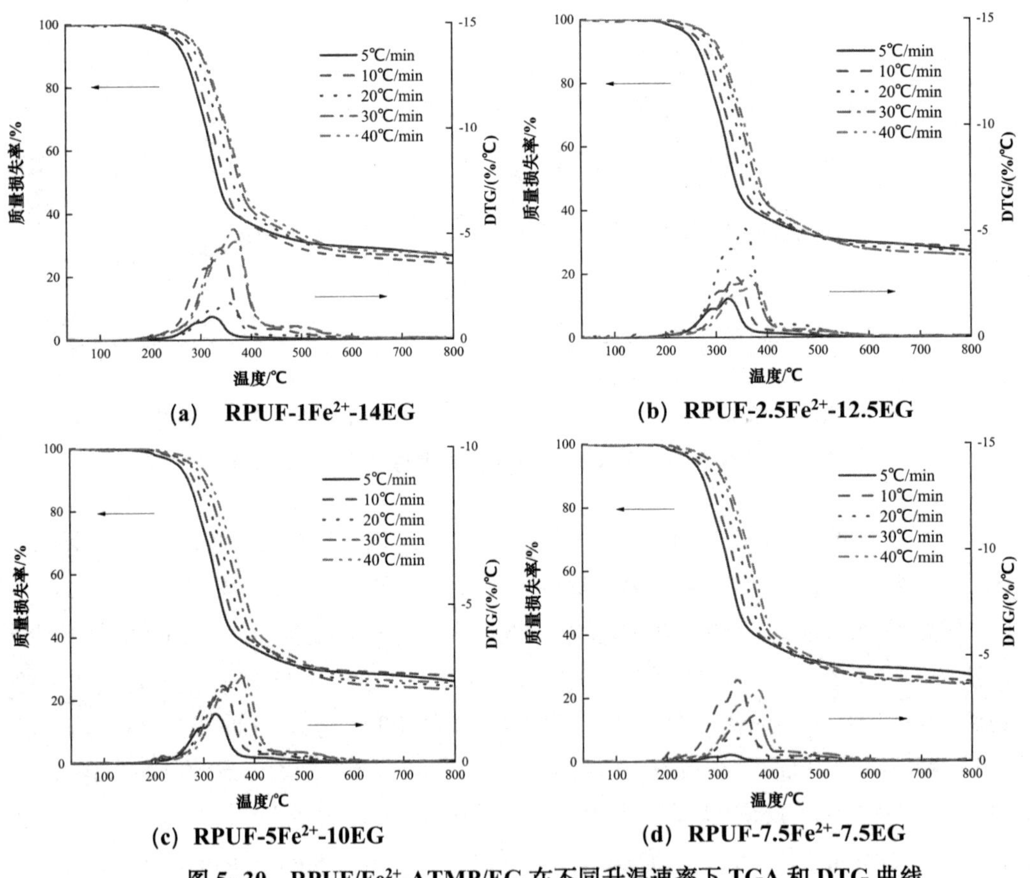

(a) RPUF-1Fe^{2+}-14EG (b) RPUF-2.5Fe^{2+}-12.5EG

(c) RPUF-5Fe^{2+}-10EG (d) RPUF-7.5Fe^{2+}-7.5EG

图 5-30 RPUF/Fe^{2+}-ATMP/EG 在不同升温速率下 TGA 和 DTG 曲线

由图 5-30 可知，与 RPUF-0 相比，RPUF/Fe^{2+}-ATMP/EG 的 50%失重温度（$T_{50\%}$）以及在 800 ℃ 的残余率均有所提高。升温速率为 20 ℃/min 时，RPUF-1Fe^{2+}-14EG、RPUF-2.5Fe^{2+}-12.5EG、RPUF-5Fe^{2+}-10EG、RPUF-7.5Fe^{2+}-7.5EG 在 800 ℃ 的残余率分别

为 25.20%、26.91%、23.96%、24.32%。升温速率为 10 ℃/min 时，RPUF-1Fe^{2+}-14EG、RPUF-2.5Fe^{2+}-12.5EG、RPUF-5Fe^{2+}-10EG、RPUF-7.5Fe^{2+}-7.5EG 在 800 ℃的残余率分别为 23.96%、28.29%、27.33%、25.22%。可以看出在同一升温速率下，RPUF/Fe^{2+}-ATMP/EG 材料的残余率差别不大。在升温速率为 20 ℃/min 的情况下，与 RPUF-0 的残余率(14.7%)相比，RPUF/Fe^{2+}-ATMP/EG 残余量提高了 11.00%左右。这主要是由于 EG 和 Fe^{2+}-ATMP 都能提高 RPUF 的残余量，又由于 Fe^{2+}-ATMP 与 EG 在热分解时自身的残余量相似，导致 Fe^{2+}-ATMP 和 EG 在添加总量一定的情况下，产生的残余量相差不大。

5.3.5.3 RPUF/Co^{2+}-ATMP/EG 材料的热稳定性

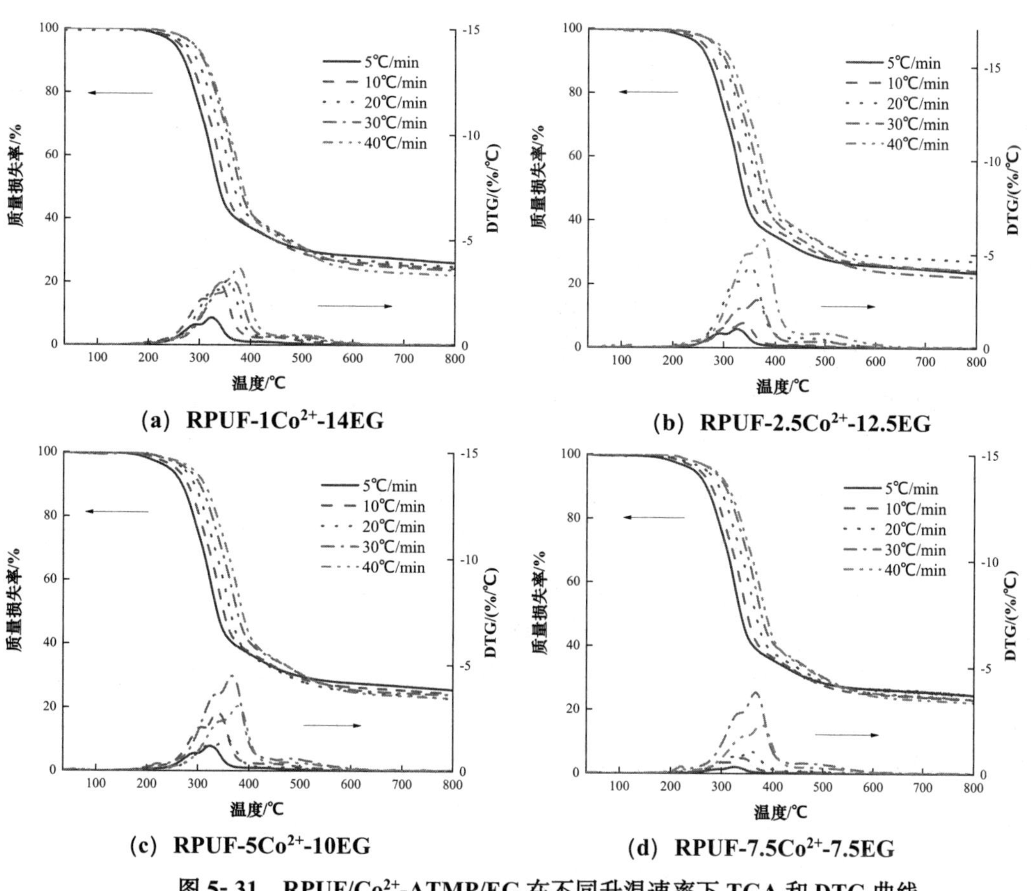

(a) RPUF-1Co^{2+}-14EG

(b) RPUF-2.5Co^{2+}-12.5EG

(c) RPUF-5Co^{2+}-10EG

(d) RPUF-7.5Co^{2+}-7.5EG

图 5-31 RPUF/Co^{2+}-ATMP/EG 在不同升温速率下 TGA 和 DTG 曲线

RPUF/Co^{2+}-ATMP/EG 在不同升温速率下 TGA 和 DTG 曲线如图 5-31 所示。

由图 5- 31 可知，与 RPUF-0 相比，RPUF/Co^{2+}-ATMP/EG 的 50%失重温度（$T_{50\%}$）以及在 800 ℃ 的残余率均有所提高。升温速率为 20 ℃/min 时，RPUF-1Co^{2+}-14EG、RPUF-2.5Co^{2+}-12.5EG、RPUF-5Co^{2+}-10EG、RPUF-7.5Co^{2+}-7.5EG 在 800 ℃ 的残余率分别为 24.996%、27.34%、22.78%、23.35%。升温速率为 10 ℃/min 时，RPUF-1Co^{2+}-14EG、RPUF-2.5Co^{2+}-12.5EG、RPUF-5Co^{2+}-10EG、RPUF-7.5Co^{2+}-7.5EG 在 800 ℃ 的残余率分别为 24.42%、24.28%、24.50%、23.18%。可以发现在相同升温速率下，RPUF/Co^{2+}-ATMP/EG 材料的残余率相差不大。在升温速率为 20 ℃/min 的情况下，与 RPUF-0 的残余率（14.70%）相比，RPUF/Co^{2+}-ATMP/EG 残余量与 RPUF/Ca-ATMP/EG 的残余量相同都提高了 10.00%左右。造成这种现象的原因与 RPUF/Ca-ATMP/EG 和 RPUF/Fe^{2+}-ATMP/EG 相同。

5.3.6 RPUF 的热分解动力学

5.3.6.1 RPUF/Ca-ATMP/EG 的热分解动力学

选取样品转化率分别为 5%、10%、20%、30%、40%、50%和 60%，通过 Flynn-Wall-Ozawa 法和 Starink 法对热解曲线进行拟合，所得结果如图 5- 32、图 5- 33 所示。

由表 5- 18、表 5- 19 可知，Flynn-Wall-Ozawa 法计算所得 RPUF-1Ca-14EG、RPUF-2.5Ca-12.5EG、RPUF-5Ca-10EG、RPUF-7.5Ca-7.5EG 的表观活化能分别为 132.65 kJ/mol、134.07 kJ/mol、130.55 kJ/mol、129.77 kJ/mol。Starink 法计算所得 RPUF-1Ca-14EG、RPUF-2.5Ca-12.5EG、RPUF-5Ca-10EG、RPUF-7.5Ca-7.5EG 的表观活化能分别为 129.17 kJ/mol、130.73 kJ/mol、127.04 kJ/mol、126.14 kJ/mol。Flynn-Wall-Ozawa 法计算所得 RPUF-1Ca-14EG、RPUF-2.5Ca-12.5EG、RPUF-5Ca-10EG、RPUF-7.5Ca-7.5EG 的表观活化能比 RPUF-0 高 6.65 kJ/mol、8.07 kJ/mol、4.55 kJ/mol 和 3.77 kJ/mol。Starink 法计算所得 RPUF-1Ca-14EG、RPUF-2.5Ca-12.5EG、RPUF-5Ca-10EG、RPUF-7.5Ca-7.5EG 的表观活化能比 RPUF-0 高 6.45 kJ/mol、8.01 kJ/mol、4.32 kJ/mol 和 3.42 kJ/mol。可以发现，RPUF/Ca-ATMP/EG 材料的表观活化能都高于 RPUF-0，这是由于 Ca-ATMP 会产生氮气稀释可燃气体，同时捕捉自由基及催化成炭，从而抑制反应进行；EG 能够产生“蠕虫状”炭层，二者协同作用使得 RPUF/Ca-ATMP/EG 材料的表观活化能高于 RPUF-0。表观活化能的升高，表明材料更不易被分解，RPUF-2.5Ca-12.5EG 在 RPUF/Ca-ATMP/EG 材料中表观活化能最大，表明 Ca-ATMP 与 EG 添加量的比例为 1：5 时协同效果最好。

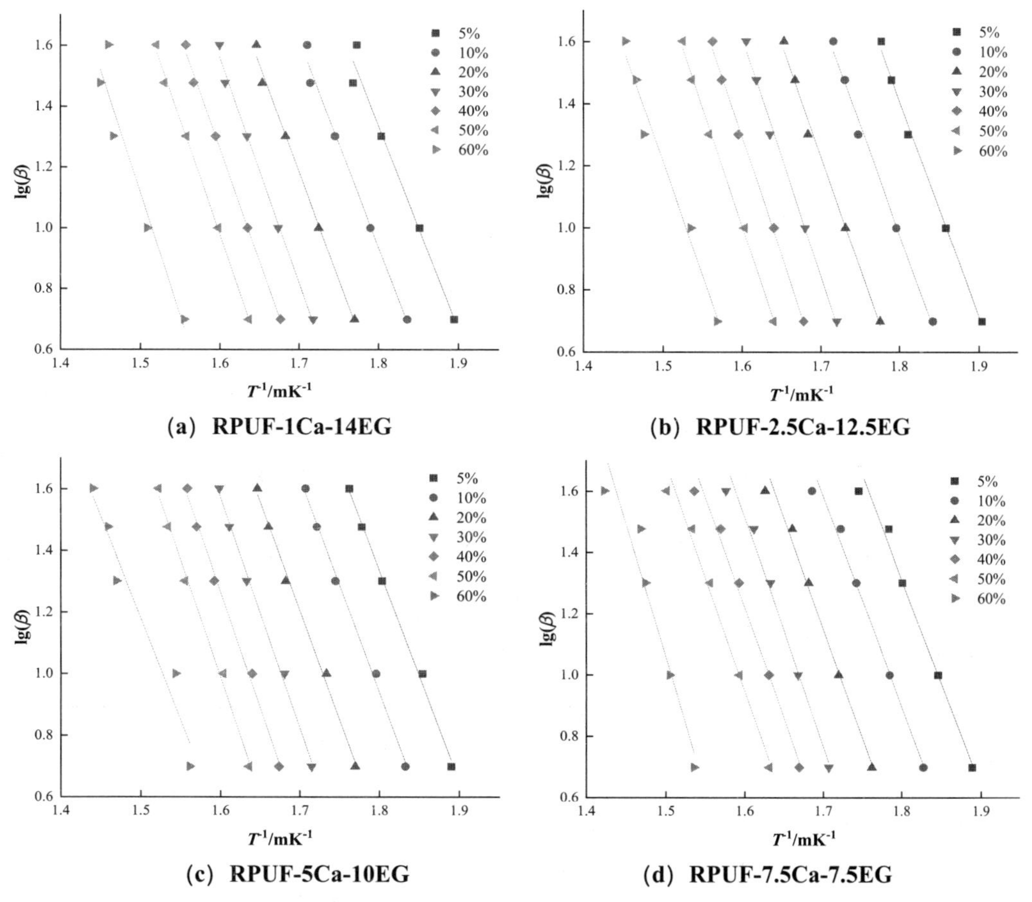

(a) RPUF-1Ca-14EG

(b) RPUF-2.5Ca-12.5EG

(c) RPUF-5Ca-10EG

(d) RPUF-7.5Ca-7.5EG

图 5-32 RPUF/Ca-ATMP/EG 采用 Flynn-Wall-Ozawa 法拟合的热解数据曲线

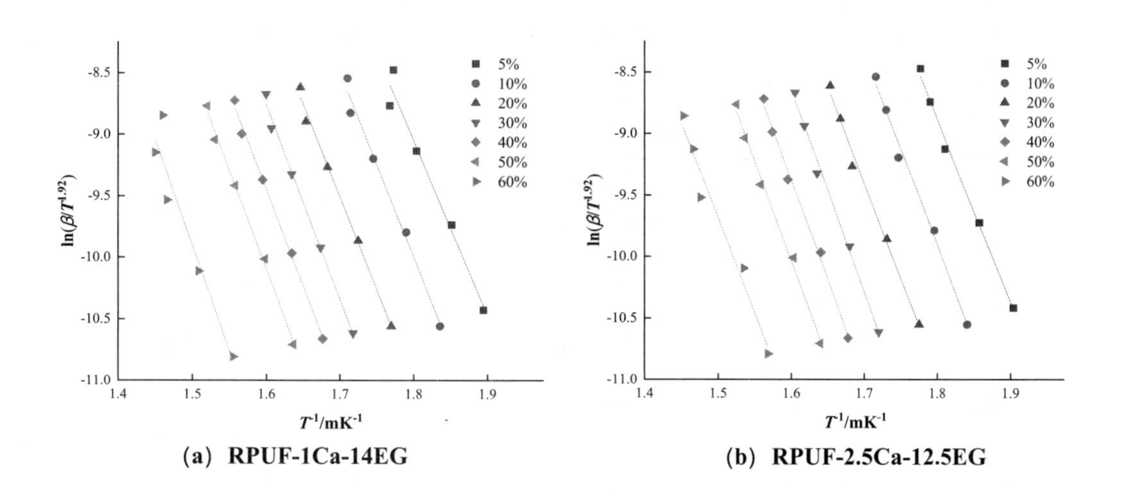

(a) RPUF-1Ca-14EG

(b) RPUF-2.5Ca-12.5EG

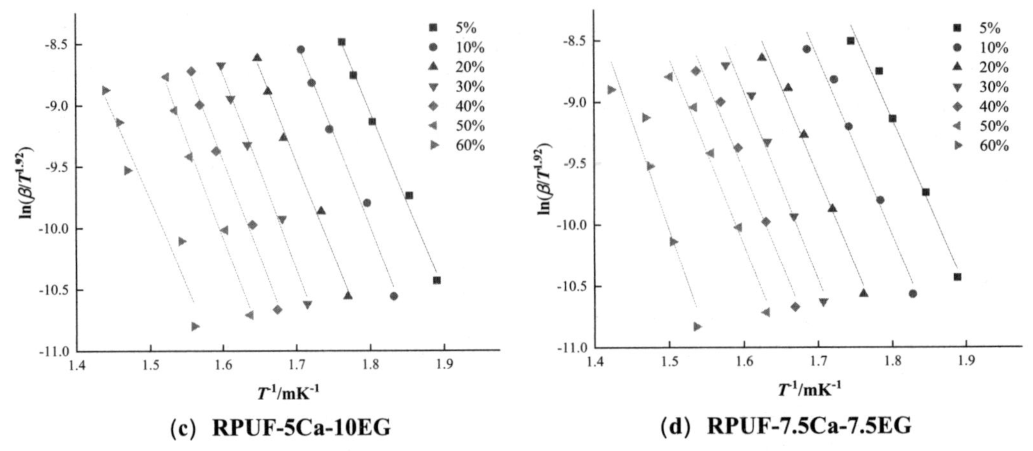

(c) RPUF-5Ca-10EG　　(d) RPUF-7.5Ca-7.5EG

图 5-33　RPUF/Ca-ATMP/EG 采用 Starink 法拟合的热解数据曲线

表 5-18　Flynn-Wall-Ozawa 法所得 RPUF-1Ca-14EG、RPUF-2.5Ca-12.5EG、RPUF-5Ca-10EG、RPUF-7.5Ca-7.5EG 表观活化能

转化率/%	RPUF-1Ca-14EG/(kJ/mol)	RPUF-2.5Ca-12.5EG/(kJ/mol)	RPUF-5Ca-10EG/(kJ/mol)	RPUF-7.5Ca-7.5EG/(kJ/mol)
5	121.78	126.81	124.84	118.80
10	124.54	128.10	127.04	120.48
20	129.16	132.22	129.48	126.10
30	134.91	139.31	136.60	131.36
40	134.14	139.16	136.81	128.38
50	137.19	139.83	138.43	131.41
60	146.83	133.03	120.63	151.85

表 5-19　Starink 法所得 RPUF-1Ca-14EG、RPUF-2.5Ca-12.5EG、RPUF-5Ca-10EG、RPUF-7.5Ca-7.5EG 表观活化能

转化率/%	RPUF-1Ca-14EG/(kJ/mol)	RPUF-2.5Ca-12.5EG/(kJ/mol)	RPUF-5Ca-10EG/(kJ/mol)	RPUF-7.5Ca-7.5EG/(kJ/mol)
5	118.19	123.52	121.46	115.12
10	124.69	128.67	127.09	120.18
20	125.23	128.47	125.63	122.04
30	130.96	135.61	132.80	127.26
40	129.90	135.19	132.74	123.87
50	132.84	135.65	134.20	126.80
60	142.36	127.99	115.38	147.70

5.3.6.2 RPUF/Fe^{2+}-ATMP/EG 的热分解动力学

选取样品转化率分别为 5%、10%、20%、30%、40%、50%和 60%，通过 Flynn-Wall-Ozawa 法和 Starink 法对热解曲线进行拟合，所得结果如图 5-34、图 5-35 所示。

由表 5-20、表 5-21 可知，Flynn-Wall-Ozawa 法计算所得 RPUF-1Fe^{2+}-14EG、RPUF-2.5Fe^{2+}-12.5EG、RPUF-5Fe^{2+}-10EG、RPUF-7.5Fe^{2+}-7.5EG 的表观活化能分别为 131.52 kJ/mol、133.08 kJ/mol、130.75 kJ/mol、129.75 kJ/mol。Starink 法计算所得 RPUF-1Fe^{2+}-14EG、RPUF-2.5Fe^{2+}-12.5EG、RPUF-5Fe^{2+}-10EG、RPUF-7.5Fe^{2+}-7.5EG 的表观活化能分别为 128.25 kJ/mol、129.70 kJ/mol、127.36 kJ/mol、126.21 kJ/mol。Flynn-Wall-Ozawa 法计算所得 RPUF-1Fe^{2+}-14EG、RPUF-2.5Fe^{2+}-12.5EG、RPUF-5Fe^{2+}-10EG、RPUF-7.5Fe^{2+}-7.5EG 的表观活化能比 RPUF-0 高 5.52 kJ/mol、7.08 kJ/mol、4.75kJ/ mol 和 3.75 kJ/mol。Starink 法计算所得 RPUF-1Fe^{2+}-14EG、RPUF-2.5Fe^{2+}-12.5EG、RPUF-5Fe^{2+}-10EG、RPUF-7.5Fe^{2+}-7.5EG 的表观活化能比 RPUF-0 高 5.53 kJ/mol、6.98 kJ/mol、4.64 kJ/mol 和 3.49 kJ/mol。从中可以看出，RPUF/Fe^{2+}-ATMP/EG 的表观活化能都高于 RPUF-0，表观活化能的升高，表明材料更不易被分解。RPUF/Fe^{2+}-ATMP/EG 表观活化能升高的原因与 RPUF/Ca-ATMP/EG 的原因分析相同。RPUF-2.5Fe^{2+}-12.5EG 表观活化能最大，表明 Fe^{2+}-ATMP 与 EG 添加量的比例为 1：5 时在 RPUF/Fe^{2+}-ATMP/EG 中协同效果最好。

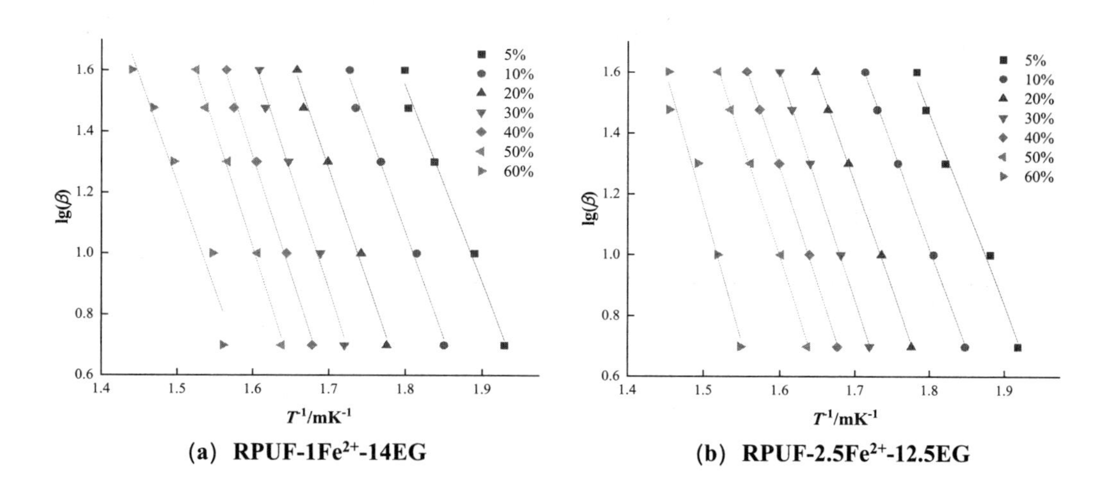

(a) RPUF-1Fe^{2+}-14EG　　(b) RPUF-2.5Fe^{2+}-12.5EG

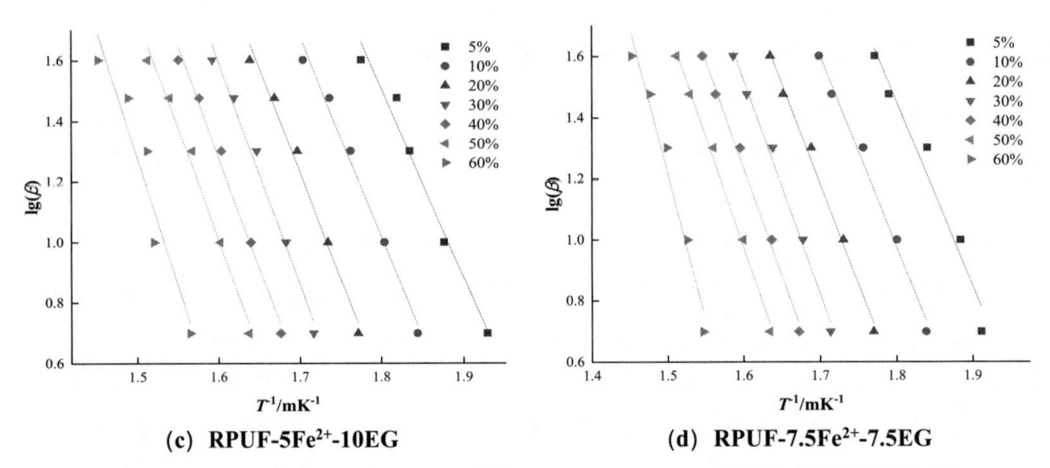

图 5-34 RPUF/Fe^{2+}-ATMP/EG 采用 Flynn-Wall-Ozawa 法拟合的热解数据曲线

表 5-20 Flynn-Wall-Ozawa 法所得 RPUF-1Fe^{2+}-14EG、RPUF-2.5Fe^{2+}-12.5EG、RPUF-5Fe^{2+}-10EG、RPUF-7.5Fe^{2+}-7.5EG 表观活化能

转化率%	RPUF-1Fe^{2+}-14EG/ (kJ/mol)	RPUF-2.5Fe^{2+}-12.5EG/ (kJ/mol)	RPUF-5Fe^{2+}-10EG/ (kJ/mol)	RPUF-7.5Fe^{2+}-7.5EG/ (kJ/mol)
5	116.88	113.77	113.61	109.82
10	125.77	120.23	120.83	114.28
20	133.02	127.10	126.70	119.90
30	138.91	136.25	134.08	128.07
40	139.14	136.26	131.57	128.45
50	140.15	138.45	132.81	132.85
60	126.78	159.48	155.66	174.90

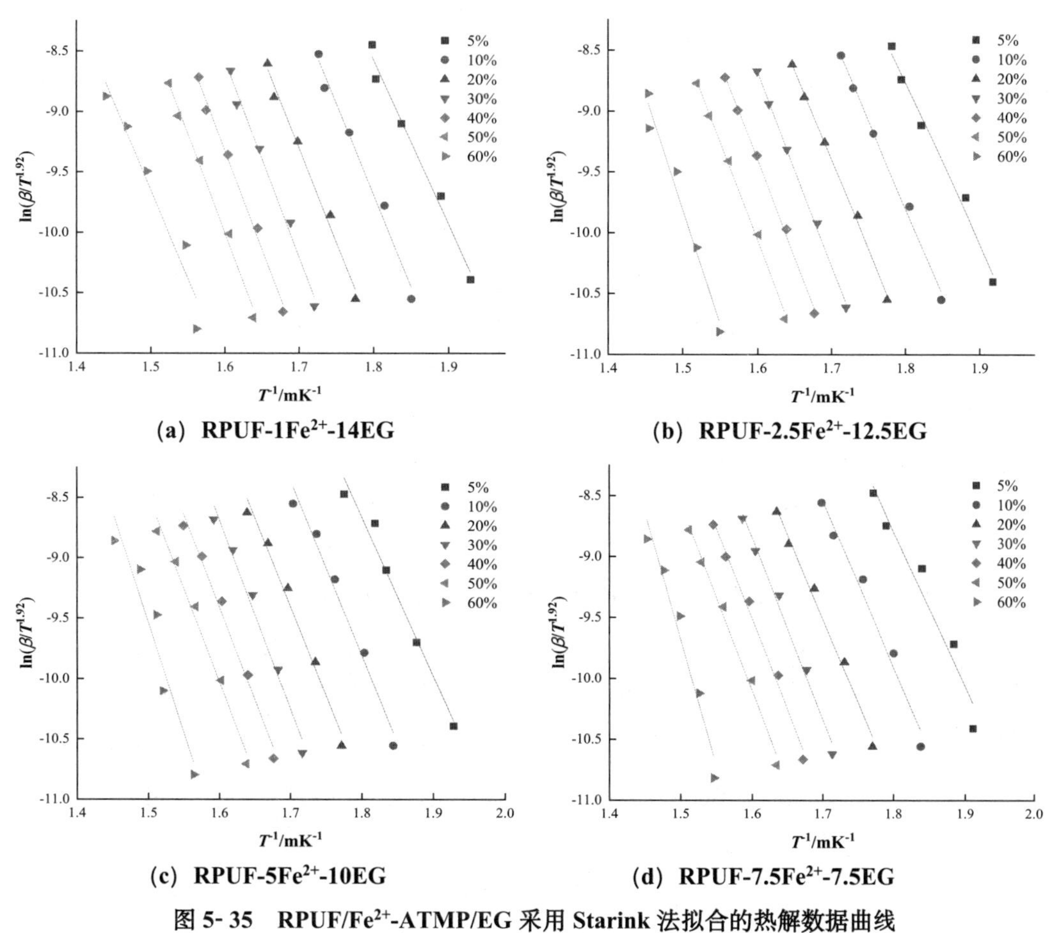

图 5- 35　RPUF/Fe^{2+}-ATMP/EG 采用 Starink 法拟合的热解数据曲线

表 5- 21　Starink 法所得 RPUF-1Fe^{2+}-14EG、RPUF-2.5Fe^{2+}-12.5EG、RPUF-5Fe^{2+}-10EG、RPUF-7.5Fe^{2+}-7.5EG 表观活化能

转化率%	RPUF-1Fe^{2+}-14EG/(kJ/mol)	RPUF-2.5Fe^{2+}-12.5EG/(kJ/mol)	RPUF-5Fe^{2+}-10EG/(kJ/mol)	RPUF-7.5Fe^{2+}-7.5EG/(kJ/mol)
5	113.26	109.94	109.81	106.00
10	126.44	120.25	120.90	113.54
20	129.44	123.15	122.79	115.58
30	135.31	132.43	130.23	123.85
40	135.25	132.17	127.30	123.97
50	136.06	134.22	128.34	128.34
60	121.99	155.76	152.12	172.16

5.3.6.3 RPUF/Co^{2+}-ATMP/EG 的热分解动力学

选取样品转化率分别为 5%、10%、20%、30%、40%、50%和 60%，通过 Flynn-Wall-Ozawa 法和 Starink 法对热解曲线进行拟合，所得结果如图 5- 36、图 5- 37 所示。

由表 5- 22、表 5- 23 可知，Flynn-Wall-Ozawa 法计算所得 RPUF-1Co^{2+}-14EG、RPUF-2.5Co^{2+}-12.5EG、RPUF-5Co^{2+}-10EG、RPUF-7.5Co^{2+}-7.5EG 的表观活化能分别为 131.70 kJ/mol、133.43 kJ/mol、129.71 kJ/mol、128.04 kJ/mol。Starink 法计算所得 RPUF-1Co^{2+}-14EG、RPUF-2.5Co^{2+}-12.5EG、RPUF-5Co^{2+}-10EG、RPUF-7.5Co^{2+}-7.5EG 的表观活化能分别为 129.51 kJ/mol、130.05 kJ/mol、126.29 kJ/mol、124.52 kJ/mol。Flynn-Wall-Ozawa 法计算所得 RPUF-1Co^{2+}-14EG、RPUF-2.5Co^{2+}-12.5EG、RPUF-5Co^{2+}-10EG、RPUF-7.5Co^{2+}-7.5EG 的表观活化能比 RPUF-0 高 5.70 kJ/mol、7.43 kJ/mol、3.71 kJ/mol 和 2.04 kJ/mol。Starink 法计算所得 RPUF-1Co^{2+}-14EG、RPUF-2.5Co^{2+}-12.5EG、RPUF-5Co^{2+}-10EG、RPUF-7.5Co^{2+}-7.5EG 的表观活化能比 RPUF-0 高 6.79 kJ/mol、7.33 kJ/mol、3.57 kJ/mol 和 1.80 kJ/mol。所以，RPUF/Co^{2+}-ATMP/EG 的表观活化能同样都高于 RPUF-0。RPUF-2.5Co^{2+}-12.5EG 在 RPUF/Co^{2+}-ATMP/EG 中表观活化能也是最大，表明 Co^{2+}-ATMP 与 EG 添加量的比例是 1：5 时协同效果最好。综上所述，1：5 的 X-ATMP 与 EG 添加比例对于 RPUF/X-ATMP/EG 协同效果最好。

表 5- 22 Flynn-Wall-Ozawa 法所得 RPUF-1Co^{2+}-14EG、RPUF-2.5Co^{2+}-12.5EG、RPUF-5Co^{2+}-10EG、RPUF-7.5Co^{2+}-7.5EG 表观活化能

转化率/%	RPUF-1Co^{2+}-14EG/ (kJ/mol)	RPUF-2.5Co^{2+}-12.5EG/ (kJ/mol)	RPUF-5Co^{2+}-10EG/ (kJ/mol)	RPUF-7.5Co^{2+}-7.5EG/ (kJ/mol)
5	116.83	126.81	111.27	110.04
10	120.69	130.37	118.42	118.63
20	121.75	133.46	124.16	125.63
30	132.39	140.36	130.59	132.88
40	128.15	143.93	130.75	132.09
50	136.97	144.55	134.55	134.45
60	165.14	114.51	158.19	142.58

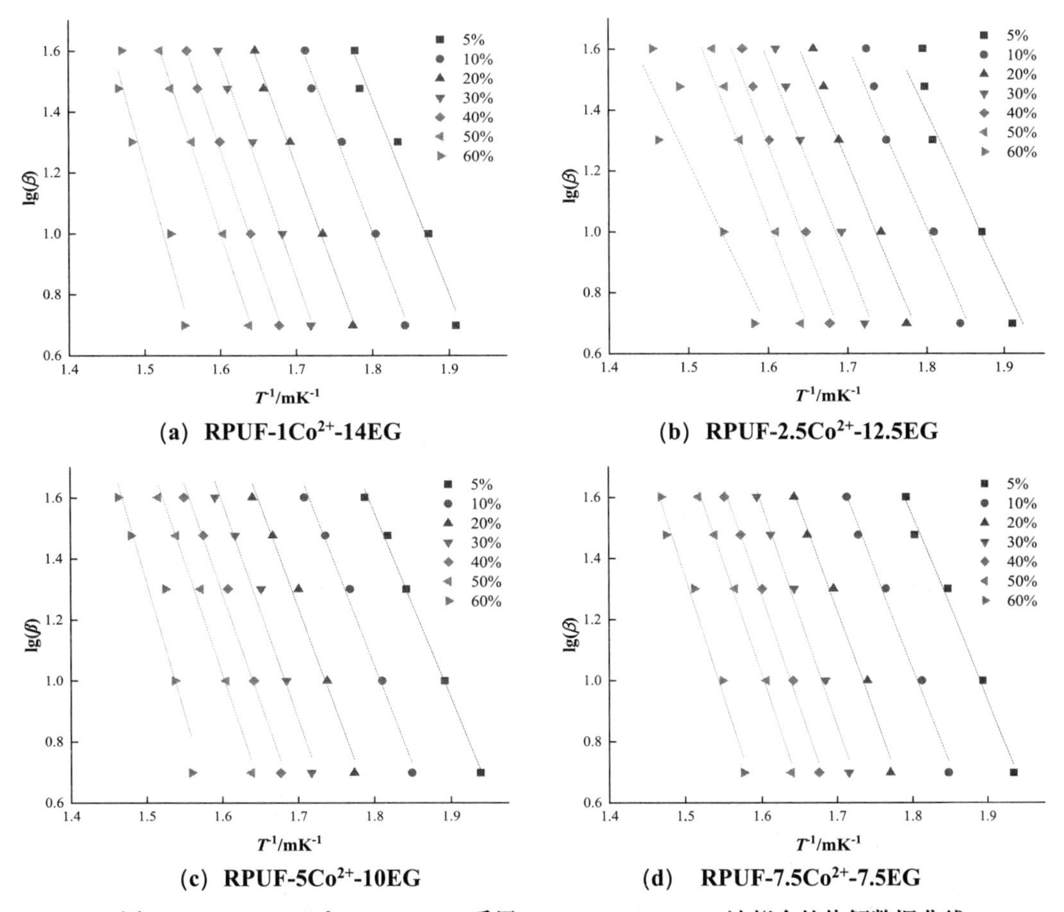

(a) RPUF-1Co^{2+}-14EG (b) RPUF-2.5Co^{2+}-12.5EG

(c) RPUF-5Co^{2+}-10EG (d) RPUF-7.5Co^{2+}-7.5EG

图 5- 36 RPUF/Co^{2+}-ATMP/EG 采用 Flynn-Wall-Ozawa 法拟合的热解数据曲线

表 5- 23 Starink 法所得 RPUF-1Co^{2+}-14EG、RPUF-2.5Co^{2+}-12.5EG、RPUF-5Co^{2+}-10EG、RPUF-7.5Co^{2+}-7.5EG 表观活化能

转化率/%	RPUF-1Co^{2+}-14EG (kJ/mol)	RPUF-2.5Co^{2+}-12.5EG (kJ/mol)	RPUF-5Co^{2+}-10EG (kJ/mol)	RPUF-7.5Co^{2+}-7.5EG (kJ/mol)
5	113.21	122.99	107.38	106.12
10	120.52	131.03	118.44	118.64
20	120.98	129.91	120.15	121.71
30	128.40	136.86	126.60	128.99
40	128.83	140.32	126.47	127.84
50	132.69	140.69	130.22	130.08
60	161.95	108.59	154.79	138.27

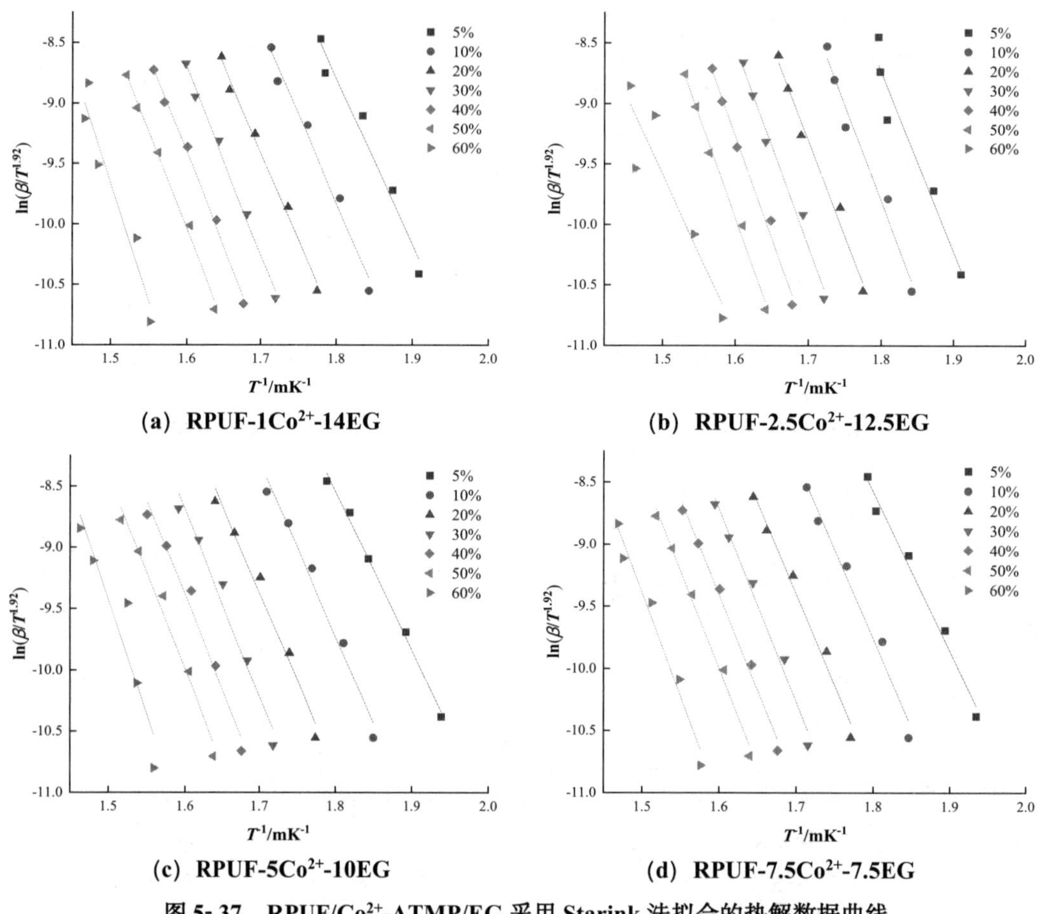

(a) RPUF-1Co^{2+}-14EG　(b) RPUF-2.5Co^{2+}-12.5EG

(c) RPUF-5Co^{2+}-10EG　(d) RPUF-7.5Co^{2+}-7.5EG

图 5-37　RPUF/Co^{2+}-ATMP/EG 采用 Starink 法拟合的热解数据曲线

5.4　结论

合成了 3 种 X-ATMP 阻燃剂，并将其添加到 RPUF 中，制备 X-ATMP 和 EG 单组分 5%、10%、15%、20%质量参数的阻燃型 RPUF，并进一步使 X-ATMP 与 EG 复配，协效阻燃改性 RPUF。通过极限氧指数分析、锥形量热分析、热重分析等表征方法，研究改性 RPUF 的阻燃性能、热稳定性、热解动力学等。通过以上研究，可以得出以下结论：

1. X-ATMP 与 EG 单组分阻燃改性 RPUF

（1）极限氧指数分析，四种阻燃剂单独添加在 RPUF 中，都能够提升泡沫材料的极限氧指数。对于同一种阻燃剂，随着阻燃剂添加量的增大，极限氧指数越高。对于添加相同质量百分比的不同阻燃剂，EG 对于 RPUF 阻燃性能提升更明显。

（2）水平燃烧分析，X-ATMP 能够减慢火焰水平蔓延的速度，EG 的添加量为 10%以后，RPUF 的水平燃烧级别都达到 FH-1 等级。烟毒分析，X-ATMP 和 EG 都能够使 RPUF 的烟毒性降低。

（3）锥形量热分析，X-ATMP 与 EG 均能降低 RPUF 的 PHRR。与 RPUF-0 相比，RPUF-15Ca、RPUF-15Fe^{2+}、RPUF-15Co^{2+}、RPUF-15EG 的 PHRR 分别降低了 7.49%、8.81%、9.25%、34.80%。可以看出，在添加单组分阻燃剂时，EG 对 RPUF 的 PHRR 降低更明显，同时 RPUF-15EG 的 THR 也最低。

（4）热重分析，4 种阻燃剂单独添加在 RPUF 中，都能提升 RPUF 的热稳定性与残余率，并且随着添加量的增大而增加。基于 Flynn-Wall-Ozawa 法和 Starink 法的热解动力学分析，发现 X-ATMP 的添加，使得 RPUF 的表观活化能先增大再减小，X-ATMP 的最优添加量为 5%~10%；EG 的添加使得 RPUF 的表观活化能一直增大。两种方法计算所得表观活化能具有一致性。

2. X-ATMP 与 EG 协同阻燃改性 RPUF

（1）极限氧指数分析，在阻燃剂添加总量为 15%的前提下，当 X-ATMP 与 EG 为 1∶5 添加比例时 RPUF/X-ATMP/EG 极限氧指数最高。

（2）水平燃烧分析，在阻燃剂添加总量为 15%的前提下，所有 RPUF/X-ATMP/EG 的水平燃烧级别都达到了 FH-1 级别。烟毒分析，在阻燃剂添加总量为 15%的前提下，RPUF/X-ATMP/EG 的烟毒性都有所降低。其中 X-ATMP 与 EG 的添加量为 1∶5 时，RPUF/X-ATMP/EG 的烟毒性最低。

（3）锥形量热分析，在阻燃剂添加总量为 15%的前提下，RPUF-2.5Ca-12.5EG、RPUF-2.5 Fe^{2+}-12.5EG、RPUF-2.5Co^{2+}-12.5EG 的 PHRR 和 THR 均为最低，可以看出当 X-ATMP 与 EG 的添加比例为 1∶5 时 RPUF/X-ATMP/EG 的阻燃效果最好。

（4）热重分析，在阻燃剂添加总量为 15%的前提下，RPUF/X-ATMP/EG 的热稳定性较 RPUF-0 均有很大提升。当 X-ATMP 与 EG 添加比例为 1∶5 时，两种方法计算的 RPUF/X-ATMP/EG 的表观活化能最大。

综上所述，可以发现三种 X-ATMP 与 EG 单组分阻燃改性 RPUF 时，EG 对于 RPUF 阻燃性能和热稳定性提高更明显。当 X-ATMP 与 EG 协同阻燃改性 RPUF 时，X-ATMP 与 EG 的添加比例为 1∶5 时的综合效果最好。目前的研究结果可以为后续 RPUF 的阻燃改性提供有益的参考。

参考文献

[1] LIU L, WANG Z Z. High performance nano-zinc amino-tris-（methylenephosphonate） in rigid polyurethane foam with improved mechanical strength, thermal stability and flame retardancy [J]. Polymer Degradation and Stability, 2018, 154:62-72.

[2] 许冬梅.可膨胀石墨填充硬质聚氨酯泡沫塑料的阻燃抑烟研究[D].北京:北京理工大学,2014.

[3] 张家辉.石墨烯对聚氨酯泡沫材料阻燃性及烟气影响研究[D].沈阳:沈阳航空航天大学,2019.

[4] 慕鹏.含磷阻燃剂对碳纤维增强环氧树脂阻燃性能的影响[D].沈阳:沈阳航空航天大学,2019.

[5] 姜大勇.MAC/碳纤维/环氧树脂复合材料阻燃性能的研究[D].沈阳:沈阳航空航天大学,2019.

[6] 胡荣祖,史启祯.热分析动力学[M].2 版.北京:科学出版社,2008.

[7] ZHANG X, LI S, WANG Z, et al. Thermal stability of flexible polyurethane foams containing modified layered double hydroxides and zinc borate [J]. International Journal of Polymer Analysis and Characterization. 2020, 25（7）:499-516.

[8] ZHANG X, LI S, WANG Z, et al. Study on thermal stability of typical carbon fiber epoxy composites after airworthiness fire protection test [J]. Fire and Materials, 2020, 44（2）:202-210.

[9] ZHANG X, BU Q W, WANG Z. Study on combustion characteristics and pyrolysis kinetics of flameproof sealing silica for aircraft designated fire zones [J]. Journal of Chemical Engineering of Chinese Universities, 2020, 34（1）:136-142.

[10] 刘冰.氨基三亚甲基膦酸盐阻燃硬质聚氨酯泡沫的研究[D].沈阳:沈阳航空航天大学,2020.